西北工业大学精品学术著作
培育项目资助出版

随机非线性系统抗干扰控制
理论与方法

王 铮　郝宇婷　宁 昕　邢晓露　常雨萱　著

科学出版社

北　京

内 容 简 介

本书重点针对受到不同类型内外干扰的随机非线性系统，研究随机非线性系统的抗干扰控制方法。以近几年国内外的研究成果为背景，探究有界时变干扰、高动态干扰、结构不确定性等多源干扰影响下随机非线性系统抗干扰控制律的设计与分析问题。在此基础上，基于无源性和耗散性理论设计和分析随机非线性系统的抗干扰控制律，建立多源干扰影响下随机非线性系统抗干扰控制方法体系。

本书可供控制科学与工程相关专业的本科生和研究生阅读学习，也可供对随机非线性系统抗干扰控制感兴趣的高校老师、科研工作者和工程技术人员参考。

图书在版编目（CIP）数据

随机非线性系统抗干扰控制理论与方法 / 王铮等著. -- 北京：科学出版社, 2025.5. --ISBN 978-7-03-080955-1

Ⅰ. O211.6

中国国家版本馆 CIP 数据核字第 2024PM8784 号

责任编辑：宋无汗 / 责任校对：高辰雷
责任印制：徐晓晨 / 封面设计：陈　敬

科 学 出 版 社 出版
北京东黄城根北街 16 号
邮政编码：100717
http://www.sciencep.com

北京中石油彩色印刷有限责任公司印刷
科学出版社发行　各地新华书店经销
*
2025 年 5 月第 一 版　开本：720×1000　1/16
2025 年 5 月第一次印刷　印张：10 3/4
字数：217 000
定价：118.00 元
（如有印装质量问题，我社负责调换）

前　言

随机非线性系统通常具有复杂的结构和动态特性，往往受到环境扰动、测量噪声、内部摄动等不确定性因素的影响，不确定性因素会对系统的控制效果产生负面影响。为随机非线性系统设计合适的抗干扰控制方法，能够使系统在受到内外扰动时保持稳定，并且实现期望的控制精度、收敛速度、鲁棒性等。飞行器、机器人、工业控制系统等都具备随机特征，均可表征为随机非线性系统，因此需要有效的抗干扰控制方法来保证系统的稳定性。随机非线性系统的抗干扰控制涉及非线性动力学、随机过程、控制理论等多个领域，具有较高的理论挑战性。研究随机非线性系统抗干扰控制可以推动控制理论的发展，拓展控制方法的应用范围。

近年来，作者在国家自然科学基金项目(62303378)、国防科技重点实验室基金项目(JP2022-80000 6000107-237)等科研项目的支持下，较为深入地开展了随机非线性系统抗干扰控制理论与方法的研究，取得的相关研究成果构成了本书的主要内容。

本书从最基本的随机非线性系统入手，根据作者多年的教学和科研经验，由易到难、循序渐进地分析具有不同类型不确定性的随机非线性系统抗干扰控制问题，并研究如何结合无源性和耗散性理论设计与分析随机非线性系统抗干扰控制律。上述研究对于随机非线性系统抗干扰控制研究的拓宽、适用范围的扩大以及工程应用的推进，都具有一定的理论意义与应用价值。

全书共 10 章。第 1 章为绪论，首先介绍本书的研究背景与意义，接着总结国内外随机非线性系统、抗干扰控制理论、耗散性控制和无源性控制的研究进展。第 2 章介绍随机非线性系统基本概念、稳定性与李雅普诺夫方法、随机耗散性和无源性理论、矩阵相关性质与定理、求导法则，为后续章节提供理论支撑。第 3 章研究当随机非线性系统中的非线性函数满足一类利普希茨条件时，在多源干扰和不确定性影响下的抗干扰控制方法。第 4 章研究当随机非线性系统中的非线性函数满足一类非利普希茨条件时，在多源干扰和不确定性影响下的抗干扰控制方法。第 5 章研究高动态干扰下标称随机非线性系统的抗干扰控制方法和不确定随机非线性系统的抗干扰控制方法。第 6 章研究标称随机非线性系统和不确定随机非线性系统的复合分层抗干扰控制方法。第 7 章研究基于无源性的标称随机非线性系统和基于无源性的不确定随机非线性系统的复合分层抗干扰控制方法。第 8 章研究基于耗散性的标称随机非线性系统和不确定随机非线性系统的复合分层抗干扰控制方法。第 9 章研究随机切换非线性系统抗干扰控制方法。第 10 章研究马尔可夫跳变随机非线性系统抗干扰控制方法。

本书成稿过程得到西北工业大学代洪华教授、中南大学魏才盛教授等专家的指导和帮助，课题组的研究生刘佳丽、邱杨鸿、吴天毅、张永华、王忠言、梁心茹、张腾、杨明、王旭阳等为本书提供了有价值的素材，并参加了本书的校对和修改工作，在此一并感谢。

限于作者水平，书中难免有不足之处，恳请同行专家和广大读者批评指正。

作　者
2024 年 10 月

目　录

前言
第1章　绪论 ··· 1
　1.1　研究背景与意义 ·· 1
　1.2　国内外研究现状 ·· 2
　　1.2.1　随机非线性系统研究现状 ································· 2
　　1.2.2　抗干扰控制理论研究现状 ································· 3
　　1.2.3　耗散性控制和无源性控制研究现状 ···················· 5
　1.3　本书的主要内容 ·· 5
　1.4　小结 ·· 7
第2章　基本概念与数学基础 ·· 9
　2.1　随机非线性系统基本概念 ······································· 9
　2.2　稳定性与李雅普诺夫方法 ····································· 10
　　2.2.1　预备知识 ··· 10
　　2.2.2　稳定性判据 ·· 11
　　2.2.3　随机稳定性定理 ·· 12
　2.3　随机耗散性和无源性理论 ····································· 12
　2.4　矩阵相关性质与定理 ·· 14
　2.5　求导法则 ·· 17
　　2.5.1　向量和标量之间的求导法则 ···························· 17
　　2.5.2　向量和向量之间的求导法则 ···························· 18
　　2.5.3　矩阵和标量之间的求导法则 ···························· 20
　　2.5.4　矩阵和向量之间的求导法则 ···························· 21
　　2.5.5　矩阵对矩阵求导 ·· 23
　2.6　小结 ·· 24
第3章　利普希茨随机非线性系统的抗干扰控制方法 ········· 25
　3.1　多源干扰下利普希茨随机非线性系统的抗干扰控制方法 ··· 25
　　3.1.1　问题描述 ··· 25
　　3.1.2　控制器的设计与稳定性分析 ···························· 26
　　3.1.3　仿真验证 ··· 29

3.2 不确定利普希茨随机非线性系统的抗干扰控制方法 ················32
  3.2.1 问题描述 ··················32
  3.2.2 控制器的设计与稳定性分析 ··················32
  3.2.3 仿真验证 ··················35
3.3 小结 ··················38

第4章 非利普希茨随机非线性系统的抗干扰控制方法 ··················39
4.1 多源干扰下非利普希茨随机非线性系统的抗干扰控制方法 ··················39
  4.1.1 问题描述 ··················39
  4.1.2 控制器的设计与稳定性分析 ··················40
  4.1.3 仿真验证 ··················43
4.2 不确定非利普希茨随机非线性系统的抗干扰控制方法 ··················45
  4.2.1 问题描述 ··················46
  4.2.2 控制器的设计与稳定性分析 ··················46
  4.2.3 仿真验证 ··················49
4.3 小结 ··················52

第5章 高动态干扰下随机非线性系统的抗干扰控制方法 ··················53
5.1 高动态干扰下标称随机非线性系统的抗干扰控制方法 ··················53
  5.1.1 问题描述 ··················53
  5.1.2 控制器的设计与稳定性分析 ··················54
  5.1.3 仿真验证 ··················57
5.2 高动态干扰下不确定随机非线性系统的抗干扰控制方法 ··················60
  5.2.1 问题描述 ··················60
  5.2.2 控制器的设计与稳定性分析 ··················61
  5.2.3 仿真验证 ··················64
5.3 小结 ··················67

第6章 随机非线性系统的复合分层抗干扰控制方法 ··················68
6.1 标称随机非线性系统的复合分层抗干扰控制方法 ··················68
  6.1.1 问题描述 ··················68
  6.1.2 控制器的设计与稳定性分析 ··················69
  6.1.3 仿真验证 ··················72
6.2 不确定随机非线性系统的复合分层抗干扰控制方法 ··················74
  6.2.1 问题描述 ··················74
  6.2.2 控制器的设计与稳定性分析 ··················75
  6.2.3 仿真验证 ··················79
6.3 小结 ··················81

第7章 基于无源性的随机非线性系统的复合分层抗干扰控制方法 ……… 82
- 7.1 基于无源性的标称随机非线性系统的复合分层抗干扰控制方法 …… 82
  - 7.1.1 问题描述 ……………………………………………………………… 82
  - 7.1.2 控制器的设计与无源性分析 ………………………………………… 83
  - 7.1.3 仿真验证 ……………………………………………………………… 86
- 7.2 基于无源性的不确定随机非线性系统的复合分层抗干扰控制方法 … 89
  - 7.2.1 问题描述 ……………………………………………………………… 89
  - 7.2.2 控制器的设计与无源性分析 ………………………………………… 90
  - 7.2.3 仿真验证 ……………………………………………………………… 93
- 7.3 小结 …………………………………………………………………………… 96

第8章 基于耗散性的随机非线性系统的复合分层抗干扰控制方法 ……… 97
- 8.1 基于耗散性的标称随机非线性系统的复合分层抗干扰控制方法 …… 97
  - 8.1.1 问题描述 ……………………………………………………………… 97
  - 8.1.2 控制器的设计与耗散性分析 ………………………………………… 98
  - 8.1.3 仿真验证 ……………………………………………………………… 101
- 8.2 基于耗散性的不确定随机非线性系统的复合分层抗干扰控制方法 … 104
  - 8.2.1 问题描述 ……………………………………………………………… 104
  - 8.2.2 控制器的设计与耗散性分析 ………………………………………… 105
  - 8.2.3 仿真验证 ……………………………………………………………… 109
- 8.3 小结 …………………………………………………………………………… 112

第9章 随机切换非线性系统抗干扰控制方法 …………………………………… 113
- 9.1 问题描述 ……………………………………………………………………… 113
- 9.2 控制器的设计与耗散性分析 ………………………………………………… 116
- 9.3 仿真验证 ……………………………………………………………………… 128
- 9.4 小结 …………………………………………………………………………… 132

第10章 马尔可夫跳变随机非线性系统抗干扰控制方法 ……………………… 133
- 10.1 问题描述 …………………………………………………………………… 133
- 10.2 控制器的设计与耗散性分析 ……………………………………………… 136
- 10.3 仿真验证 …………………………………………………………………… 149
- 10.4 小结 ………………………………………………………………………… 153

参考文献 ……………………………………………………………………………… 154

第1章 绪　　论

1.1 研究背景与意义

非线性系统一直是理论研究中的热门方向，而现代工程系统越来越复杂，许多受控系统在运行过程中常受到各种随机因素的干扰，如环境中的随机噪声或振动，涉及飞行器、机器人、化工过程和金融系统等领域。这些系统通常表现出非线性动态特性，并且面临着多源随机干扰，如传感器噪声、环境扰动和通信延迟等。如何保持系统正常运行并实现控制目标，成为迫切需要解决的问题。在控制目标对系统性能要求不太高的情况下，研究人员常会忽略随机干扰，将受控系统近似建模为确定性非线性系统，然后利用确定性非线性控制理论来实现所设定的控制目标。

但是，随着技术的进步，对系统性能的要求越来越高，如更快的响应时间、更高的精度和更强的抗干扰能力。传统的线性控制方法在处理非线性系统和应对随机干扰方面存在一定局限。许多应用需要实时响应和决策，如自动驾驶汽车、医疗设备和通信系统等。在这些应用中，受控系统必须能够适应不断变化的环境和不确定性。因此，当控制目标对系统性能要求较高时，为了获得准确的数学模型，研究人员将受控系统建模为随机系统，并开始研究相关理论[1-4]。随着随机过程理论的研究和发展[5,6]，随机非线性系统控制理论逐渐崭露头角，从确定性非线性控制理论的研究中脱颖而出[5-15]。这个领域的焦点主要在于随机非线性系统的稳定性分析和控制综合[16]。稳定性问题一直是系统分析的核心和系统综合的基础，因此基于确定性非线性系统稳定性理论，研究人员结合随机分析方法，先后提出了一系列随机非线性系统的稳定性理论，如随机李雅普诺夫(Lyapunov)稳定性理论[17,18]、随机输入-状态稳定性理论[19-21]、随机有限时间稳定性理论[22-24]和噪声-状态稳定性理论[25]等。在随机非线性系统的综合领域，一方面，研究人员将许多确定性非线性系统的控制方法推广到了随机非线性系统，涌现出随机鲁棒控制[26,27]、随机反步控制[28-30]、随机最优控制[31]等随机控制方法；另一方面，研究人员根据随机非线性系统的特点提出了随机镇定方法，以应对随机环境中的受控非线性系统，这些系统常常受到外部扰动、不确定参数和非线性约束等多种实际问题的影响[32]。

然而，由于干扰的存在，随机非线性系统的状态表现出与确定性非线性系统完全不同的性能，这给随机非线性系统的稳定性分析带来了巨大挑战。近几年，有部分学者研究随机非线性系统的抗干扰控制。董乐伟等[33]研究了一类带有非谐波干扰和白噪声多源干扰的随机系统，为了估计带有非线性动力的干扰，设计了一类随机非线性干扰观测器，并提出了一类基于非线性干扰观测器的干扰抵消方法。李新青等[34]针对一类带有多源异质干扰的随机系统，提出了一种基于自适应非线性干扰观测器的抗干扰控制方法。Wang 等[35]利用有界估计方法处理随机切换扰动。文献[36]和[37]通过 K_∞ 函数的性质及相关引理调整干扰范数的边界，进而利用模糊逻辑系统(fuzzy logic system，FLS)估计处理未建模动力学所造成的干扰。

到目前为止，针对随机非线性系统开展的随机不确定性抗干扰研究均比较离散，没有形成一个系统的体系。例如，如何针对不同的情况抑制高动态干扰和多源干扰？该问题直接关系工程实际应用。虽然在随机非线性系统稳定性分析和控制综合方面已取得许多有价值的成果，但仍有待进一步深入研究。因此，本书选择随机非线性系统作为研究对象，着重研究其稳定性和抗干扰控制问题。

1.2 国内外研究现状

1.2.1 随机非线性系统研究现状

随机系统的研究是 19 世纪随着随机过程理论与随机微分方程理论的发展而迅速发展起来的。从 1923 年维纳(Wiener)用数学理论描述了布朗运动，到 1942 年日本学者伊藤清提出随机微分方程的求解，随机微分方程的研究受到了广泛的重视，并在自然灾害、金融系统、岩石力学模型、信号分析、原子物理学、化学动力学等领域得到了广泛应用[38-40]。

随机控制理论主要研究存在未建模动态、随机干扰因素及其动态系统的控制与优化问题，如飞行过程中的环境噪声、建模过程中未知的时变参数、排队网络中的随机访问等，通常用随机模型描绘它们。针对随机非线性系统中控制器的设计，出现了随机系统的镇定理论，但由于随机李雅普诺夫函数分析过程中存在很多障碍，使控制问题研究更具有挑战性。伊藤(Itô)随机微积分理论引入随机李雅普诺夫函数后，随机非线性系统的镇定研究得到了迅速的发展。Khasminskii[9]、Mao[38]和 Kushner[41]等给出了随机非线性系统稳定的相关结果，他们的努力为后续随机非线性系统的深入研究奠定了基础。

19 世纪 Florchinger 对随机李雅普诺夫函数作了一般讨论，给出了随机非线性系统稳定的相关结论，研究初步确立了随机系统的框架，将其作为一般随机系统镇定的基础[42-46]。通过结合反步设计法，Pan 等[47]采用了加权二次型的随机李雅普诺夫函数讨论了具有风险敏感指标的最优控制问题，针对一类严格反馈形式的随机非线性系统研究了依概率渐近镇定问题。近年来，研究工作者开始关注用 H_∞ 控制及分析理论处理随机非线性系统的控制问题。在大部分随机控制问题的研究中，一般认为随机干扰是维纳过程或者布朗运动，并将研究的系统方程利用 Itô 随机微分方程描述。接着 Berman 和 Shaked 提出了针对随机非线性系统状态反馈的 H_∞ 控制问题，建立了增益与一类 Hamilton-Jacobi-Isaacs(HJI)不等式的解之间的关系[48,49]。魏波等[50]研究了含有静态模型不确定性的随机非线性系统的鲁棒 H_∞ 控制问题。文献[51]使用自适应模糊方法，针对非仿射形式的随机非线性系统设计了状态反馈控制器。文献[52]根据事件触发机制设计了随机非线性系统的自适应模糊控制策略。

随着科技的发展，控制系统在工业中的应用越来越广泛。控制理论中的利普希茨和非利普希茨非线性系统在现实世界中都有广泛的应用。在电力系统中，利普希茨条件的研究可用于电力网络中，帮助维持电网的稳定性和避免电力系统中的振荡现象，刘娜等[53]便在电厂问题中分析了利普希茨指数，它不仅能定性，而且能定量地分析信号的奇异点、奇异性；非利普希茨条件的研究有助于理解电力系统中的复杂现象，如电力市场中的竞争与合作。在飞机飞行控制中，利普希茨条件的应用有助于确保飞机在外部扰动[54]、故障检测下的稳定性[55]，非利普希茨条件的研究则涉及更具挑战性的控制问题，如混沌系统的控制。在自动化技术领域已有很多学者研究了利普希茨非线性系统鲁棒控制[56,57]，这对自动驾驶汽车、工业机器人等应用至关重要。但是对于非利普希茨抗干扰的方法，却基本没有完整的描述。对非利普希茨的研究多集中在非利普希茨随机微分方程中[58,59]，也有学者研究了几类带有非利普希茨激励函数的神经网络鲁棒稳定性，并验证了优越性[60]。因此，研究非利普希茨条件下的随机非线性系统更有助于理解复杂系统的行为，以及开发更鲁棒的控制方法，能够应对各种不确定性，从而提高系统的稳定性和可控性，同时也推动了科学的进步。

1.2.2 抗干扰控制理论研究现状

随着科技的飞速发展，现代社会的自动化程度逐渐提高。很多生产系统的庞大和复杂，会使得参数的变化范围很大，因此在实际运行过程中，干扰无处不在，而在控制理论的研究中，有许多经典且有效的抗干扰方法。为了解决高精度系统的抗干扰问题，学者提出了很多方法，如非线性输出调节[61-63]、滑模控制[64]、随机非线性控制[65]、干扰观测器控制[66,67]、H_∞ 控制[68]、自适应控制[69,70]、有界估计方法[71-74]等，且都有不错的效果。然而，这些干扰抑制控制方法均依赖反馈控制以抵消或减弱干扰，因此限制了其控制性能的精度，显得相对保守。为了克服这一限制，研究人员引入了自抗扰控制(active disturbance rejection control，ADRC)方法。随着学术界对其深入研究和探讨的持续进行，ADRC 方法已经发展成为一种成熟的抗干扰控制方法，在许多工程应用中展现出良好的前景[75,76]。

基于干扰观测器的控制(disturbance observer-based control，DOBC)出现于 20 世纪 80 年代末，由于其易于实现以及可以快速响应的优越性，一经提出，便受到国内外学者的广泛关注[77-79]。大量的控制系统可以通过 DOBC 方法实现良好的抗干扰性能，如文献[80]中受扰的领导者-跟随者多智能体系统、具有多重扰动的开关随机时滞系统[81]、具有无限不可观测状态和多重扰动下奇异马尔可夫跳变系统[82]、具有非匹配干扰的永磁同步电机系统[83]、在各种不确定因素和干扰源下的基于脉冲宽度调制(pulse width modulation，PWM)的 DC-DC 降压变换器[84]以及随机分布系统[85]。当今工业系统复杂，系统模型具有很强的非线性，并且未知干扰也可能从不同的子系统进入，并对整个系统的跟踪性能产生影响。因此，通过使用非线性 DOBC 方法可以显著提高系统对噪声干扰和未建模动态的稳定性和鲁棒性。文献[86]和[87]针对单输入单输出(single-input single-output，SISO)系统，提出了一种新的非线性 DOBC 策略且成功应用到机器人控制系统中，但主要研究了常数扰动和谐波扰动两种情况。文献[88]研究了受到外部扰动和开关拓扑执行器故障影响的航空航天无人系统的集群控制问题，基于超扭曲干扰观测器(super-twisting disturbance observer，STDO)构造了智能控制器。文献[89]和[90]利用超扭曲干扰观测器，解决了一类受到不匹配干扰的高超音速飞行器(hypersonic flight vehicle，HFV)输出受限的非仿射姿态控制问题。同时，DOBC 方法也在多输入多输出(multiple-input multiple-output，MIMO)系统中得到成功应用[91,92]。Huang 等[93]和 Wang 等[94]均构建了二阶扰动观测器(second-order disturbance observer，SODO)，有效地抑制了多重不确定性和时变扰动。

DOBC 方法的基本思想是设计一个干扰观测器来估计外源干扰。通过将观测器的输出信息与前馈补偿器相结合，进一步抑制干扰。这种方法可以与其他反馈控制方法结合形成复合控制，既能保证系统的动态性能良好，也能抑制外部干扰的影响。然而，需要注意的是，现有大多数 DOBC 方法仅适用于处理简单的线性、规则干扰或匹配干扰。实际应用中，更为复杂的非线性、不规则干扰或不匹配干扰广泛存在，这也给抗干扰控制器设计带来了挑战。针对多源干扰和高动态干扰影响的系统，如何直接设计控制器实现系统的精确跟踪，同时让系统有很好的抗干扰性能，是未来研究的重点方向。

1.2.3 耗散性控制和无源性控制研究现状

耗散性系统是指系统对外部扰动能够耗散能量，而不会无限制地积累能量。耗散性是控制系统理论中的关键概念，起源于热力学、动力学和能量耗散的研究领域，因此在控制理论中具有广泛的应用[95]。以下是一些关于耗散性理论的研究工作：肖伸平等[96]在其研究中专注于探讨时变时滞神经网络的鲁棒稳定性和耗散性问题。他巧妙地利用了积分项中的时滞信息以及激励函数的特定条件，以构建一个合适的增广 Lyapunov-Krasovskii(LK)泛函。通过运用自由矩阵积分不等式来处理 LK 泛函的导数，他成功获得了一个低保守性的时滞相关稳定性判据。这些研究成果不仅适用于神经网络的鲁棒稳定性分析，还可以推广到神经网络的耗散性分析领域。Feng 等在文献[97]中基于事件触发机制和耗散性的思想，为一类随机多项式模糊奇异系统开发了控制器，不仅使闭环系统具有扩展耗散性，还节省了网络资源。在文献[98]中，研究了一类具有随机切换区间的模糊时滞不确定系统的容错控制问题，提出了一种具有未知输入和容错控制器的新型综合观测器，确保系统满足严格的耗散性的充分条件。Wen 等[99]考虑到系统全状态无法测量的情况，选取合适的观测器增益设计滑模控制器，并建立了具有严格耗散性的模糊系统渐近稳定的可行条件。

无源性其实是耗散性分析的一种特殊情况。无源性是指系统能够被建模成一种能量传递的方式，而不会产生能量的消耗。无源性的概念最初源自电网络领域，它关注系统的能量以及与外部输入和输出相关的特性[100]。无源性与系统的李雅普诺夫稳定性和 L_2 稳定性密切相关，它被视为分析系统性质的强有力工具。张萌[101]提到无源控制是由 Ortega 教授等率先提出的通过无源化来设计控制器使系统镇定的控制技术。张慧慧等[102]的研究侧重于带有区间时变延迟的连续 Takagi-Sugeno(T-S)模糊系统的无源性分析问题。李敏等[103]的工作则集中在探讨马尔可夫跳变时滞系统的无源性问题。可见研究无源控制理论不仅对系统的控制方面具有重大影响，而且在各种实际系统中都发挥着不可或缺的作用。因此，无源性理论的研究具有重要的理论意义，同时也有广泛的应用领域。

1.3 本书的主要内容

本书针对具有结构不确定性、非线性动态和多源干扰的复杂随机控制系统，基于反馈控制理论框架，展开抗干扰控制算法设计的研究工作。全书以随机非线性系统的渐近收敛为研究目标，引入反馈控制和抗干扰控制理论解决随机非线性系统收敛的关键问题，并将数学推导与仿真分析相结合，验证算法的有效性，由浅入深，帮助读者逐步理解并掌握随机非线性系统抗干扰控制理论与方法，对理论研究和工程实践具有一定的指导意义。本书的编排详略得当，尽量避免晦涩难懂的内容，适用于有一定控制理论基础的读者。

本书共10章，各章内容安排如下：

第1章为绪论，首先介绍非线性系统研究的局限性以及考虑实际工程应用存在干扰的难点问题，给出本书研究随机非线性系统抗干扰控制的意义，并且全面总结国内外对于随机非线性系统、抗干扰控制、耗散性控制和无源性控制的研究进展。

第2章介绍随机非线性系统的基本概念、稳定性与李雅普诺夫方法、随机耗散性和无源性理论、矩阵的相关性质与定理、求导法则等相关数学定理，为后续章节提供理论支撑。

第3章研究受到多源干扰和不确定性影响的利普希茨随机非线性系统的抗干扰控制方法，其中非线性函数具有利普希茨性质。3.1节针对未知时变但有界的干扰以及满足l_2范数干扰的多源干扰，设计自适应干扰观测器进行处理，进而提出一种基于干扰观测器的抗干扰控制策略，并利用仿真实例验证所提方法的有效性。3.2节研究考虑不确定性的利普希茨随机非线性系统的抗干扰控制问题，将干扰观测器与反馈控制法相结合，提出利普希茨条件下的抗干扰控制策略，并仿真验证所提控制策略的正确性和有效性。

第4章研究受到多源干扰和不确定性影响的非利普希茨随机非线性系统的抗干扰控制方法，研究重点是非线性函数具有非利普希茨性质。4.1节针对多源干扰研究非利普希茨随机非线性系统的抗干扰问题，提出基于干扰观测器的控制方法。4.2节研究考虑具有结构不确定性的非利普希茨随机非线性系统的抗干扰问题，提出基于干扰观测器和反馈控制法的抗干扰控制策略。均用仿真实例验证控制策略的有效性。

第5章研究带有高动态干扰的标称和不确定随机非线性系统的抗干扰控制方法，本章的研究难点在于干扰快速变化，无法忽略干扰的导数，即干扰的变化率对于系统的影响。5.1节针对高动态干扰设计干扰及其干扰导数的干扰观测器，结合反馈控制法设计基于干扰观测器的控制器，并通过仿真实例验证控制器的有效性。5.2节将系统结构本身的参数不确定性引入随机非线性系统中，提出基于干扰观测器和反馈控制法结合的抗干扰控制策略，并通过仿真实例验证所提策略的有效性。

第6章研究标称和不确定随机非线性系统的复合分层抗干扰控制方法，本章的研究难点在于干扰由外源系统产生，导致部分信息未知，造成设计困难。6.1节针对外源系统产生的干扰，设计干扰观测器对其进行估计并补偿，提出基于干扰观测器的复合分层抗干扰策略,并通过仿真实例验证干扰观测器的性能和控制方法的有效性。6.2 节由于外源系统的存在,以及系统测量误差等原因,将结构不确定性引入随机非线性系统中,设计基于干扰观测器和反馈控制法结合的复合分层抗干扰策略,并通过仿真实例验证所提策略的有效性。

第 7 章研究基于无源性的标称和不确定随机非线性系统的复合分层抗干扰控制方法。7.1 节针对外源系统产生的干扰设计干扰观测器,根据无源性理论和反馈控制法设计抗干扰控制器,使随机非线性系统具有无源性。通过选择合适的李雅普诺夫函数,利用李雅普诺夫稳定性证明系统的无源性,并通过仿真实例验证控制器设计的有效性。7.2 节将结构不确定性引入随机非线性系统,提出基于干扰观测器和反馈控制法结合的无源性抗干扰控制策略,选取合适的李雅普诺夫函数证明系统具有无源性,并用仿真实例验证所提策略的有效性。

第 8 章研究基于耗散性的标称和不确定随机非线性系统的复合分层抗干扰控制方法。8.1 节基于耗散性理论,研究针对外源系统干扰下的标称随机非线性系统复合分层抗干扰控制问题,利用李雅普诺夫稳定性理论和耗散性理论证明系统的耗散性,并通过仿真实例验证研究的可行性。8.2 节基于耗散性理论,考虑结构不确定性,针对多源干扰设计基于干扰观测器的随机非线性系统的复合分层抗干扰控制器,通过李雅普诺夫稳定性理论和耗散性理论证明系统具有耗散性,并用仿真实例验证控制器的有效性。

第 9 章针对带有多源干扰的 T-S 模糊随机切换非线性系统提出了一种基于耗散性的抗干扰控制结构。针对 T-S 模糊多源干扰和系统模型的特性,提出了一种新型的模糊随机切换干扰观测器,以估计由切换的外源系统产生的干扰。之后通过融合多源干扰的估计和状态反馈控制方案,综合提出了一种模糊复合抗干扰控制律。利用平均驻留时间技术和分段模糊基独立的李雅普诺夫函数,证明了所获得的闭环系统是随机稳定的,并且是严格耗散的。

第 10 章基于耗散性研究了 T-S 模糊马尔可夫跳变随机非线性系统的扰动衰减控制问题。针对系统受到的多源的非线性和随机跳变扰动,提出自适应模糊扰动观测器和混合反馈控制器,构建了一种新颖的模糊扰动衰减控制结构。根据严格线性矩阵不等式(linear matrix inequality,LMI),建立了一个新的充分条件来保证闭环系统的 $(\mathcal{Z},\mathcal{Y},\mathcal{X})$-$\varepsilon$ 耗散性和随机指数稳定性,并通过仿真算例验证了所提算法的有效性。

1.4 小　　结

本章首先介绍了本书的研究背景与意义,阐述了随机非线性系统抗干扰控制理论与方法研究的必要性；其次通过国内外的大量文献资料，对随机非线性系统、抗干扰控制理论、耗散性控制和无源性控制的研究现状进行了介绍；最后介绍了本书的内容特点以及各章安排，方便读者理解本书的框架及内容。

第2章 基本概念与数学基础

2.1 随机非线性系统基本概念

线性系统 $\dot{x}=Ax$，根据系统矩阵 A 是否随时间变化，可分为时变系统和非时变系统。在一般的非线性系统中，通过类比时变和非时变的概念，可以得到非自治和自治的概念。一个非线性系统通常可描述为如下的非线性一阶微分方程：

$$\dot{x}=f(t,x,u), x_0=x(0) \tag{2-1}$$

式中，$x\in R^n$，表示状态向量；x_0 表示 $t=0$ 时的初始状态；$u\in R^m$，表示系统的控制输入；$f(\cdot):R_+\times R^n\times R^m\to R^n$，表示非线性函数。

如果式(2-1)中的 f 不显含时间 t，且控制输入 $u=g(x,t)$，则式(2-1)可以表述为

$$\dot{x}=f(x) \tag{2-2}$$

式(2-2)即为自治系统。

对于随机非线性系统，首先需要建立随机环境中非线性系统精确的数学模型，接着运用现代控制理论并结合随机分析方法来解析系统内部结构，才能有目的性地"构造"系统状态。基于以上步骤，首先在非线性系统模型的基础上引入随机噪声，建立如下形式的随机非线性系统：

$$\dot{x}(t)=F(t,x(t),u(t))\mathrm{d}t+G(t,x(t),u(t))\xi(t), x(t_0)=x_0 \tag{2-3}$$

式中，$x(t)$、$u(t)$ 和 $\xi(t)$ 分别表示具有适当维数的系统状态、系统输入和随机噪声过程。系统(2-3)所对应的自治随机非线性系统记为

$$\dot{x}(t)=f(t,x(t))+g(t,x(t))\xi(t), x(t_0)=x_0 \tag{2-4}$$

很显然，合理、准确地刻画随机噪声过程是对系统(2-3)和系统(2-4)展开研究的前提和基础。目前，描述随机噪声过程的方式主要有两种：一种是把随机噪声过程抽象为理想的高斯白噪声过程；另一种是将其视为有色噪声过程。

当随机噪声过程被抽象为理想的高斯白噪声过程时，维纳过程的广义均方导数(形式导数)具有与高斯白噪声过程同样的性质，因而高斯白噪声过程在数学上

就可以被近似地表示为维纳过程的形式导数，即 $\xi(t) = \mathrm{d}\varpi/\mathrm{d}t$，此时系统(2-4)就转变为

$$\mathrm{d}x(t) = f(t,x(t))\mathrm{d}t + g(t,x(t))\mathrm{d}\varpi, x(t_0) = x_0 \tag{2-5}$$

根据维纳过程的性质可知，维纳过程是处处均方连续，但却是处处均方不可导的，因此系统方程(2-5)只是形式上的方程，不具有实际意义。1942年，日本数学家伊藤清首次定义了伊藤随机微分，对于系统方程(2-5)，基于伊藤随机微分的等价表示为

$$x(t) = \int_{t_0}^{t} f(s,x(s))\mathrm{d}s + \int_{t_0}^{t} g(s,x(s))\mathrm{d}w(s), x(t_0) = x_0 \tag{2-6}$$

习惯上，系统方程(2-5)称为白噪声驱动的随机微分方程，也称伊藤随机微分方程(stochastic differential equation，SDE)，系统方程(2-6)则称为伊藤随机微分方程，系统方程(2-5)所对应的受控系统和系统方程(2-6)所描述的自治系统统称为伊藤随机非线性系统。

在实际应用中，一般对于随机非线性微分方程表示如下：

$$\mathrm{d}x(t) = f(t,x(t),u(t))\mathrm{d}t + g(t,x(t))\mathrm{d}\varpi, t \geq t_0 (\geq 0) \tag{2-7}$$

式中，$u \in R^m$ 和 $x(t) \in R^n$ 分别表示系统输入和状态变量；ϖ 表示定义在完整概率空间 (Ω, F, P) 上的独立标准维纳过程，Ω 表示样本空间，F 表示 σ-代数簇，P 表示概率测度；$f(\cdot): R_+ \times R^n \times R^m \to R^n$ 和 $g(\cdot): R_+ \times R^n \to R^n$ 满足局部的利普希茨条件。

定义 2.1[104] 如果：

$$\lim_{n \to \infty} \sup_{t>0} P\{\|x(t)\| > n\} = 0 \tag{2-8}$$

则随机过程 $\{x(t)|t \geq 0\}$ 是依概率有界的，式中 $n > 0$ 为常数。

2.2 稳定性与李雅普诺夫方法

2.2.1 预备知识

1. 标量函数的符号性质

设 $V(x)$ 为由 n 维矢量 x 所定义的标量函数，$x \in \Omega$，且在 $x = 0$ 处，恒有 $V(x) = 0$。所有在域 Ω 中的任何非零矢量 x，如果：

(1) $V(x) > 0$，则称 $V(x)$ 为正定的。

(2) $V(x) \geq 0$,则称$V(x)$为半正定(或非负定)的。

(3) $V(x) < 0$,则称$V(x)$为负定的。

(4) $V(x) \leq 0$,则称$V(x)$为半负定(或非正定)的。

(5) $V(x) > 0$或$V(x) < 0$,则称$V(x)$为不定的。

2. 二次型标量函数

二次型标量函数在李雅普诺夫方法分析系统的稳定性中起着很重要的作用。设$x_1, x_2, \cdots, x_n$为n个变量,P为实对称矩阵,定义二次型标量函数为

$$V(x) = x^T P x = \begin{bmatrix} x_1 & x_2 & \cdots & x_n \end{bmatrix} \begin{bmatrix} p_{11} & p_{12} & \cdots & p_{1n} \\ p_{21} & p_{22} & \cdots & p_{2n} \\ \vdots & \vdots & & \vdots \\ p_{n1} & p_{n2} & \cdots & p_{nn} \end{bmatrix} \begin{bmatrix} x_1 \\ x_2 \\ \vdots \\ x_n \end{bmatrix} \quad (2-9)$$

矩阵P的符号性质定义如下:

设P为$n \times n$实对称方阵,$V(x) = x^T P x$为由P决定的二次型函数。

(1) 若$V(x)$正定,则称P为正定,记做$P > 0$。

(2) 若$V(x)$负定,则称P为负定,记做$P < 0$。

(3) 若$V(x)$半正定(或非负定),则称P为半正定(或非负定),记做$P \geq 0$。

(4) 若$V(x)$半负定(或非正定),则称P为半负定(或非正定),记做$P \leq 0$。

因此,要判别$V(x)$的符号,只要判别P的符号即可,则$V(x)$正定的充要条件是P为实对称正定矩阵。

2.2.2 稳定性判据

设系统的状态方程为

$$\dot{x} = f(x) \quad (2-10)$$

平衡状态为$x_e = 0$,满足$f(x_e) = 0$。如果存在一个标量函数$V(x)$,它满足:

(1) $V(x)$对所有x都具有连续的一阶偏导数。

(2) $V(x)$是正定的,即当$x = 0$,$V(x) = 0$;$x \neq 0$,$V(x) > 0$。

(3) $V(x)$沿状态轨迹方向计算的时间导数$\dot{V}(x) = dV(x)/dt$分别满足下列条件:

①若$\dot{V}(x) \leq 0$,即$\dot{V}(x)$半负定,那么平衡状态x_e为在李雅普诺夫意义下稳定,此称稳定判据。②若$\dot{V}(x) < 0$,即$\dot{V}(x)$负定,那么原点平衡状态是渐近稳定的,此称渐近稳定判据。③若$\dot{V}(x) < -cV(x)$,其中$c > 0$为常数,则系统在平

衡状态是指数稳定的。④若 $\dot{V}(x)<-cV^p(x)$，其中 $0<p<1$ 为常数，则系统在平衡状态是有限时间稳定的。⑤若 $\dot{V}(x)\leqslant-\alpha V(x)+\beta$，其中 $\alpha,\beta>0$ 为常数，则

$$\lim_{t\to\infty}V(t)\leqslant\frac{\beta}{\alpha} \tag{2-11}$$

称系统在平衡状态有界稳定。

2.2.1 小节和 2.2.2 小节定理及详细证明详见文献[105]和[106]。

2.2.3 随机稳定性定理

定义 2.2[107]　对于随机非线性系统(2-7)的任意李雅普诺夫正定函数 $V(x(t),t)\in C^{2,1}$，微分算子 $\mathcal{L}$ 的定义为

$$\mathcal{L}V=\frac{\partial V}{\partial t}+\frac{\partial V}{\partial x}f+\frac{1}{2}\mathrm{Tr}\left(g^{\mathrm{T}}\frac{\partial^2 V}{\partial x^2}g\right) \tag{2-12}$$

式中，Tr 表示矩阵的迹。基于伊藤随机微分方程，$V(x)$ 的导数为

$$\mathrm{d}V(x)=\mathcal{L}V(x)\mathrm{d}t+\frac{\partial V}{\partial x}g(x)\mathrm{d}\varpi \tag{2-13}$$

定义 2.3[108]　考虑随机非线性系统(2-7)，如果对于任意的 $\varepsilon>0$，都存在 K 类函数 $\gamma(\cdot)$，使得

$$P\{\|x(t)\|<\gamma(x_0)\}\geqslant 1-\varepsilon,\quad\forall t\geqslant 0,\forall x_0\in R^n \tag{2-14}$$

则系统在平衡点 $x_e=0$ 为全局依概率稳定。

定义 2.4[108]　如果系统(2-7)的平衡点 $x_e=0$ 为全局依概率稳定，且满足：

$$P\{\|x(t)\|=0\}=1,\quad\forall x_0\in R^n \tag{2-15}$$

则系统在平衡点 $x_e=0$ 为全局依概率渐近稳定。

定理 2.1　如果存在正常数 C 和 D，使得式(2-16)成立，则随机非线性系统(2-7)存在唯一解，并且在概率上是最终一致有界的。

$$\mathcal{L}V(x)\leqslant -CV(x)+D \tag{2-16}$$

证明详见文献[109]。

2.3　随机耗散性和无源性理论

讨论由伊藤随机微分方程描述的随机非线性系统(2-7)，其输出为 $y=h(x_t)$，用 x_t^{s,x_0} 表示随机微分方程起始于 $s\in R^+$，在时刻 t、$s\leqslant t$ 且初始状态 $x_0\leqslant R^n$ 的

解。关于 x_t 的函数 $V(x_t)$，其微分算子如式(2-17)所述：

$$\mathcal{L}V = \frac{\partial V}{\partial t} + \frac{\partial V}{\partial x}f + \frac{1}{2}\text{Tr}\left(g^{\text{T}}\frac{\partial^2 V}{\partial x^2}g\right) \tag{2-17}$$

定义 2.5 对于随机非线性系统(2-7)，如果存在一个非负函数 $V(x_t) \in C^{2,1}$：$R^n \to R$，$V(0) = 0$，满足：

$$\mathcal{L}V(x_t) \leqslant \Phi(y(t), u(t)), \quad \forall u \in R^r, \forall x_0 \in R^n \tag{2-18}$$

则称随机非线性系统(2-7)为随机耗散的。式中，非负函数 $V(x_t)$ 又称为能量函数，$\Phi(y(t), u(t))$ 称为系统的供给率。进一步分析，对于正函数 $W(x(t)) > 0$，如果式(2-19)成立：

$$\mathcal{L}V(x_t) \leqslant \Phi(y(t), u(t)) + W(x_t), \quad \forall u \in R^r, \forall x_0 \in R^n \tag{2-19}$$

则称随机非线性系统(2-7)为关于 (Z, Y, X) 严格耗散的，其中供给率函数如式(2-20)所示：

$$\Phi(y(t), u(t)) = y^{\text{T}}Zy + 2y^{\text{T}}Yu + u^{\text{T}}Xu \tag{2-20}$$

式中，矩阵 $Z = Z^{\text{T}} \in Z^{q \times q} > 0$；$Y = Y^{\text{T}} \in Y^{q \times q} > 0$；$X = X^{\text{T}} \in X^{q \times q} > 0$。

如果系统是随机耗散的，并且供给率 $S = y^{\text{T}}u$，则称其为随机无源的。下面给出严格定义。

定义 2.6 对于随机非线性系统(2-7)，如果存在一个非负函数 $V(x_t) \in C^{2,1}$：$R^n \to R$，$V(0) = 0$，满足：

$$\mathcal{L}V(x_t) \leqslant y^{\text{T}}u, \quad \forall u \in R^r, \forall x_0 \in R^n \tag{2-21}$$

则称随机非线性系统(2-7)为随机无源的。进一步分析，如果存在一个正定函数 $T(x_t)$：$R^n \to R$，使得对任意的 $u \in R^r$ 和 $x_0 \in R^n$，有

$$\mathcal{L}V(x_t) \leqslant y^{\text{T}}u - T(x_t) \tag{2-22}$$

则称随机非线性系统(2-7)为严格无源的。

注：当 $u = 0$ 时，随机非线性系统的能量函数的微分是非正的，则系统为概率意义下渐近稳定的。

随机系统的随机无源性进一步划分如下。

(1) 如果：

$$\mathcal{L}V(x_t) \leqslant y^{\text{T}}u - \varepsilon u^{\text{T}}u, \quad \varepsilon > 0 \tag{2-23}$$

则系统(2-7)为 U-强随机无源的。

(2) 如果：
$$\mathcal{L}V(x_t) \leqslant y^\mathrm{T}u - \varepsilon y^\mathrm{T}y, \quad \varepsilon > 0 \tag{2-24}$$

则系统(2-7)为 Y-强随机无源的。

(3) 如果：
$$\mathcal{L}V(x_t) \leqslant y^\mathrm{T}u - \varepsilon_1 y^\mathrm{T}y - \varepsilon_2 u^\mathrm{T}u, \quad \varepsilon_1, \varepsilon_2 > 0 \tag{2-25}$$

则系统(2-7)为强随机无源的。

本节中的定义证明详见文献[110]～[113]。

2.4 矩阵相关性质与定理

1. 矩阵的迹的性质

对于任意的矩阵 $A \in R^{n \times n}$、$B \in R^{n \times n}$、$C \in R^{n \times n}$，其迹的运算具有以下性质：

(1) $\mathrm{Tr}(ABC) = \mathrm{Tr}(BCA) = \mathrm{Tr}(CAB)$。

(2) $\mathrm{Tr}(A) = \mathrm{Tr}(A^\mathrm{T})$。

(3) $\mathrm{Tr}(A \pm B) = \mathrm{Tr}(A) \pm \mathrm{Tr}(B)$。

(4) $\mathrm{Tr}(aA) = a\mathrm{Tr}(A)$。

(5) $\nabla_A \mathrm{Tr}(AB) = B^\mathrm{T}$。

(6) $\nabla_{A^\mathrm{T}} f(A) = (\nabla_A f(A))^\mathrm{T}$。

(7) $\nabla_A \mathrm{Tr}(ABA^\mathrm{T}C) = CAB + C^\mathrm{T}AB^\mathrm{T}$。

(8) $\nabla_A |A| = |A|(A^{-1})^\mathrm{T}$。

(9) 对于任意向量 $a, b \in R^n$，有 $a^\mathrm{T}b = \mathrm{Tr}[ba^\mathrm{T}]$。

本节中定理及证明详见文献[114]。

2. 矩阵范数的性质

定义 $A = [a_{i,j}]_{n \times m} \in R^{n \times m}$，则矩阵 A 的 F 范数为
$$\|A\|_F = \sqrt{\mathrm{Tr}(A^\mathrm{T}A)} = \sqrt{\sum_{i=1}^{n}\sum_{j=1}^{m} a_{i,j}^2} \tag{2-26}$$

定义 $A = [a_{i,j}]_{n \times m} \in R^{n \times m}$，则矩阵 A 的二范数为

$$\|A\|_2 = \sqrt{\lambda_{\max}(A^{\mathrm{T}}A)} \tag{2-27}$$

定义 $A = [a_{i,1}]_n \in R^n$，则列项量 A 的二范数为

$$\|A\|_2 = \|A^{\mathrm{T}}\|_2 = \sqrt{\sum_{i=1}^{n} a_{i,1}^2} \tag{2-28}$$

本节中定理及证明详见文献[114]。

3. 向量矩阵积不等式

定理 2.2　定义 $\langle x, y \rangle_A = x^{\mathrm{T}} A y$ 为 R^n 上的内积，正常数 c，列向量 $x \in R^n$，$y \in R^n$，正定矩阵 $A \in R^{n \times n}$。根据柯西-施瓦茨(Cauchy-Schwarz)不等式有

$$\begin{aligned}\langle x, y \rangle_A &\leq \sqrt{\langle x, x \rangle_A \cdot \langle y, y \rangle_A} \\ &\leq c \cdot \langle x, x \rangle_A + \frac{1}{4c} \cdot \langle y, y \rangle_A \\ &= c \cdot x^{\mathrm{T}} A x + \frac{1}{4c} \cdot y^{\mathrm{T}} A y\end{aligned} \tag{2-29}$$

定理 2.3　定义列向量 $x \in R^n$，矩阵 $C \in R^{m \times n}$、$A \in R^{m \times m}$，根据瑞利商性质 $\lambda_{\min} \leq x^{\mathrm{T}} A x / x^{\mathrm{T}} x \leq \lambda_{\max}$，得

$$x^{\mathrm{T}} A x \leq \lambda_{\max} x^{\mathrm{T}} x = \|\lambda_{\max} x^{\mathrm{T}} x\| = |\lambda_{\max}| \cdot \|x\|^2 \leq \|A\| \cdot \|x\|^2 \tag{2-30}$$

从而 $x^{\mathrm{T}} C^{\mathrm{T}} A C x \leq \|A\| \cdot \|Cx\|^2 \leq \|A\| \cdot \|C\|^2 \cdot \|x\|^2$ 且 $x^{\mathrm{T}} A x \geq \lambda_{\min} \cdot \|x\|^2$，则

$$\frac{x^{\mathrm{T}} C^{\mathrm{T}} A C x}{x^{\mathrm{T}} A x} \leq \frac{\|A\| \cdot \|C\|^2 \cdot \|x\|^2}{\lambda_{\min} \|x\|^2} \Rightarrow x^{\mathrm{T}} C^{\mathrm{T}} A C x \leq \frac{\|A\| \cdot \|C\|^2 \cdot x^{\mathrm{T}} A x}{\lambda_{\min}} \tag{2-31}$$

定理 2.4　对任意长方阵 $X, Y \in R^{n \times m}$ 和对称正定矩阵 $\Lambda \in R^{n \times n}$ 有

$$\begin{cases} X^{\mathrm{T}} Y + Y^{\mathrm{T}} X \leq X^{\mathrm{T}} \Lambda X + Y^{\mathrm{T}} \Lambda^{-1} Y \\ (X+Y)^{\mathrm{T}}(X+Y) \leq X^{\mathrm{T}}(I+\Lambda)X + Y^{\mathrm{T}}(I+\Lambda^{-1})Y \end{cases} \tag{2-32}$$

定理 2.5　对于任意 $x, y \in R^n$ 以及矩阵 $F > 0$、S、T 有

$$2 x^{\mathrm{T}} T S y \leq x^{\mathrm{T}} T F T^{\mathrm{T}} x + y^{\mathrm{T}} S^{\mathrm{T}} F^{-1} S y \tag{2-33}$$

定理 2.6　定义正常数 c，列向量 $x \in R^n$，$y \in R^n$，则有

$$x^{\mathrm{T}} y \leq \frac{c \|x\|^2}{2} + \frac{\|y\|^2}{2c} \tag{2-34}$$

定理 2.7　设 A、B 均为 n 阶对称矩阵，如果对于 $y^\mathrm{T}By=0\left(y\in R^n\text{且}y\neq 0\right)$ 都有 $y^\mathrm{T}Ay>0$，则存在 $\lambda\in R$，使得 $A+\lambda B$ 为正定矩阵。

定理 2.8　设 A、B 均为 n 阶对称矩阵，存在 $\bar{y}$ 使得 $\bar{y}^\mathrm{T}A\bar{y}>0$，则当且仅当存在 $\lambda\geq 0$ 使得 $B\geq\lambda A$ 时，$y^\mathrm{T}Ay\geq 0$ 能推出 $y^\mathrm{T}By\geq 0$。

定理 2.9　设 $a,y\in R^n$，当且仅当存在 $\lambda\in R^m$，$\lambda_j\geq 0$ 使得 $a=\sum_{j=1}^m\lambda_j b_j$ 时，$b_j y\geq 0, j=1,2,\cdots,m$ 能推出 $a^\mathrm{T}y\geq 0$。

定理 2.10　若存在 $\lambda\in R^n$，$\lambda\geq 0$ 使得 $f(y)+\sum_{j=1}^m\lambda_j g_j(y)\geq 0$，则 $g_j(y)\leq 0$，$j=1,2,\cdots,m$ 可推出 $f(y)\geq 0$。

本节中定理及证明详见文献[114]。

4. S 引理

设 $\alpha_0,\alpha_1\cdots,\alpha_k\in R$，$q_i(x)=x^\mathrm{T}Q_i x$，$Q_i$ 是 n 阶对称矩阵，如果存在 $\tau_1,\tau_2,\cdots,\tau_k\geq 0$ 使得

$$\begin{cases}Q_0\leq\tau_1 Q_1+\cdots+\tau_k Q_k\\ \alpha_0\geq\tau_1\alpha_1+\cdots+\tau_k\alpha_k\end{cases} \quad (2\text{-}35)$$

则

$$q_i(x)\leq\alpha_i \quad (2\text{-}36)$$

因此能推出[115]：

$$q_0(x)\leq\alpha_0 \quad (2\text{-}37)$$

5. 舒尔补引理

对于给定的对称矩阵：

$$S=\begin{pmatrix}S_{11}&S_{12}\\ S_{21}&S_{22}\end{pmatrix} \quad (2\text{-}38)$$

式中，S_{11} 是 $r\times r$ 维的，则以下三个条件等价[116]：

(1) $S<0$；

(2) $S_{11}<0$，$S_{22}-S_{12}^\mathrm{T}S_{11}^{-1}S_{12}<0$；

(3) $S_{22}<0$，$S_{11}-S_{12}S_{22}^{-1}S_{12}^\mathrm{T}<0$。

2.5 求 导 法 则

2.5.1 向量和标量之间的求导法则

本节所讨论的向量为函数向量，与数值型向量不同，函数向量中元素均为函数。

1. 向量对标量求导

$y = \begin{bmatrix} y_1 & y_2 & \cdots & y_n \end{bmatrix}^T$ 为 n 维函数列向量，其对标量 x 求导形式为

$$\frac{\partial y}{\partial x} = \begin{bmatrix} \frac{\partial y_1}{\partial x} \\ \frac{\partial y_2}{\partial x} \\ \vdots \\ \frac{\partial y_n}{\partial x} \end{bmatrix} \tag{2-39}$$

行向量对标量求导与式(2-39)类似，不赘述。

2. 标量对向量求导

$y = f(x_1, x_2, \cdots, x_n)$ 为多元函数标量，自变量 x_i 是 n 维函数列向量 $x = \begin{bmatrix} x_1 & x_2 & \cdots & x_n \end{bmatrix}^T$ 中的元素，则标量 y 对向量 x 求导形式为

$$\frac{\partial y}{\partial x} = \begin{bmatrix} \frac{\partial y}{\partial x_1} \\ \frac{\partial y}{\partial x_2} \\ \vdots \\ \frac{\partial y}{\partial x_n} \end{bmatrix} \tag{2-40}$$

标量对行向量求导与式(2-40)类似，不赘述。特别地，当函数 $y = x^T A x$ 时，标量 y 对向量 x 求导形式为

$$\frac{\partial y}{\partial x} = \begin{bmatrix} \frac{\partial y}{\partial x_1} \\ \frac{\partial y}{\partial x_2} \\ \vdots \\ \frac{\partial y}{\partial x_n} \end{bmatrix} = \begin{bmatrix} \sum_{s=1}^{n} a_{s1} x_s + \sum_{k=1}^{n} a_{1k} x_k \\ \vdots \\ \sum_{s=1}^{n} a_{sn} x_s + \sum_{k=1}^{n} a_{nk} x_k \end{bmatrix} = (A^{\mathrm{T}} + A) x \qquad (2\text{-}41)$$

2.5.2 向量和向量之间的求导法则

向量分为行向量与列向量，最基本的求导布局有两个：分子布局和分母布局。分子布局：分母为行向量，分子为列向量；分母布局：分母为列向量，分子为行向量。假设 $y = \begin{bmatrix} y_1 & y_2 & \cdots & y_m \end{bmatrix}^{\mathrm{T}}$ 是 m 维列向量，$x = \begin{bmatrix} x_1 & x_2 & \cdots & x_n \end{bmatrix}^{\mathrm{T}}$ 是 n 维列向量，y 中每个元素都是 x 中元素的函数，即 $y_i = f_i(x_1, x_2, \cdots, x_n), 1 \leqslant i \leqslant m$。

1. 列向量对列向量求导

首先采取分子布局在列方向上展开 y 向量：

$$\frac{\partial y}{\partial x} = \begin{bmatrix} \frac{\partial y_1}{\partial x} \\ \frac{\partial y_2}{\partial x} \\ \vdots \\ \frac{\partial y_m}{\partial x} \end{bmatrix} \qquad (2\text{-}42)$$

然后在行方向上展开 x：

$$\frac{\partial y}{\partial x} = \begin{bmatrix} \frac{\partial y_1}{\partial x_1} & \frac{\partial y_1}{\partial x_2} & \cdots & \frac{\partial y_1}{\partial x_n} \\ \frac{\partial y_2}{\partial x_1} & \frac{\partial y_2}{\partial x_2} & \cdots & \frac{\partial y_2}{\partial x_n} \\ \vdots & \vdots & & \vdots \\ \frac{\partial y_m}{\partial x_1} & \frac{\partial y_m}{\partial x_2} & \cdots & \frac{\partial y_m}{\partial x_n} \end{bmatrix}_{m \times n} \qquad (2\text{-}43)$$

分子布局求导结果是一个 $m \times n$ 维的矩阵，本质是雅可比矩阵。当求导采用分母布局时，在列方向上首先展开 x，然后在行方向上展开 y：

$$\frac{\partial y}{\partial x} = \begin{bmatrix} \dfrac{\partial y_1}{\partial x_1} & \dfrac{\partial y_2}{\partial x_1} & \cdots & \dfrac{\partial y_m}{\partial x_1} \\ \dfrac{\partial y_1}{\partial x_2} & \dfrac{\partial y_2}{\partial x_2} & \cdots & \dfrac{\partial y_m}{\partial x_2} \\ \vdots & \vdots & & \vdots \\ \dfrac{\partial y_1}{\partial x_n} & \dfrac{\partial y_2}{\partial x_n} & \cdots & \dfrac{\partial y_m}{\partial x_n} \end{bmatrix}_{n \times m} \tag{2-44}$$

分母布局求导结果是一个 $n \times m$ 维的矩阵，其本质是原函数的梯度矩阵，分子、分母布局求导结果互为转置关系。总结：求偏导数是二元运算，决定采用哪种布局，就先在列方向上展开该维度向量，然后在行方向展开另一维度向量。

2. 行向量对行向量求导

假设向量 y^T 是一个 $1 \times m$ 维的行向量，其中向量 y^T 中的元素均为标量，对 $1 \times n$ 维的行向量 x^T 求导，先将 y^T 的每个元素对向量 x^T 求导，接着将求导结果按 y^T 的形式展开得到如下形式：

$$\frac{\partial y^T}{\partial x^T} = \left[\begin{bmatrix} \dfrac{\partial y_1}{\partial x_1} & \dfrac{\partial y_1}{\partial x_2} & \cdots & \dfrac{\partial y_1}{\partial x_n} \end{bmatrix} \begin{bmatrix} \dfrac{\partial y_2}{\partial x_1} & \dfrac{\partial y_2}{\partial x_2} & \cdots & \dfrac{\partial y_2}{\partial x_n} \end{bmatrix} \cdots \begin{bmatrix} \dfrac{\partial y_m}{\partial x_1} & \dfrac{\partial y_m}{\partial x_2} & \cdots & \dfrac{\partial y_m}{\partial x_n} \end{bmatrix} \right]_{1 \times nm}$$
(2-45)

3. 行向量对列向量求导

假设向量 y^T 是一个 $1 \times m$ 维的行向量，对 $n \times 1$ 维的列向量 x 求导，采用分母布局计算得到：

$$\frac{\partial y^T}{\partial x} = \begin{bmatrix} \dfrac{\partial y_1}{\partial x_1} & \dfrac{\partial y_2}{\partial x_1} & \cdots & \dfrac{\partial y_m}{\partial x_1} \\ \dfrac{\partial y_1}{\partial x_2} & \dfrac{\partial y_2}{\partial x_2} & \cdots & \dfrac{\partial y_m}{\partial x_2} \\ \vdots & \vdots & & \vdots \\ \dfrac{\partial y_1}{\partial x_n} & \dfrac{\partial y_2}{\partial x_n} & \cdots & \dfrac{\partial y_m}{\partial x_n} \end{bmatrix}_{n \times m} \tag{2-46}$$

结果是一个 $n \times m$ 维矩阵。

进一步地：对于任意 $n \times n$ 维矩阵 A，行向量 $(Ax)^T$ 对列向量 x 的导数为

$$\frac{\mathrm{d}(Ax)^{\mathrm{T}}}{\mathrm{d}x} = A^{\mathrm{T}} \tag{2-47}$$

4. 列向量对行向量求导

假设向量 y 是一个 $m \times 1$ 维的列向量，对 $1 \times n$ 维的行向量 x^{T} 求导，采用分子布局计算得到：

$$\frac{\partial y}{\partial x^{\mathrm{T}}} = \begin{bmatrix} \frac{\partial y_1}{\partial x_1} & \frac{\partial y_1}{\partial x_2} & \cdots & \frac{\partial y_1}{\partial x_n} \\ \frac{\partial y_2}{\partial x_1} & \frac{\partial y_2}{\partial x_2} & \cdots & \frac{\partial y_2}{\partial x_n} \\ \vdots & \vdots & & \vdots \\ \frac{\partial y_m}{\partial x_1} & \frac{\partial y_m}{\partial x_2} & \cdots & \frac{\partial y_m}{\partial x_n} \end{bmatrix}_{m \times n} \tag{2-48}$$

结果是一个 $m \times n$ 维矩阵。

进一步地：对于任意 $n \times n$ 维矩阵 A，列向量 Ax 对行向量 x^{T} 的导数为

$$\frac{\mathrm{d}Ax}{\mathrm{d}x^{\mathrm{T}}} = A \tag{2-49}$$

5. 向量积对列向量 x 求导运算法则

对于任意 n 维列向量 U 和 V，他们之间的向量积对 n 维列向量 x 求导运算法则为

$$\begin{cases} \dfrac{\mathrm{d}(UV^{\mathrm{T}})}{\mathrm{d}x} = \dfrac{\mathrm{d}U}{\mathrm{d}x} V^{\mathrm{T}} + U \dfrac{\mathrm{d}V^{\mathrm{T}}}{\mathrm{d}x} \\ \dfrac{\mathrm{d}(U^{\mathrm{T}}V)}{\mathrm{d}x} = \dfrac{\mathrm{d}U^{\mathrm{T}}}{\mathrm{d}x} V + \dfrac{\mathrm{d}V^{\mathrm{T}}}{\mathrm{d}x} U^{\mathrm{T}} \end{cases} \tag{2-50}$$

2.5.3 矩阵和标量之间的求导法则

本节所讨论的矩阵为函数矩阵，与数值型矩阵不同，函数矩阵中元素均为函数。

1. 矩阵对标量求导

假设 $Y \in R^{n \times m}$ 为 $n \times m$ 维函数矩阵，矩阵中的元素 $y_{ij}(x)$ 均为自变量 x 的函

数,矩阵 Y 对标量 x 的求导形式为

$$\frac{\partial Y}{\partial x} = \begin{bmatrix} \frac{\partial y_{11}}{\partial x} & \frac{\partial y_{12}}{\partial x} & \cdots & \frac{\partial y_{1m}}{\partial x} \\ \frac{\partial y_{21}}{\partial x} & \frac{\partial y_{22}}{\partial x} & \cdots & \frac{\partial y_{2m}}{\partial x} \\ \vdots & \vdots & & \vdots \\ \frac{\partial y_{n1}}{\partial x} & \frac{\partial y_{n2}}{\partial x} & \cdots & \frac{\partial y_{nm}}{\partial x} \end{bmatrix}_{n \times m} \tag{2-51}$$

2. 标量对矩阵求导

假设 $y = f(x_{11}, x_{12}, \cdots, x_{nm})$ 为多元函数标量,自变量 x_{ij} 是矩阵 $x \in R^{n \times m}$ 中的元素,则标量 y 对矩阵 X 求导的形式为

$$\frac{\partial y}{\partial x} = \begin{bmatrix} \frac{\partial y}{\partial x_{11}} & \frac{\partial y}{\partial x_{12}} & \cdots & \frac{\partial y}{\partial x_{1n}} \\ \frac{\partial y}{\partial x_{21}} & \frac{\partial y}{\partial x_{22}} & \cdots & \frac{\partial y}{\partial x_{2n}} \\ \vdots & \vdots & & \vdots \\ \frac{\partial y}{\partial x_{n1}} & \frac{\partial y}{\partial x_{n2}} & \cdots & \frac{\partial y}{\partial x_{nm}} \end{bmatrix}_{n \times m} \tag{2-52}$$

2.5.4 矩阵和向量之间的求导法则

1. 矩阵对向量求导

设 $Y = (y_{ij})_{m \times n}$ 为 $m \times n$ 维函数矩阵,$x = \begin{bmatrix} x_1 & x_2 & \cdots & x_q \end{bmatrix}^T$ 为 q 维列向量,将矩阵 Y 对列向量 x 中的每一个元素求偏导(转换成矩阵对标量求导),构成一个超向量。因此,该超向量中的元素均为矩阵:

$$\frac{\partial Y}{\partial x} = \begin{bmatrix} \frac{\partial Y}{\partial x_1} \\ \frac{\partial Y}{\partial x_2} \\ \vdots \\ \frac{\partial Y}{\partial x_q} \end{bmatrix}_{mn \times q} \tag{2-53}$$

式中，

$$\frac{\partial Y}{\partial x_i} = \begin{bmatrix} \frac{\partial y_{11}}{\partial x_i} & \frac{\partial y_{12}}{\partial x_i} & \cdots & \frac{\partial y_{1n}}{\partial x_i} \\ \frac{\partial y_{21}}{\partial x_i} & \frac{\partial y_{22}}{\partial x_i} & \cdots & \frac{\partial y_{2n}}{\partial x_i} \\ \vdots & \vdots & & \vdots \\ \frac{\partial y_{m1}}{\partial x_i} & \frac{\partial y_{m2}}{\partial x_i} & \cdots & \frac{\partial y_{mn}}{\partial x_i} \end{bmatrix}_{m \times n} \tag{2-54}$$

矩阵对行向量求导与上述类似。

2. 向量对矩阵求导

设 $y = \begin{bmatrix} y_1 & y_2 & \cdots & y_m \end{bmatrix}^T$ 为 m 维函数列向量，$X = (x_{ij})_{p \times q}$ 为 $p \times q$ 维自变量矩阵，将列向量 y 中每一个元素对矩阵 X 求偏导(转换成标量对矩阵求导)，构成一个超向量。因此，该超向量的每一个元素都是一个矩阵：

$$\frac{\partial y}{\partial X} = \begin{bmatrix} \frac{\partial y_1}{\partial X} \\ \frac{\partial y_2}{\partial X} \\ \vdots \\ \frac{\partial y_m}{\partial X} \end{bmatrix}_{mp \times q} \tag{2-55}$$

式中，

$$\frac{\partial y_i}{\partial X} = \begin{bmatrix} \frac{\partial y_i}{\partial x_{11}} & \frac{\partial y_i}{\partial x_{12}} & \cdots & \frac{\partial y_i}{\partial x_{1q}} \\ \frac{\partial y_i}{\partial x_{21}} & \frac{\partial y_i}{\partial x_{22}} & \cdots & \frac{\partial y_i}{\partial x_{2q}} \\ \vdots & \vdots & & \vdots \\ \frac{\partial y_i}{\partial x_{p1}} & \frac{\partial y_i}{\partial x_{p2}} & \cdots & \frac{\partial y_i}{\partial x_{pq}} \end{bmatrix}_{p \times q} \tag{2-56}$$

行向量对矩阵求导与上述类似。

3. 矩阵积对列向量求导法则

对于 $m \times n$ 维矩阵 U 和 $n \times p$ 维矩阵 V，它们之间的向量积对 q 维列向量 X 求导运算法则为

$$\frac{\mathrm{d}(UV)}{\mathrm{d}X} = \frac{\mathrm{d}U}{\mathrm{d}X}V + U\frac{\mathrm{d}V}{\mathrm{d}X} \tag{2-57}$$

2.5.5 矩阵对矩阵求导

克罗内克积也称直积，设有矩阵 $A = (a_{ij})_{n \times m}$、$B = (b_{ij})_{p \times q}$，$A$ 与 B 的克罗内克积表达式为

$$A \otimes B = \begin{bmatrix} a_{11}B & a_{12}B & \cdots & a_{1m}B \\ a_{21}B & a_{22}B & \cdots & a_{2m}B \\ \vdots & \vdots & & \vdots \\ a_{n1}B & a_{n2}B & \cdots & a_{nm}B \end{bmatrix} \tag{2-58}$$

式中，A、B 两个矩阵克罗内克积是一个超矩阵，大小为 $np \times mq$，克罗内克积没有交换性，即 $A \otimes B \neq B \otimes A$。因此：

$$\frac{\partial A}{\partial B} = \begin{bmatrix} \frac{\partial A}{\partial b_{11}} & \frac{\partial A}{\partial b_{12}} & \cdots & \frac{\partial A}{\partial b_{1q}} \\ \frac{\partial A}{\partial b_{21}} & \frac{\partial A}{\partial b_{22}} & \cdots & \frac{\partial A}{\partial b_{2q}} \\ \vdots & \vdots & & \vdots \\ \frac{\partial A}{\partial b_{p1}} & \frac{\partial A}{\partial b_{p2}} & \cdots & \frac{\partial A}{\partial b_{pq}} \end{bmatrix} \tag{2-59}$$

式中，$\partial A / \partial b_{ij}$ 表示矩阵对标量求导，形式为

$$\frac{\partial A}{\partial b_{ij}} = \begin{bmatrix} \frac{\partial a_{11}}{\partial b_{ij}} & \frac{\partial a_{12}}{\partial b_{ij}} & \cdots & \frac{\partial a_{1m}}{\partial b_{ij}} \\ \frac{\partial a_{21}}{\partial b_{ij}} & \frac{\partial a_{22}}{\partial b_{ij}} & \cdots & \frac{\partial a_{2m}}{\partial b_{ij}} \\ \vdots & \vdots & & \vdots \\ \frac{\partial a_{n1}}{\partial b_{ij}} & \frac{\partial a_{n2}}{\partial b_{ij}} & \cdots & \frac{\partial a_{nm}}{\partial b_{ij}} \end{bmatrix} \tag{2-60}$$

本节中定理及证明详见文献[114]。

2.6 小　　结

本章给出了随机非线性系统的基本概念，并给出了随机稳定性定理的相关定义与判据，接着介绍随机耗散性和无源性理论，同时详细推导了矩阵相关性质与定理以及标量、向量、矩阵之间详细的求导过程，方便读者理解。

第 3 章 利普希茨随机非线性系统的抗干扰控制方法

在实际环境中，广泛存在着不同来源、不同渠道的干扰，影响系统的性能，因此需要开发有效的控制方法来抑制和抵消干扰。作为一种重要的控制方法，DOBC 方法的基本思想是通过构造干扰观测器在线估计干扰，以干扰观测器的输出为基础，将传统的反馈控制器和前馈补偿器进行结合以实现干扰补偿的目标[117-119]。Ning 等[120]为一类具有未测量状态和全状态约束的动能杀伤器开发了一种基于 DOBC 的神经自适应控制方法，有效地估计和消除了系统中存在的扰动。然而，现有大多数 DOBC 方法仅适用于处理简单的线性、规则或匹配干扰，实际应用中更为复杂的非线性、不规则干扰和不匹配干扰广泛存在，给抗干扰控制器设计带来了挑战。本章针对一类受多源干扰影响的利普希茨随机非线性系统，设计干扰观测器抑制和消除了输入通道中存在的干扰，开发了基于非线性观测器的抗干扰控制器，使得复合系统达到期望的控制性能。

本章的主要内容安排如下：3.1 节研究当随机非线性系统中的非线性函数满足一类利普希茨条件时，随机非线性系统在多源干扰影响下的控制算法设计问题；3.2 节在 3.1 节的基础上进一步研究具有结构不确定性的利普希茨随机非线性系统的控制算法设计问题，保证系统在多源干扰和结构不确定下的状态稳定性；3.3 节给出本章小结。

3.1 多源干扰下利普希茨随机非线性系统的抗干扰控制方法

3.1.1 问题描述

回顾第 2 章中的随机非线性系统(2-7)，对系统模型进行特化，系统(2-7)可改写为

$$dx = \left[Ax + Mf(x) + B(u+d) + E\omega_x(t)\right]dt + Fxd\varpi \tag{3-1}$$

式中，$x \in R^n$ 和 $u \in R^m$ 分别表示系统的状态变量和控制输入；$A \in R^{n \times n}$，$B \in R^{n \times m}$，$M \in R^{n \times n}$，$E \in R^{n \times p_1}$，$F \in R^{n \times n}$ 表示系统矩阵；$f(x) \in R^n$ 表示非线性函数向量；ϖ 表示定义在完全概率空间上的标准布朗运动；$\omega_x(t) \in$

$R^{p_1} \in l_2[0,+\infty)$，$d \in R^m$ 表示干扰。

假设 3.1 系统中的干扰 d 满足下列条件：

$$\|d\| \leq d_m, \dot{d} = 0 \tag{3-2}$$

假设 3.2 非线性 $f(x)$ 关于 $x \in R^n$ 满足 $f(x(0),t) = 0$ 和全局利普希茨条件：

$$\|f(x_1(t),t) - f(x_2(t),t)\| \leq \|\Gamma(x_1(t) - x_2(t))\| \tag{3-3}$$

式中，$\Gamma \in R^{p_4 \times n}$ 表示已知的加权(连续权重)矩阵。

本节的控制目标：在满足假设 3.1 和假设 3.2 的前提下，设计控制律 u，保证受综合扰动 ω_x 影响的随机非线性系统(3-1)的状态在一定时间后稳定。

3.1.2 控制器的设计与稳定性分析

干扰观测器易于与其他反馈控制方法结合形成复合控制的方式。采用复合控制方式，既能抑制外部干扰，又能使系统保持良好的动态性能。本节将干扰观测器和反馈控制相结合设计控制算法，利用李雅普诺夫理论证明闭环系统状态的有界性，数值仿真实验验证所设计算法的有效性。

随机干扰观测器设计为

$$\begin{cases} \hat{d} = v - Lx \\ dv = \left[LB\hat{d} + L(Ax + Bu + Mf(x)) \right] dt + LFx d\varpi \end{cases} \tag{3-4}$$

式中，$v \in R^m$ 表示非线性干扰观测器的状态；$L \in R^{m \times n}$ 表示待设计的增益矩阵。于是可得到干扰观测器的误差动态方程：

$$\begin{aligned} d(\tilde{d}) &= d(\hat{d}) - d(d) \\ &= dv - Ldx - d(d) \\ &= (LB\tilde{d} - LE\omega_x) dt \end{aligned} \tag{3-5}$$

基于干扰观测器的估计结果，设计自适应状态反馈控制律如下：

$$u = -Kx(t) - \hat{d}(t) \tag{3-6}$$

式中，K 表示待设计的控制增益矩阵。

于是可得到如下形式的闭环系统：

$$\begin{cases} dx = \left[(A - BK)x + Mf(x) - B\tilde{d} + E\omega_x \right] dt + Fx d\varpi \\ d(\tilde{d}) = (LB\tilde{d} - LE\omega_x) dt \end{cases} \tag{3-7}$$

定理 3.1 考虑随机非线性系统(3-1)，在满足假设 3.1 和假设 3.2 的前提下，若存在对称正定矩阵 P_1、P_2，有 $Q = P_1^{-1}$，$R = KQ$，$S = LP_2$，使得控制参数满足：

$$\widehat{\Pi} = \begin{bmatrix} \widehat{\Pi}_{11} & -B & Q\Gamma^T & QF^T & O \\ * & \widehat{\Pi}_{22} & O & O & SE \\ * & * & -I & O & O \\ * & * & * & -Q & O \\ * & * & * & * & -I \end{bmatrix} < 0 \quad (3\text{-}8)$$

$$\begin{cases} \widehat{\Pi}_{11} = QA^T - BR^T + AQ - RB + MM^T + EE^T \\ \widehat{\Pi}_{22} = SB + B^T S \end{cases}$$

则利用 LMI 求解线性矩阵不等式(3-8)得到增益矩阵 $K = RQ^{-1}$，$L = SP_2^{-1}$，并按照式(3-6)设计控制律，可保证系统的状态有界。

证明：定义 $\bar{x}(t) = \begin{bmatrix} x^T(t) & \tilde{d}(t) \end{bmatrix}^T$，选取李雅普诺夫函数为

$$V(\bar{x}(t)) = \bar{x}^T(t) P \bar{x}(t) \quad (3\text{-}9)$$

式中，$P = P^T = \text{diag}\{P_1^{n \times n}, P_2^{p_2 \times p_2}\} > 0$。

由定义 2.2 可得李雅普诺夫函数的无穷算子为

$$\begin{aligned} \mathcal{L}V(\bar{x}(t)) = & x^T P_1 (A - BK) x + x^T (A - BK)^T P_1 x - 2x^T P_1 B \tilde{d} \\ & + 2x^T P_1 M f(x) + 2x^T P_1 E \omega_x + x^T F^T P_1 F x \\ & + \tilde{d}^T P_2 L B \tilde{d} + \tilde{d}^T B^T L^T P_2 \tilde{d} - 2\tilde{d}^T P_2 L E \omega_x \end{aligned} \quad (3\text{-}10)$$

由 $2ab \leqslant a^2 + b^2$ 可得

$$\begin{cases} 2x^T P_1 E \omega_x \leqslant x^T P_1 E E^T P_1 x + \omega_x^T \omega_x \\ -2\tilde{d}^T P_2 E \omega_x \leqslant \tilde{d}^T P_2 E E^T P_2 \tilde{d} + \omega_x^T \omega_x \end{cases} \quad (3\text{-}11)$$

将式(3-11)代入式(3-10)可得

$$\begin{aligned} \mathcal{L}V(\bar{x}(t)) \leqslant & x^T P_1 (A - BK) x + x^T (A - BK)^T P_1 x - 2x^T P_1 B \tilde{d} \\ & + 2x^T P_1 M f(x) + x^T P_1 E E^T P_1 x + x^T F^T P_1 F x \\ & + \tilde{d}^T P_2 L B \tilde{d} + \tilde{d}^T B^T L^T P_2 \tilde{d} + \tilde{d}^T P_2 L E E^T L^T P_2 \tilde{d} + 2\omega_x^T \omega_x \end{aligned} \quad (3\text{-}12)$$

由假设 3.2 可知：

$$f^T(x(t), t) f(x(t), t) \leqslant x^T(t) \Gamma^T \Gamma x(t) \quad (3\text{-}13)$$

于是有

$$2x^{\mathrm{T}}P_1Mf(x) \leqslant x^{\mathrm{T}}P_1MM^{\mathrm{T}}P_1x + f^{\mathrm{T}}(x)f(x)$$
$$\leqslant x^{\mathrm{T}}P_1MM^{\mathrm{T}}P_1x + x^{\mathrm{T}}\Gamma^{\mathrm{T}}\Gamma x \qquad (3\text{-}14)$$

将式(3-14)代入式(3-12)可得

$$\begin{aligned}\mathcal{L}V(\bar{x}(t)) \leqslant\ & x^{\mathrm{T}}P_1(A-BK)x + x^{\mathrm{T}}(A-BK)^{\mathrm{T}}P_1x - 2x^{\mathrm{T}}P_1B\tilde{d} \\ &+ x^{\mathrm{T}}P_1MM^{\mathrm{T}}P_1x + x^{\mathrm{T}}\Gamma^{\mathrm{T}}\Gamma x + x^{\mathrm{T}}P_1EE^{\mathrm{T}}P_1x + x^{\mathrm{T}}F^{\mathrm{T}}P_1Fx \\ &+ \tilde{d}^{\mathrm{T}}P_2LB\tilde{d} + \tilde{d}^{\mathrm{T}}B^{\mathrm{T}}L^{\mathrm{T}}P_2\tilde{d} + \tilde{d}^{\mathrm{T}}P_2LEE^{\mathrm{T}}L^{\mathrm{T}}P_2\tilde{d} + 2\omega_x^{\mathrm{T}}\omega_x\end{aligned} \qquad (3\text{-}15)$$

则式(3-15)可改写为

$$\mathcal{L}V(\bar{x}(t)) \leqslant \zeta^{\mathrm{T}}\Pi\zeta + \varepsilon \qquad (3\text{-}16)$$

式中，

$$\Pi = \begin{bmatrix} \Pi_{11} & -P_1B \\ * & \Pi_{22} \end{bmatrix}$$

$$\begin{cases}\Pi_{11} = P_1(A-BK) + (A-BK)^{\mathrm{T}}P_1 + P_1MM^{\mathrm{T}}P_1 \\ \qquad + \Gamma^{\mathrm{T}}\Gamma + P_1EE^{\mathrm{T}}P_1 + F^{\mathrm{T}}P_1F \\ \Pi_{22} = P_2LB + B^{\mathrm{T}}L^{\mathrm{T}}P_2 + P_2LEE^{\mathrm{T}}L^{\mathrm{T}}P_2 \\ \varepsilon = 2\omega_x^{\mathrm{T}}\omega_x\end{cases} \qquad (3\text{-}17)$$

当 $\Pi < 0$ 时，定义：

$$\lambda = \lambda_{\min}(-\Pi)/\lambda_{\max}(P) \qquad (3\text{-}18)$$

则有

$$\mathcal{L}V(\bar{x}(t)) \leqslant -\lambda V(\bar{x}(t)) + \varepsilon \qquad (3\text{-}19)$$

根据定理 2.1 可知，系统的状态有界。

下面给出增益矩阵的求解过程。

定义 $Q = P_1^{-1}$，对矩阵 Π 进行合同变换，可得

$$\Pi = \begin{bmatrix} \Pi_{11} & -B \\ * & \Pi_{22} \end{bmatrix} < 0$$

$$\begin{cases}\Pi_{11} = QA^{\mathrm{T}} - QK^{\mathrm{T}}B^{\mathrm{T}} + AQ - BKQ + MM^{\mathrm{T}} + EE^{\mathrm{T}} \\ \qquad + Q\Gamma^{\mathrm{T}}\Gamma Q + QF^{\mathrm{T}}Q^{-1}FQ \\ \Pi_{22} = P_2LB + B^{\mathrm{T}}L^{\mathrm{T}}P_2 + P_2LEE^{\mathrm{T}}L^{\mathrm{T}}P_2\end{cases} \qquad (3\text{-}20)$$

定义 $R = KQ$，$S = LP_2$，则式(3-20)可改写为

$$\Pi = \begin{bmatrix} \Pi_{11} & -B \\ * & \Pi_{22} \end{bmatrix} < 0$$

$$\begin{cases} \Pi_{11} = QA^{\mathrm{T}} - BR^{\mathrm{T}} + AQ - RB + MM^{\mathrm{T}} + EE^{\mathrm{T}} \\ \qquad + Q\Gamma^{\mathrm{T}}\Gamma Q + QF^{\mathrm{T}}Q^{-1}FQ \\ \Pi_{22} = SB + B^{\mathrm{T}}S^{\mathrm{T}} + SEE^{\mathrm{T}}S^{\mathrm{T}} \end{cases} \tag{3-21}$$

对式(3-21)使用舒尔补定理，可得到式(3-8)。基于干扰观测器的估计结果，设计自适应状态反馈控制律如下：

$$u = -Kx(t) - \hat{d}(t) \tag{3-22}$$

式中，K 表示待设计的控制增益矩阵。

于是可得到如下形式的闭环系统：

$$\begin{cases} \mathrm{d}x = \left[(A - BK)x + Mf(x) - B\tilde{d} + E\omega_x \right] \mathrm{d}t + Fx\mathrm{d}\varpi \\ \mathrm{d}(\tilde{d}) = (LB\tilde{d} - LE\omega_x)\mathrm{d}t \end{cases} \tag{3-23}$$

定理 3.1 得证。

3.1.3 仿真验证

1. 仿真环境

在 Windows11 操作系统中，基于 MATLAB 2021a 仿真环境实现本节仿真实验，计算机配置：CPU 为 Intel Core i7-1065G7，20GB 内存。

2. 仿真参数

系统矩阵：$A = \begin{bmatrix} 2 & 1 \\ 0 & 1 \end{bmatrix}$，$B = \begin{bmatrix} 1 & 0 \\ 0 & 2 \end{bmatrix}$，$M = \begin{bmatrix} 0.2 & 0 \\ 0 & 0.1 \end{bmatrix}$，$E = \begin{bmatrix} 0.1 \\ 0 \end{bmatrix}$，$F = \begin{bmatrix} 0.01 & 0 \\ 0 & 0.01 \end{bmatrix}$。

假设系统受到的外界干扰：$d = \begin{bmatrix} 0.01\sin x_1 & 0.01\sin x_2 \end{bmatrix}^{\mathrm{T}}$，$\omega_x = 0.01\sin t$。

非线性函数：$f = \begin{bmatrix} 0.1\sin(x_1^2 + x_1) \\ 0.1\cos(x_2^2 + x_2) \end{bmatrix}$。

初始值：$x_1(0) = 1$，$x_2(0) = 1$，$v_1(0) = -2$，$v_2(0) = -1$。

利普希茨条件中矩阵：$\varGamma = \begin{bmatrix} 0.1 & 0 \\ 0 & 0.2 \end{bmatrix}$。

求解 LMI，可以得到：

$$K = \begin{bmatrix} 2.4282 & 0.2389 \\ 0.5917 & 0.7483 \end{bmatrix}, L = \begin{bmatrix} -2.2165 & 0 \\ 0 & -1.1138 \end{bmatrix}$$

3. 仿真结果

仿真结果如图 3-1～图 3-4 所示，图 3-1 给出了利普希茨随机非线性系统状态响应曲线，分析可得，所设计的控制算法能够保证系统的状态在多源扰动和非线性函数特性影响下有界；图 3-2 给出了利普希茨随机非线性系统控制输入曲线；图 3-3 给出了利普希茨随机非线性系统干扰观测器变化曲线，可以看出所设计的干扰观测器能精确地估计系统输入通道的干扰并补偿；图 3-4 给出了利普希茨随机非线性系统布朗运动变化曲线。

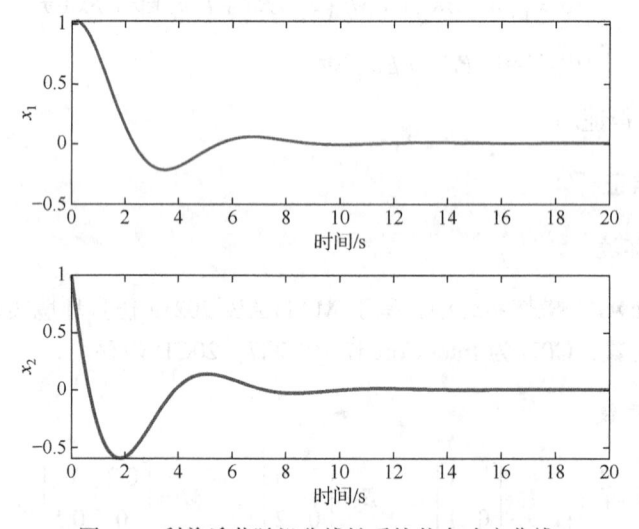

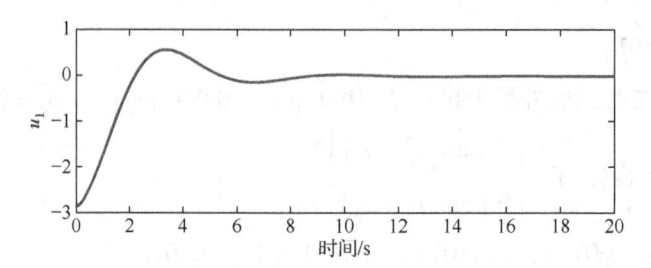

图 3-1 利普希茨随机非线性系统状态响应曲线

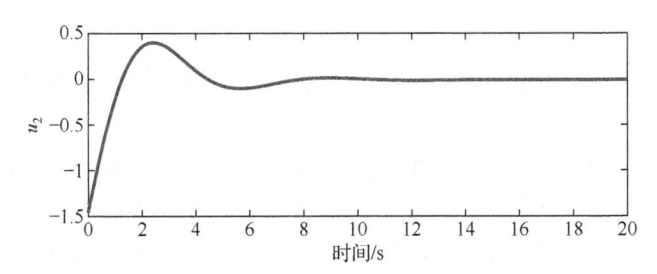

图 3-2 利普希茨随机非线性系统控制输入曲线

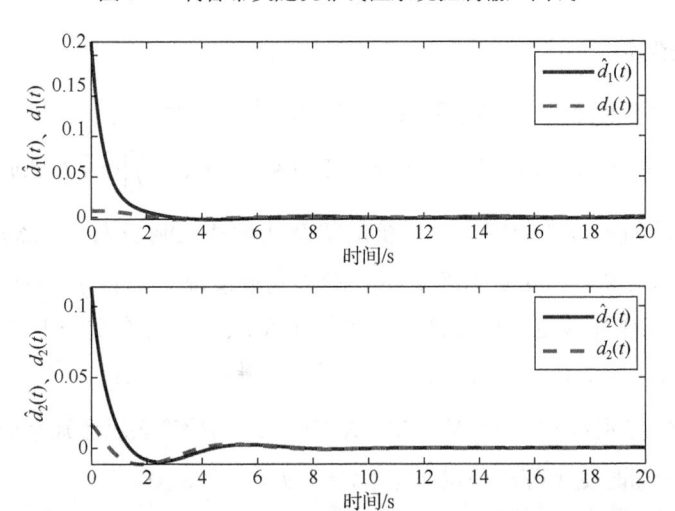

图 3-3 利普希茨随机非线性系统干扰观测器变化曲线

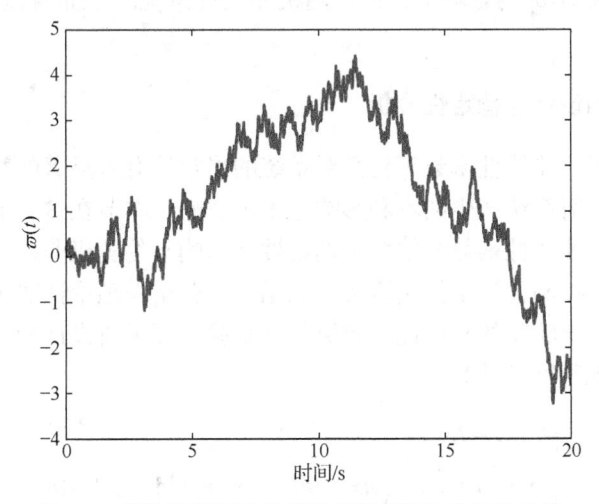

图 3-4 利普希茨随机非线性系统布朗运动变化曲线

3.2 不确定利普希茨随机非线性系统的抗干扰控制方法

系统中的结构不确定性显著影响着系统的动态性能。同时，系统还容易受到外部干扰和非线性特性的影响，这对控制器设计提出了更高的要求。因此，如何在存在外界干扰、结构不确定性和利普希茨随机非线性特性等不确定性下保持随机非线性系统良好的动态和稳定性能，并提高其鲁棒性，是本节的研究焦点。

3.2.1 问题描述

考虑结构不确定性，将随机非线性系统(3-1)改写为

$$dx = \left[(A+\Delta A(t))x + Mf(x) + B(u+d) + E\omega_x(t)\right]dt + Fxd\varpi \tag{3-24}$$

式中，$x \in R^n$ 和 $u \in R^m$ 分别表示系统的状态变量和控制输入；$A, \Delta A(t) \in R^{n \times n}$，$B \in R^{n \times m}$，$M \in R^{n \times n}$，$E \in R^{n \times p_1}$，$F \in R^{n \times n}$ 表示系统矩阵；$f(x) \in R^n$ 表示非线性函数向量，并且满足假设 3.2；ϖ 表示定义在完全概率空间上的标准布朗运动；$\omega_x(t) \in R^{p_1} \in l_2[0,+\infty)$，$d \in R^m$ 表示干扰，满足假设 3.1。

假设 3.3　$\Delta A(t) = W\Lambda(t)N$，$W \in R^{n \times p_5}$，$N \in R^{p_6 \times n}$ 表示已知常矩阵；$\Lambda(t) \in R^{p_5 \times p_6}$ 表示未知时变矩阵，满足 $\Lambda^T(t)\Lambda(t) \leqslant I$。

本节的控制目标：在满足假设 3.1、假设 3.2 和假设 3.3 的前提下，设计控制律 u，在综合扰动 ω_x 的影响下，保证随机非线性系统(3-24)的状态在一定时间后稳定。

3.2.2 控制器的设计与稳定性分析

除外界干扰、非线性函数等特性对系统的稳定性有着显著的影响之外，结构参数的不确定性对系统产生的不利影响也不可忽略。本节在 3.1 节的基础上，针对受外界扰动、非线性函数和结构不确定性等影响下的随机非线性系统，结合干扰观测器和反馈控制设计了控制算法，利用李雅普诺夫理论证明了控制器作用下的随机非线性系统状态的有界性，数值仿真实验验证了所设计的算法的有效性。

随机干扰观测器设计为

$$\begin{cases} \hat{d} = v - Lx \\ dv = \left[LB\hat{d} + L(Ax + Bu + Mf(x))\right]dt + LFxd\varpi \end{cases} \tag{3-25}$$

式中，$v \in R^m$ 表示非线性干扰观测器的状态；$L \in R^{m \times n}$ 表示待设计的增益矩阵。

由此可得到干扰观测器的误差动态方程：

$$\begin{aligned}
\mathrm{d}(\tilde{d}) &= \mathrm{d}(\hat{d}) - \mathrm{d}(d) \\
&= \mathrm{d}v - L\mathrm{d}x - \mathrm{d}(d) \\
&= \left[LB\hat{d} + L\bigl(Ax + Bu + Mf(x)\bigr)\right]\mathrm{d}t - L\mathrm{d}x - \mathrm{d}(d) \\
&= \left(LB\tilde{d} - L\Delta Ax - LE\omega_x\right)\mathrm{d}t
\end{aligned} \tag{3-26}$$

基于干扰观测器的估计值，设计自适应状态反馈控制律如下：

$$u = -Kx(t) - \hat{d}(t) \tag{3-27}$$

式中，K 表示待设计的控制增益矩阵。

于是可得到如下形式的闭环系统：

$$\begin{cases} \mathrm{d}x = \left[(A-Bk)x + \Delta Ax + Mf(x) - B\tilde{d} + E\omega_x\right]\mathrm{d}t + Fx\mathrm{d}\varpi \\ \mathrm{d}(\tilde{d}) = \left(LB\tilde{d} - LE\omega_x - L\Delta Ax\right)\mathrm{d}t \end{cases} \tag{3-28}$$

定理 3.2 考虑随机非线性系统(3-24)，在满足假设 3.1～假设 3.3 的前提下，若存在对称正定矩阵 P_1、P_2，且 $Q = P_1^{-1}$，$R = KQ$，$S = LP_2$，使得控制参数满足：

$$\Pi = \begin{bmatrix} \Pi_{11} & -B & Q\varGamma^{\mathrm{T}} & QN^{\mathrm{T}} & QF^{\mathrm{T}} & O & O \\ * & \Pi_{22} & O & O & O & SE & SW \\ * & * & -I & O & O & O & O \\ * & * & * & -\sqrt{2}I & O & O & O \\ * & * & * & * & -Q & O & O \\ * & * & * & * & * & -I & O \\ * & * & * & * & * & * & -I \end{bmatrix} < 0 \tag{3-29}$$

$$\begin{cases} \Pi_{11} = QA^{\mathrm{T}} - R^{\mathrm{T}}B^{\mathrm{T}} + AQ - BR + MM^{\mathrm{T}} + EE^{\mathrm{T}} + WW^{\mathrm{T}} \\ \Pi_{22} = SB + B^{\mathrm{T}}S \end{cases}$$

则利用 LMI 求解线性矩阵不等式(3-8)得到增益矩阵 $K = RQ^{-1}$，$L = SP_2^{-1}$，并按照式(3-27)设计控制器，可保证系统的状态有界。

证明：定义 $\bar{x} = \begin{bmatrix} x^{\mathrm{T}} & \tilde{d}^{\mathrm{T}} \end{bmatrix}^{\mathrm{T}}$，选择如下形式的李雅普诺夫函数：

$$V = \bar{x}^{\mathrm{T}}P\bar{x} \tag{3-30}$$

式中，$P = \mathrm{diag}\{P_1, P_2\}$，$P_1$、$P_2$ 均表示对称正定矩阵。

由定义 2.2 可得李雅普诺夫函数的无穷算子为

$$\mathcal{L}V(\bar{x}(t)) = x^{\mathrm{T}}P_1(A-BK)x + x^{\mathrm{T}}(A-BK)^{\mathrm{T}}P_1 x + 2x^{\mathrm{T}}P_1 \Delta A x \\ - 2x^{\mathrm{T}}P_1 B\tilde{d} + 2x^{\mathrm{T}}P_1 M f(x) + 2x^{\mathrm{T}}P_1 E\omega_x + x^{\mathrm{T}}F^{\mathrm{T}}P_1 Fx \\ + \tilde{d}^{\mathrm{T}}P_2 LB\tilde{d} + \tilde{d}^{\mathrm{T}}B^{\mathrm{T}}L^{\mathrm{T}}P_2\tilde{d} - 2\tilde{d}^{\mathrm{T}}P_2 LE\omega_x - 2\tilde{d}^{\mathrm{T}}P_2 L\Delta A x \tag{3-31}$$

由 $2ab \leqslant a^2 + b^2$ 可得

$$\begin{cases} 2x^{\mathrm{T}}P_1 E\omega_x \leqslant x^{\mathrm{T}}P_1 EE^{\mathrm{T}}P_1 x + \omega_x^{\mathrm{T}}\omega_x \\ -2\tilde{d}^{\mathrm{T}}P_2 E\omega_x \leqslant \tilde{d}^{\mathrm{T}}P_2 EE^{\mathrm{T}}P_2\tilde{d} + \omega_x^{\mathrm{T}}\omega_x \end{cases} \tag{3-32}$$

由假设 3.2 可知:

$$\begin{aligned} 2x^{\mathrm{T}}P_1 M f(x) &\leqslant x^{\mathrm{T}}P_1 MM^{\mathrm{T}}P_1 x + f^{\mathrm{T}}(x)f(x) \\ &\leqslant x^{\mathrm{T}}P_1 MM^{\mathrm{T}}P_1 x + x^{\mathrm{T}}\Gamma^{\mathrm{T}}\Gamma x \end{aligned} \tag{3-33}$$

由假设 3.3 可得

$$\begin{cases} 2x^{\mathrm{T}}P_1 \Delta A(t)x = 2x^{\mathrm{T}}P_1 W\Lambda(t)Nx \\ \qquad \leqslant x^{\mathrm{T}}P_1 W\Lambda(t)\Lambda^{\mathrm{T}}(t)W^{\mathrm{T}}P_1 x + x^{\mathrm{T}}NN^{\mathrm{T}}x \\ \qquad \leqslant x^{\mathrm{T}}P_1 WW^{\mathrm{T}}P_1 x + x^{\mathrm{T}}NN^{\mathrm{T}}x \\ 2\tilde{d}^{\mathrm{T}}P_2 L\Delta A(t)x = 2\tilde{d}^{\mathrm{T}}P_2 LW\Lambda(t)Nx \\ \qquad \leqslant \tilde{d}^{\mathrm{T}}P_2 W\Lambda(t)\Lambda^{\mathrm{T}}(t)W^{\mathrm{T}}P_2\tilde{d} + x^{\mathrm{T}}NN^{\mathrm{T}}x \\ \qquad \leqslant \tilde{d}^{\mathrm{T}}P_2 LWW^{\mathrm{T}}L^{\mathrm{T}}P_2\tilde{d} + x^{\mathrm{T}}NN^{\mathrm{T}}x \end{cases} \tag{3-34}$$

将式(3-32)~式(3-34)代入式(3-31)可得

$$\mathcal{L}V(\bar{x}(t)) = x^{\mathrm{T}}P_1(A-BK)x + x^{\mathrm{T}}(A-BK)^{\mathrm{T}}P_1 x - 2x^{\mathrm{T}}P_1 B\tilde{d} \\ + x^{\mathrm{T}}P_1 MM^{\mathrm{T}}P_1 x + x^{\mathrm{T}}\Gamma^{\mathrm{T}}\Gamma x + x^{\mathrm{T}}P_1 WW^{\mathrm{T}}P_1 x \\ + x^{\mathrm{T}}P_1 EE^{\mathrm{T}}P_1 x + 2x^{\mathrm{T}}N^{\mathrm{T}}Nx + x^{\mathrm{T}}F^{\mathrm{T}}P_1 Fx \\ + \tilde{d}^{\mathrm{T}}P_2 LB\tilde{d} + \tilde{d}^{\mathrm{T}}B^{\mathrm{T}}L^{\mathrm{T}}P_2\tilde{d} + \tilde{d}^{\mathrm{T}}P_2 LWW^{\mathrm{T}}L^{\mathrm{T}}P_2\tilde{d} \\ + \tilde{d}^{\mathrm{T}}P_2 LEE^{\mathrm{T}}L^{\mathrm{T}}P_2\tilde{d} + 2\omega_x^{\mathrm{T}}\omega_x \tag{3-35}$$

则式(3-35)可改写为

$$\mathcal{L}V(\bar{x}(t)) \leqslant \zeta^{\mathrm{T}}\Pi\zeta + \varepsilon \tag{3-36}$$

式中,

$$\Pi = \begin{bmatrix} \Pi_{11} & -P_1 B \\ * & \Pi_{22} \end{bmatrix}$$

$$\begin{cases} \Pi_{11} = P_1(A-BK)+(A-BK)^\mathrm{T} P_1 + P_1 MM^\mathrm{T} P_1 + P_1 EE^\mathrm{T} P_1 \\ \qquad + \varGamma^\mathrm{T}\varGamma + P_1 WW^\mathrm{T} P_1 + 2N^\mathrm{T} N + F^\mathrm{T} P_1 F \\ \Pi_{22} = P_2 LB + B^\mathrm{T} L^\mathrm{T} P_2 + P_2 LWW^\mathrm{T} L^\mathrm{T} P_2 + P_2 LEE^\mathrm{T} L^\mathrm{T} P_2 \\ \varepsilon = 2\omega_x^\mathrm{T} \omega_x \end{cases} \quad (3\text{-}37)$$

当 $\Pi < 0$ 时，定义：

$$\lambda = \lambda_{\min}(-\Pi)/\lambda_{\max}(P) \quad (3\text{-}38)$$

则有

$$\mathcal{L}V(\bar{x}(t)) \leqslant -\lambda V(\bar{x}(t)) + \varepsilon \quad (3\text{-}39)$$

根据定理 2.1 可知，系统的状态有界。

下面给出增益矩阵的求解过程。

定义 $Q = P_1^{-1}$，对矩阵 Π 进行合同变换，可得

$$\Pi = \begin{bmatrix} \Pi_{11} & -B \\ * & \Pi_{22} \end{bmatrix} < 0$$

$$\begin{cases} \Pi_{11} = (A-BK)Q + Q(A-BK)^\mathrm{T} + MM^\mathrm{T} + EE^\mathrm{T} \\ \qquad + Q\varGamma^\mathrm{T}\varGamma Q + WW^\mathrm{T} + 2QN^\mathrm{T} NQ + QF^\mathrm{T} Q^{-1} FQ \\ \Pi_{22} = P_2 LB + B^\mathrm{T} L^\mathrm{T} P_2 + P_2 LWW^\mathrm{T} L^\mathrm{T} P_2 + P_2 LEE^\mathrm{T} L^\mathrm{T} P_2 \end{cases} \quad (3\text{-}40)$$

定义 $R = KQ$，$S = LP_2$，则式(3-40)可改写为

$$\Pi = \begin{bmatrix} \Pi_{11} & -B \\ * & \Pi_{22} \end{bmatrix} < 0$$

$$\begin{cases} \Pi_{11} = QA^\mathrm{T} - R^\mathrm{T} B^\mathrm{T} + AQ - BR + MM^\mathrm{T} + EE^\mathrm{T} \\ \qquad + Q\varGamma^\mathrm{T}\varGamma Q + WW^\mathrm{T} + 2QN^\mathrm{T} NQ + QF^\mathrm{T} Q^{-1} FQ \\ \Pi_{22} = SB + B^\mathrm{T} S^\mathrm{T} + SWW^\mathrm{T} S^\mathrm{T} + SEE^\mathrm{T} S^\mathrm{T} \end{cases} \quad (3\text{-}41)$$

对式(3-41)使用舒尔补定理，可得到式(3-29)。定理 3.2 得证。

3.2.3 仿真验证

1. 仿真环境

在 Windows11 操作系统中，基于 MATLAB 2021a 仿真环境实现本节仿真实验，计算机配置：CPU 为 Intel Core i7-1065G7，20GB 内存。

2. 仿真参数

系统矩阵：$A = \begin{bmatrix} 2 & 1 \\ 0 & 1 \end{bmatrix}$，$B = \begin{bmatrix} 1 & 0 \\ 0 & 2 \end{bmatrix}$，$M = \begin{bmatrix} 0.2 & 0 \\ 0 & 0.1 \end{bmatrix}$，$E = \begin{bmatrix} 0.1 \\ 0 \end{bmatrix}$，

$F = \begin{bmatrix} 0.01 & 0 \\ 0 & 0.01 \end{bmatrix}$。

假设系统受到的外界干扰：$d = \begin{bmatrix} 0.01\sin x_1 & 0.01\sin x_2 \end{bmatrix}^T$，$\omega_x = 0.01\sin t$。

非线性函数：$f = \begin{bmatrix} 0.1\sin(x_1^2 + x_1) \\ 0.1\cos(x_2^2 + x_2) \end{bmatrix}$。

结构参数不确定性：$\Delta A = \begin{bmatrix} 0.03\sin(t-2) & 0 \\ 0 & 0.02\sin(t-1) \end{bmatrix}$。

初始值：$x_1(0) = 1$，$x_2(0) = 1$，$v_1(0) = -1$，$v_2(0) = -0.8$。

利普希茨条件中矩阵：$\Gamma = \begin{bmatrix} 0.1 & 0 \\ 0 & 0.2 \end{bmatrix}$。

求解 LMI，可以得到：

$$K = \begin{bmatrix} 2.7602 & 0.2247 \\ 0.5321 & 0.9874 \end{bmatrix}, L = \begin{bmatrix} -1.0943 & 0 \\ 0 & -0.8026 \end{bmatrix}$$

3. 仿真结果

仿真结果如图 3-5～图 3-8 所示，图 3-5 给出了具有部分未知的不确定利普希茨随机非线性系统状态响应曲线，分析可得，所设计的控制算法能够使得系统状态在多源扰动、结构参数不确定性和非线性函数特性的影响下有界；图 3-6 给出了具有部分未知的不确定利普希茨随机非线性系统控制输入曲线；图 3-7 显示了具有部分未知的不确定利普希茨随机非线性系统干扰观测器变化曲线，从图中可以看出所设计的干扰观测器能够精准地估计系统输入通道的干扰并补偿；图 3-8 给出了具有部分未知的不确定利普希茨随机非线性系统布朗运动变化曲线。

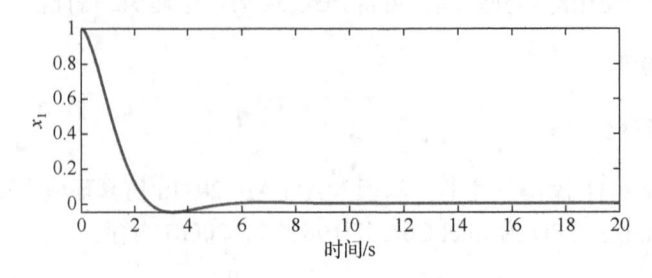

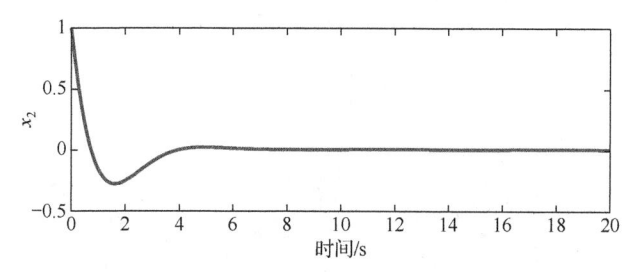

图 3-5 不确定利普希茨随机非线性系统状态响应曲线

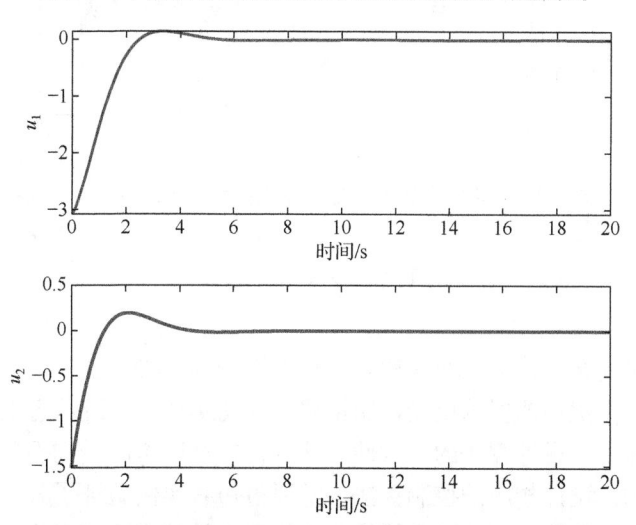

图 3-6 不确定利普希茨随机非线性系统控制输入曲线

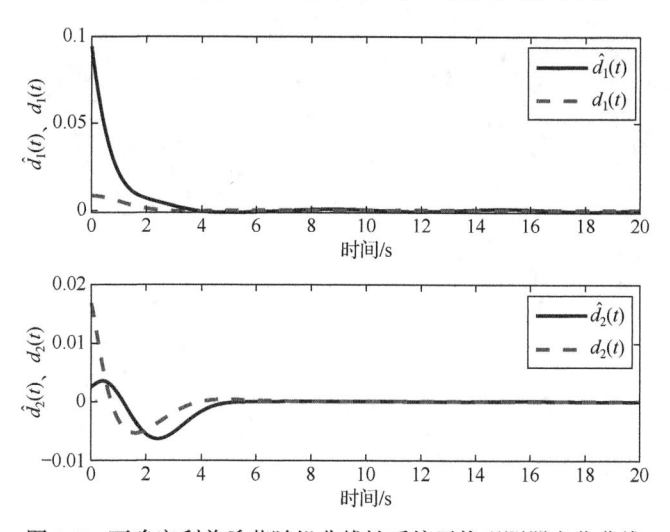

图 3-7 不确定利普希茨随机非线性系统干扰观测器变化曲线

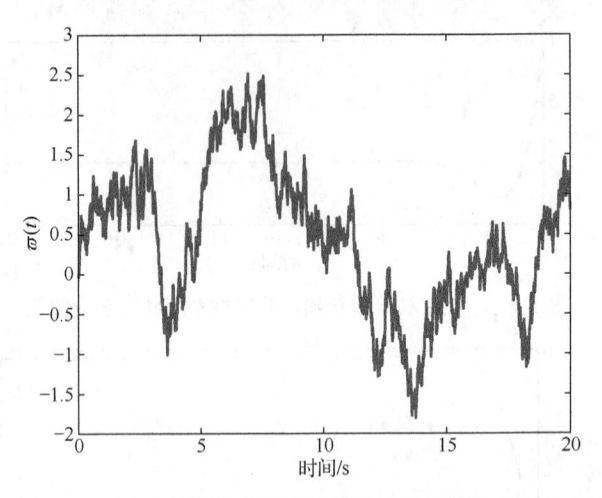

图 3-8　不确定利普希茨随机非线性系统布朗运动变化曲线

3.3　小　　结

本章针对受有界扰动和非线性函数特性影响的随机系统，研究抗干扰控制问题，提出基于干扰观测器的反馈控制策略，成功实现了系统状态的有界性，通过仿真实验验证了所设计算法的有效性。此外，本章还考虑结构不确定性对系统稳定性能的影响，设计相应的控制算法，并通过仿真实例验证了其有效性。这些研究结果为随机非线性系统的抗干扰控制提供了有效的方法和理论支持。

第4章 非利普希茨随机非线性系统的抗干扰控制方法

目前，关于非线性系统的控制方法研究大都基于满足利普希茨条件的非线性系统，然而在现实世界中，利普希茨条件很难满足。与利普希茨非线性系统相比，非利普希茨非线性系统的存在更为广泛。因此，研究非利普希茨系统具有重要的理论和实际意义。在文献[121]中，对于一类具有非测量状态的非利普希茨非线性系统，提出了一个非线性观测器。为了研究一类包含非利普希茨非线性属性的系统，Li 等[122]结合全局渐近稳定性和局部有限时间稳定性构造了一个全局有限时间观测器。Wang 等[123]针对一类具有不匹配扰动的半马尔可夫非利普希茨不确定系统，提出了一种基于强化学习的自适应跟踪控制方法。由此启发，本章在第 3 章的基础上，进一步研究一类受多源干扰影响的非利普希茨随机非线性系统，首先设计非线性干扰观测器来估计和补偿系统输入通道内的有界扰动，进而开发自适应抗干扰控制策略来提升复合系统的控制性能。

本章的主要内容安排如下：4.1 节给出针对随机非线性系统的非线性函数满足一类非利普希茨条件时的抗干扰控制方法；在 4.1 节的基础上，4.2 节进一步考虑系统的结构不确定性，并针对性地设计抗干扰控制方法；4.3 节给出本章小结。

4.1 多源干扰下非利普希茨随机非线性系统的抗干扰控制方法

4.1.1 问题描述

回顾第 2 章中给出的随机非线性系统(2-7)，对系统模型进行特化：

$$dx = \left[Ax + Mf(x) + B(u+d) + E\omega_x(t) \right]dt + Fd\varpi \tag{4-1}$$

式中，$x \in R^n$ 和 $u \in R^m$ 分别表示系统的状态变量和控制输入；$A \in R^{n \times n}$，$B \in R^{n \times m}$，$M \in R^{n \times n}$，$E \in R^{n \times p_1}$，$F \in R^{n \times n}$ 表示系统矩阵；$f(x) \in R^n$ 表示非线性函数向量；ϖ 表示定义在完全概率空间上的标准布朗运动；$\omega_x(t) \in R^{p_1} \in$

$l_2[0,+\infty)$，$d \in R^m$ 表示干扰。

假设 4.1 非利普希茨非线性函数 $f(x)$ 满足如下不等式：

$$\|f(x_1(t),t) - f(x_2(t),t)\| \leqslant \|\Gamma(x_1(t) - x_2(t))\| + \varsigma \tag{4-2}$$

式中，Γ、ς 表示已知矩阵。

因此，本节的控制目标：在满足假设 3.1 和假设 4.1 的前提下，设计控制律 u，在综合扰动 ω_x 的影响下，确保非利普希茨随机非线性系统(4-1)的状态在一定时间后稳定。

4.1.2 控制器的设计与稳定性分析

在非线性被控系统中，非利普希茨非线性函数相对于利普希茨非线性函数更难受控。因此，本节针对受到外界多源扰动影响的非利普希茨随机非线性系统特性进行分析，提出了基于干扰观测器的自适应状态反馈控制算法，并利用李雅普诺夫理论证明了控制器作用下随机非线性系统状态的有界性，最后通过仿真实验验证所设计的算法的有效性。

随机干扰观测器设计为

$$\begin{cases} \hat{d} = v - Lx \\ dv = \left[LB\hat{d} + L(Ax + Bu + Mf(x))\right]dt + LFxd\varpi \end{cases} \tag{4-3}$$

式中，$v \in R^m$ 表示非线性干扰观测器的状态；$L \in R^{m \times n}$ 表示待设计的增益矩阵。于是可得到干扰观测器的误差动态方程：

$$\begin{aligned} d(\tilde{d}) &= d(\hat{d}) - d(d) \\ &= dv - Ldx - d(d) \\ &= (LB\tilde{d} - LE\omega_x)dt \end{aligned} \tag{4-4}$$

根据干扰观测器的估计值设计自适应状态反馈控制律如下：

$$u = -Kx(t) - \hat{d}(t) \tag{4-5}$$

式中，K 表示待设计的控制增益矩阵。

于是可得到如下形式的闭环系统：

$$\begin{cases} dx = \left[(A-Bk)x + Mf(x) - B\tilde{d} + E\omega_x\right]dt + Fxd\varpi \\ d(\tilde{d}) = (LB\tilde{d} - LE\omega_x)dt \end{cases} \tag{4-6}$$

定理 4.1 考虑随机非线性系统(4-1)，在满足假设 3.1 和假设 4.1 的前提下，若存在对称正定矩阵 P_1、P_2，有 $Q = P_1^{-1}$，$R = KQ$，$S = LP_2$，使得控制参数满足：

$$\hat{\Pi} = \begin{bmatrix} \hat{\Pi}_{11} & -B & \sqrt{2}Q\Gamma & QF^T & O \\ * & \hat{\Pi}_{22} & O & O & SE \\ * & * & -I & O & O \\ * & * & * & -Q & O \\ * & * & * & * & -I \end{bmatrix} < 0 \quad (4\text{-}7)$$

$$\begin{cases} \hat{\Pi}_{11} = QA^T - R^T B^T + AQ - BR + MM^T + EE^T \\ \hat{\Pi}_{22} = SB + B^T S^T + SEE^T S^T \end{cases}$$

则通过 LMI 求解线性矩阵不等式(4-7)得到增益矩阵 $K = RQ^{-1}$，$L = SP_2^{-1}$，并按式(4-5)设计控制律，能够确保系统的状态有界。

证明：定义 $\zeta = \begin{bmatrix} x^T & \tilde{d}^T \end{bmatrix}^T$，选择如下形式的李雅普诺夫函数：

$$V = \zeta^T P \zeta \quad (4\text{-}8)$$

式中，$P = \text{diag}\{P_1, P_2\}$，$P_1$、$P_2$ 均表示对称正定矩阵。

由定义 2.2 可得李雅普诺夫函数的无穷算子为

$$\begin{aligned} \mathcal{L}V(\bar{x}(t)) = & x^T P_1(A - BK)x + x^T(A - BK)^T P_1 x - 2x^T P_1 B\tilde{d} \\ & + 2x^T P_1 M f(x) - 2x^T P_1 M \hat{\Gamma} x - 2x^T P_1 M \varsigma + 2x^T P_1 E \omega_x \\ & + x^T F^T P_1 F x + \tilde{d}^T P_2 L B \tilde{d} + \tilde{d}^T B^T L^T P_2 \tilde{d} - 2\tilde{d}^T P_2 L E \omega_x \end{aligned} \quad (4\text{-}9)$$

由 $2ab \leqslant a^2 + b^2$ 可得

$$\begin{cases} 2x^T P_1 E \omega_x \leqslant x^T P_1 E E^T P_1 x + \omega_x^T \omega_x \\ -2\tilde{d}^T P_2 E \omega_x \leqslant \tilde{d}^T P_2 E E^T P_2 \tilde{d} + \omega_x^T \omega_x \end{cases} \quad (4\text{-}10)$$

将式(4-10)代入式(4-9)可得

$$\begin{aligned} \mathcal{L}V(\bar{x}(t)) \leqslant & x^T P_1(A - BK)x + x^T(A - BK)^T P_1 x - 2x^T P_1 B\tilde{d} \\ & + 2x^T P_1 M f(x) - 2x^T P_1 M \hat{\Gamma} x - 2x^T P_1 M \varsigma + x^T P_1 E E^T P_1 x \\ & + x^T F^T P_1 F x + \tilde{d}^T P_2 L B \tilde{d} + \tilde{d}^T B^T L^T P_2 \tilde{d} + \tilde{d}^T P_2 L E E^T L^T P_2 \tilde{d} \\ & + 2\omega_x^T \omega_x + 2\text{Tr}\left[\tilde{\Gamma}^T(t)\eta_\Gamma^{-1}\dot{\hat{\Gamma}}(t)\right] + 2\tilde{\varsigma}^T(t)\eta_\varsigma^{-1}\dot{\hat{\varsigma}}(t) \end{aligned} \quad (4\text{-}11)$$

由假设 4.1 可知：

$$f^T(x(t),t)f(x(t),t) \leqslant 2x^T(t)\Gamma^T \Gamma x(t) + 2\varsigma^2 \quad (4\text{-}12)$$

于是有

$$2x^T P_1 M f(x) \leqslant x^T P_1 M M^T P_1 x + f^T(x) f(x)$$
$$\leqslant x^T P_1 M M^T P_1 x + 2x^T \Gamma^T \Gamma x + 2\varsigma^2 \qquad (4\text{-}13)$$

将式(4-13)代入式(4-11)可得

$$\mathcal{L}V(\bar{x}(t)) \leqslant x^T P_1(A-BK)x + x^T(A-BK)^T P_1 x - 2x^T P_1 B \tilde{d}$$
$$+ x^T P_1 M M^T P_1 x + 2x^T \Gamma \Gamma^T x + x^T P_1 E E^T P_1 x + x^T F^T P_1 F x \qquad (4\text{-}14)$$
$$+ \tilde{d}^T P_2 L B \tilde{d} + \tilde{d}^T B^T L^T P_2 \tilde{d} + \tilde{d}^T P_2 L E E^T L^T P_2 \tilde{d} + 2\omega_x^T \omega_x + 2\varsigma^2$$

则式(4-14)可改写为

$$\mathcal{L}V(\bar{x}(t)) \leqslant \zeta^T \Pi \zeta + \varepsilon \qquad (4\text{-}15)$$

式中，

$$\Pi = \begin{bmatrix} \Pi_{11} & -P_1 B \\ * & \Pi_{22} \end{bmatrix}$$

$$\begin{cases} \Pi_{11} = P_1(A-BK) + (A-BK)^T P_1 + P_1 M M^T P_1 \\ \qquad + 2\Gamma\Gamma^T + P_1 E E^T P_1 + F^T P_1 F \\ \Pi_{22} = P_2 L B + B^T L^T P_2 + P_2 L E E^T L^T P_2 \\ \varepsilon = 2\omega_x^T \omega_x + 2\varsigma^2 \end{cases} \qquad (4\text{-}16)$$

当 $\Pi < 0$ 时，定义：

$$\lambda = \lambda_{\min}(-\Pi) / \lambda_{\max}(P) \qquad (4\text{-}17)$$

则有

$$\mathcal{L}V(\zeta(t)) \leqslant -\lambda V(\zeta(t)) + \varepsilon \qquad (4\text{-}18)$$

根据定理 2.1 可知，系统的状态有界。

下面给出增益矩阵的求解过程。

定义 $Q = P_1^{-1}$，对矩阵 Π 进行合同变换，可得

$$\Pi = \begin{bmatrix} \Pi_{11} & -B \\ * & \Pi_{22} \end{bmatrix} < 0$$

$$\begin{cases} \Pi_{11} = QA^T - QK^T B^T + AQ - BKQ + MM^T \\ \qquad + EE^T + 2Q\Gamma\Gamma^T Q + QF^T Q^{-1} FQ \\ \Pi_{22} = P_2 L B + B^T L^T P_2 + P_2 L E E^T L^T P_2 \end{cases} \qquad (4\text{-}19)$$

定义 $R = KQ$，$S = LP_2$，则式(4-19)可改写为

$$\Pi = \begin{bmatrix} \Pi_{11} & -B \\ * & \Pi_{22} \end{bmatrix} < 0$$

$$\begin{cases} \Pi_{11} = QA^\mathrm{T} - R^\mathrm{T} B^\mathrm{T} + AQ - BR + MM^\mathrm{T} \\ \qquad + EE^\mathrm{T} + 2Q\Gamma\Gamma^\mathrm{T} Q + QF^\mathrm{T} Q^{-1} FQ \\ \Pi_{22} = SB + B^\mathrm{T} S^\mathrm{T} + SEE^\mathrm{T} S^\mathrm{T} \end{cases} \quad (4\text{-}20)$$

对式(4-20)使用舒尔补定理，可得到式(4-7)。定理 4.1 得证。

4.1.3 仿真验证

1. 仿真环境

在 Windows11 操作系统中，基于 MATLAB 2021a 仿真环境实现本节仿真实验，计算机配置：CPU 为 Intel Core i7-1065G7，20GB 内存。

2. 仿真参数

系统矩阵：

$$A = \begin{bmatrix} 2 & 1 \\ 0 & 1 \end{bmatrix}, B = \begin{bmatrix} 1 & 0 \\ 0 & 2 \end{bmatrix}, M = \begin{bmatrix} 0.2 & 0 \\ 0 & 0.1 \end{bmatrix}, E = \begin{bmatrix} 0.1 \\ 0 \end{bmatrix}, F = \begin{bmatrix} 0.01 & 0 \\ 0 & 0.01 \end{bmatrix}$$

假设系统受到的外界干扰：$d = [0.01\sin x_1 \quad 0.01\sin x_2]^\mathrm{T}$，$\omega_x = 0.01\sin t$。

非线性函数：$f = \begin{bmatrix} 0.1\sqrt{|x_1|}\sin(0.2t) \\ 0.1\sqrt{|x_2|}\cos(0.2t) \end{bmatrix}$。

结构参数不确定性：$\Delta A = \begin{bmatrix} 0.03\sin(t-2) & 0 \\ 0 & 0.02\sin(t-1) \end{bmatrix}$。

初始值：$x_1(0) = 1$，$x_2(0) = 1$，$v_1(0) = -1$，$v_2(0) = 0$。

非利普希茨条件中矩阵：$\Gamma = \begin{bmatrix} 0.1 & 0 \\ 0 & 0.2 \end{bmatrix}$，$\varsigma = 0.3$。

求解 LMI，可以得到：

$$K = \begin{bmatrix} 2.4392 & 0.6118 \\ 0.0000 & 0.7665 \end{bmatrix}, L = \begin{bmatrix} -2.3796 & 0 \\ 0 & -1.1958 \end{bmatrix}$$

3. 仿真结果

仿真结果显示在图 4-1~图 4-4 中，图 4-1 展示了非利普希茨随机非线性系统状态响应曲线，可以看出所设计的控制算法能够保证即使存在多源扰动和非线性函数特性，系统的状态仍然保持有界；图 4-2 给出了非利普希茨随机非线性系统控制输入曲线；图 4-3 展示了非利普希茨随机非线性系统干扰观测器变化曲线，可以看出干扰观测器具有准确估计和补偿系统输入通道内干扰的能力；图 4-4 给出了非利普希茨随机非线性系统布朗运动变化曲线。

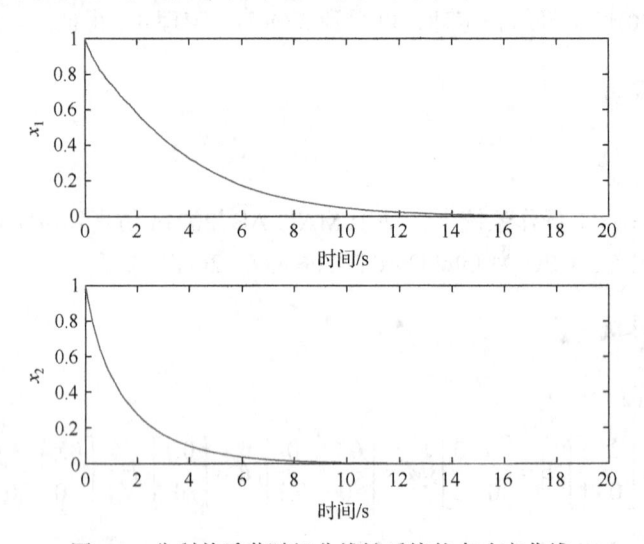

图 4-1 非利普希茨随机非线性系统状态响应曲线

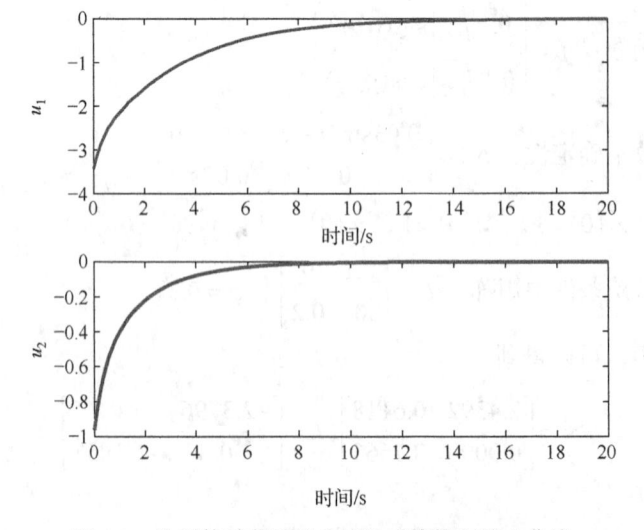

图 4-2 非利普希茨随机非线性系统控制输入曲线

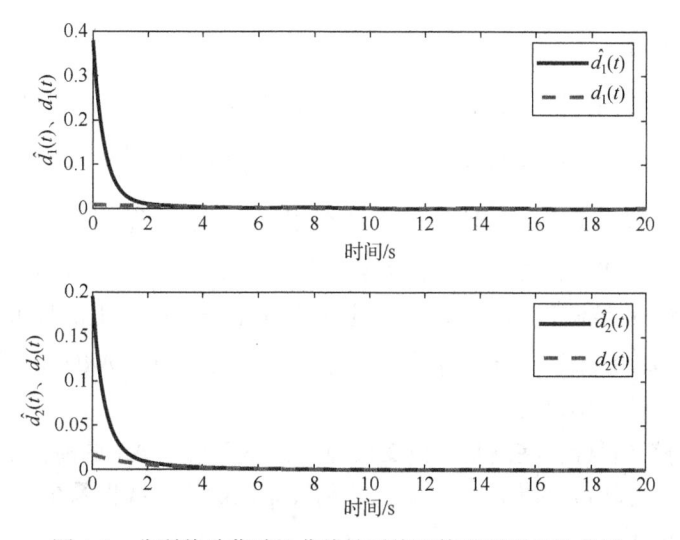

图 4-3　非利普希茨随机非线性系统干扰观测器变化曲线

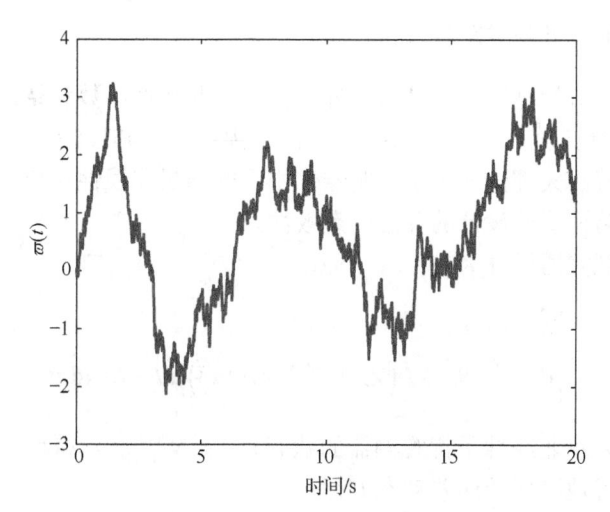

图 4-4　非利普希茨随机非线性系统布朗运动变化曲线

4.2　不确定非利普希茨随机非线性系统的抗干扰控制方法

本节在 4.1 节基础上，进一步研究如何在多源干扰、结构不确定性和非线性特性影响下，设计抗干扰策略，保证非利普希茨随机非线性系统的动态与稳定性能，并提高鲁棒性。

4.2.1 问题描述

在 4.1 节的基础上,考虑系统的结构不确定性,将系统模型改写为

$$dx = \left[(A + \Delta A(t))x + Mf(x) + B(u+d) + E\omega_x(t)\right]dt + Fxd\varpi \qquad (4-21)$$

式中,$x \in R^n$ 和 $u \in R^m$ 分别表示系统的状态变量和控制输入;$A \in R^{n \times n}$,$B \in R^{n \times m}$,$M \in R^{n \times n}$,$E \in R^{n \times p_1}$,$F \in R^{n \times n}$ 表示系统矩阵;$f(x) \in R^n$ 表示非线性函数向量,满足假设 4.1;ϖ 表示定义在完全概率空间上的标准布朗运动;$\omega_x(t) \in R^{p_1} \in l_2[0, +\infty)$,$d \in R^m$ 表示干扰,满足假设 3.1;$\Delta A(t) \in R^{n \times n}$ 表示系统的结构不确定性,满足假设 3.3。

本节的控制目标:在满足假设 3.1、假设 3.3 和假设 4.1 的前提下,设计控制律 u,在综合扰动 ω_x 的影响下,确保非利普希茨随机非线性系统(4-21)的状态在一定时间后稳定。

4.2.2 控制器的设计与稳定性分析

本节在 4.1 节的基础上,针对受外界扰动、非线性函数和结构不确定性等影响下的非利普希茨随机非线性系统,结合干扰观测器和反馈控制设计了控制算法,利用李雅普诺夫理论证明了控制器作用下的随机非线性系统状态的有界性,数值仿真实验验证了所设计的算法的有效性。

随机干扰观测器设计为

$$\begin{cases} \hat{d} = v - Lx \\ dv = \left(LB\hat{d} + L(Ax + Bu + Mf(x))\right)dt + LFxd\varpi \end{cases} \qquad (4-22)$$

式中,$v \in R^m$ 表示非线性干扰观测器的状态;$L \in R^{m \times n}$ 表示待设计的增益矩阵。由此可得到干扰观测器的误差动态方程:

$$\begin{aligned}
d(\tilde{d}) &= d(\hat{d}) - d(d) \\
&= dv - Ldx - d(d) \\
&= \left[LB\hat{d} + L(Ax + Bu + Mf(x))\right]dt - Ldx - d(d) \\
&= \left(LB\tilde{d} - L\Delta Ax - LE\omega_x\right)dt
\end{aligned} \qquad (4-23)$$

基于干扰观测器的估计值,设计自适应状态反馈控制律如下:

$$u = -Kx(t) - \hat{d}(t) \qquad (4-24)$$

式中，K 表示待设计的控制增益矩阵。

于是可得到如下形式的闭环系统：

$$\begin{cases} \mathrm{d}x = \left[(A-Bk)x + \Delta Ax + Mf(x) - B\tilde{d} + E\omega_x\right]\mathrm{d}t + Fx\mathrm{d}\varpi \\ \mathrm{d}(\tilde{d}) = \left(LB\tilde{d} - LE\omega_x - L\Delta Ax\right)\mathrm{d}t \end{cases} \quad (4\text{-}25)$$

定理 4.2 考虑随机非线性系统(4-21)，在满足假设 4.1、假设 3.1 和假设 3.3 的前提下，若存在对称正定矩阵 P_1、P_2，有 $Q = P_1^{-1}$，$R = KQ$，$S = LP_2$，使得控制参数满足：

$$\bar{\Pi} = \begin{bmatrix} \bar{\Pi}_{11} & -B & \sqrt{2}QN^\mathrm{T} & \sqrt{2}Q\Gamma^\mathrm{T} & QF^\mathrm{T} & O & O \\ * & \bar{\Pi}_{22} & O & O & O & SW & SE \\ * & * & -I & O & O & O & O \\ * & * & * & -I & O & O & O \\ * & * & * & * & -Q & O & O \\ * & * & * & * & * & -I & O \\ * & * & * & * & * & * & -I \end{bmatrix} < 0 \quad (4\text{-}26)$$

$$\begin{cases} \bar{\Pi}_{11} = QA^\mathrm{T} - R^\mathrm{T}B^\mathrm{T} + AQ - BR + WW^\mathrm{T} + MM^\mathrm{T} + EE^\mathrm{T} \\ \bar{\Pi}_{22} = SB + B^\mathrm{T}S^\mathrm{T} \end{cases}$$

则通过 LMI 求解线性矩阵不等式(4-26)得到增益矩阵 $K = RQ^{-1}$，$L = SP_2^{-1}$，并按照式(4-24)设计控制器，则能够确保系统的状态有界。

证明：定义 $\zeta = \begin{bmatrix} x^\mathrm{T} & \tilde{d}^\mathrm{T} \end{bmatrix}^\mathrm{T}$，选择如下形式的李雅普诺夫函数：

$$V = \zeta^\mathrm{T} P \zeta \quad (4\text{-}27)$$

式中，$P = \mathrm{diag}\{P_1, P_2\}$，$P_1$、$P_2$ 均表示对称正定矩阵。

由定义 2.2 可得李雅普诺夫函数的无穷算子为

$$\begin{aligned} \mathcal{L}V(\bar{x}(t)) &= x^\mathrm{T}P_1(A-BK)x + x^\mathrm{T}(A-BK)^\mathrm{T}P_1 x - 2x^\mathrm{T}P_1 B\tilde{d} \\ &\quad + 2x^\mathrm{T}P_1 Mf(x) + 2x^\mathrm{T}P_1 \Delta Ax + 2x^\mathrm{T}P_1 E\omega_x + x^\mathrm{T}F^\mathrm{T}P_1 Fx \\ &\quad + \tilde{d}^\mathrm{T}P_2 LB\tilde{d} + \tilde{d}^\mathrm{T}B^\mathrm{T}L^\mathrm{T}P_2\tilde{d} - 2\tilde{d}^\mathrm{T}P_2 LE\omega_x - 2\tilde{d}^\mathrm{T}P_2 L\Delta Ax \end{aligned} \quad (4\text{-}28)$$

由 $2ab \leqslant a^2 + b^2$ 可得

$$\begin{cases} 2x^\mathrm{T}P_1 E\omega_x \leqslant x^\mathrm{T}P_1 EE^\mathrm{T}P_1 x + \omega_x^\mathrm{T}\omega_x \\ -2\tilde{d}^\mathrm{T}P_2 E\omega_x \leqslant \tilde{d}^\mathrm{T}P_2 EE^\mathrm{T}P_2 \tilde{d} + \omega_x^\mathrm{T}\omega_x \end{cases} \quad (4\text{-}29)$$

由假设 3.3 可得

$$\begin{cases} 2x^\mathrm{T} P_1 \Delta A(t)x = 2x^\mathrm{T} P_1 W \Lambda(t) N x \\ \qquad\qquad \leqslant x^\mathrm{T} P_1 W \Lambda(t) \Lambda^\mathrm{T}(t) W^\mathrm{T} P_1 x + x^\mathrm{T} N N^\mathrm{T} x \\ \qquad\qquad \leqslant x^\mathrm{T} P_1 W W^\mathrm{T} P_1 x + x^\mathrm{T} N N^\mathrm{T} x \\ 2\tilde{d}^\mathrm{T} P_2 \Delta A(t)x = 2\tilde{d}^\mathrm{T} P_2 W \Lambda(t) N x \\ \qquad\qquad \leqslant \tilde{d}^\mathrm{T} P_2 W \Lambda(t) \Lambda^\mathrm{T}(t) W^\mathrm{T} P_2 \tilde{d} + x^\mathrm{T} N N^\mathrm{T} x \\ \qquad\qquad \leqslant \tilde{d}^\mathrm{T} P_2 W W^\mathrm{T} P_2 \tilde{d} + x^\mathrm{T} N N^\mathrm{T} x \end{cases} \quad (4\text{-}30)$$

将式(4-29)、式(4-30)代入式(4-28)可得

$$\begin{aligned} \mathcal{L}V(\bar{x}(t)) =\ & x^\mathrm{T} P_1 (A-BK)x + x^\mathrm{T}(A-BK)^\mathrm{T} P_1 x - 2x^\mathrm{T} P_1 B \tilde{d} \\ & + 2x^\mathrm{T} P_1 M f(x) + x^\mathrm{T} P_1 W W^\mathrm{T} P_1 x + x^\mathrm{T} P_1 E E^\mathrm{T} P_1 x \\ & + 2x^\mathrm{T} N^\mathrm{T} N x + x^\mathrm{T} F^\mathrm{T} P_1 F x + \tilde{d}^\mathrm{T} P_2 L B \tilde{d} + \tilde{d}^\mathrm{T} B^\mathrm{T} L^\mathrm{T} P_2 \tilde{d} \\ & + \tilde{d}^\mathrm{T} P_2 L W W^\mathrm{T} L^\mathrm{T} P_2 \tilde{d} + \tilde{d}^\mathrm{T} P_2 L E E^\mathrm{T} L^\mathrm{T} P_2 \tilde{d} + 2\omega_x^\mathrm{T} \omega_x \end{aligned} \quad (4\text{-}31)$$

由假设 4.1 可知:

$$f^\mathrm{T}(x(t),t) f(x(t),t) \leqslant 2x^\mathrm{T}(t) \Gamma^\mathrm{T} \Gamma x(t) + 2\varsigma^2 \quad (4\text{-}32)$$

于是有

$$\begin{aligned} 2x^\mathrm{T} P_1 M f(x) &\leqslant x^\mathrm{T} P_1 M M^\mathrm{T} P_1 x + f^\mathrm{T}(x) f(x) \\ &\leqslant x^\mathrm{T} P_1 M M^\mathrm{T} P_1 x + 2x^\mathrm{T} \Gamma^\mathrm{T} \Gamma x + 2\varsigma^2 \end{aligned} \quad (4\text{-}33)$$

将式(4-33)代入式(4-31)可得

$$\begin{aligned} \mathcal{L}V(\bar{x}(t)) \leqslant\ & x^\mathrm{T} P_1(A-BK)x + x^\mathrm{T}(A-BK)^\mathrm{T} P_1 x - 2x^\mathrm{T} P_1 B \tilde{d} \\ & + x^\mathrm{T} P_1 M M^\mathrm{T} P_1 x + x^\mathrm{T} P_1 W W^\mathrm{T} P_1 x + x^\mathrm{T} P_1 E E^\mathrm{T} P_1 x \\ & + 2x^\mathrm{T} N^\mathrm{T} N x + 2x^\mathrm{T} \Gamma^\mathrm{T} \Gamma x + x^\mathrm{T} F^\mathrm{T} P_1 F x \\ & + \tilde{d}^\mathrm{T} P_2 L B \tilde{d} + \tilde{d}^\mathrm{T} B^\mathrm{T} L^\mathrm{T} P_2 \tilde{d} + \tilde{d}^\mathrm{T} P_2 L W W^\mathrm{T} L^\mathrm{T} P_2 \tilde{d} \\ & + \tilde{d}^\mathrm{T} P_2 L E E^\mathrm{T} L^\mathrm{T} P_2 \tilde{d} + 2\omega_x^\mathrm{T} \omega_x + 2\varsigma^2 \end{aligned} \quad (4\text{-}34)$$

则式(4-34)可改写为

$$\mathcal{L}V(\bar{x}(t)) \leqslant \zeta^\mathrm{T} \Pi \zeta + \varepsilon \quad (4\text{-}35)$$

式中,

$$\Pi = \begin{bmatrix} \Pi_{11} & -P_1 B \\ * & \Pi_{22} \end{bmatrix}$$

$$\begin{cases} \Pi_{11} = P_1(A - BK) + (A - BK)^{\mathrm{T}} P_1 + P_1 M M^{\mathrm{T}} P_1 + P_1 W W^{\mathrm{T}} P_1 \\ \quad + P_1 E E^{\mathrm{T}} P_1 + 2\Gamma^{\mathrm{T}} \Gamma + 2N^{\mathrm{T}} N + F^{\mathrm{T}} P_1 F \\ \Pi_{22} = P_2 LB + B^{\mathrm{T}} L^{\mathrm{T}} P_2 + P_2 L W W^{\mathrm{T}} L^{\mathrm{T}} P_2 + P_2 L E E^{\mathrm{T}} L^{\mathrm{T}} P_2 \\ \varepsilon = 2\omega_x^{\mathrm{T}} \omega_x + 2\varsigma^2 \end{cases} \quad (4\text{-}36)$$

当 $\Pi < 0$ 时，定义：

$$\lambda = \lambda_{\min}(-\Pi) / \lambda_{\max}(P) \quad (4\text{-}37)$$

则有

$$\mathcal{L} V(\bar{x}(t)) \leqslant -\lambda V(\bar{x}(t)) + \varepsilon \quad (4\text{-}38)$$

根据定理 2.1 可知，系统的状态有界。

下面给出增益矩阵的求解过程。

定义 $Q = P_1^{-1}$，对矩阵 Π 进行合同变换，可得

$$\Pi = \begin{bmatrix} \Pi_{11} & -B \\ * & \Pi_{22} \end{bmatrix} < 0$$

$$\begin{cases} \Pi_{11} = QA^{\mathrm{T}} - QK^{\mathrm{T}} B^{\mathrm{T}} + AQ - BKQ + WW^{\mathrm{T}} + MM^{\mathrm{T}} \\ \quad + EE^{\mathrm{T}} + 2QN^{\mathrm{T}} NQ + 2Q\Gamma^{\mathrm{T}} \Gamma Q + QF^{\mathrm{T}} Q^{-1} FQ \\ \Pi_{22} = P_2 LB + B^{\mathrm{T}} L^{\mathrm{T}} P_2 + P_2 L W W^{\mathrm{T}} L^{\mathrm{T}} P_2 + P_2 L E E^{\mathrm{T}} L^{\mathrm{T}} P_2 \end{cases} \quad (4\text{-}39)$$

定义 $R = KQ$，$S = LP_2$，则式(4-39)可改写为

$$\Pi = \begin{bmatrix} \Pi_{11} & -B \\ * & \Pi_{22} \end{bmatrix} < 0$$

$$\begin{cases} \Pi_{11} = QA^{\mathrm{T}} - R^{\mathrm{T}} B^{\mathrm{T}} + AQ - BR + WW^{\mathrm{T}} + MM^{\mathrm{T}} \\ \quad + EE^{\mathrm{T}} + 2QN^{\mathrm{T}} NQ + 2Q\Gamma^{\mathrm{T}} \Gamma Q + QF^{\mathrm{T}} Q^{-1} FQ \\ \Pi_{22} = SB + B^{\mathrm{T}} S^{\mathrm{T}} + SWW^{\mathrm{T}} S^{\mathrm{T}} + SEE^{\mathrm{T}} S^{\mathrm{T}} \end{cases} \quad (4\text{-}40)$$

对式(4-40)使用舒尔补定理，可得到式(4-26)。定理 4.2 得证。

4.2.3 仿真验证

1. 仿真环境

在 Windows11 操作系统中，基于 MATLAB 2021a 仿真环境实现本节仿真实

验，计算机配置：CPU 为 Intel Core i7-1065G7，20GB 内存。

2. 仿真参数

系统矩阵：
$$A=\begin{bmatrix}2&1\\0&1\end{bmatrix},B=\begin{bmatrix}1&0\\0&2\end{bmatrix},M=\begin{bmatrix}0.2&0\\0&0.1\end{bmatrix},E=\begin{bmatrix}0.1\\0\end{bmatrix},F=\begin{bmatrix}0.01&0\\0&0.01\end{bmatrix}$$

假设系统受到的外界干扰：$d=\begin{bmatrix}0.01\sin x_1 & 0.01\sin x_2\end{bmatrix}^\mathrm{T}$，$\omega_x=0.01\sin t$。

非线性函数：$f=\begin{bmatrix}0.1\sqrt{|x_1|}\sin(0.2t)\\0.1\sqrt{|x_2|}\cos(0.2t)\end{bmatrix}$。

结构参数不确定性：$\Delta A=\begin{bmatrix}0.03\sin(t-2)&0\\0&0.02\sin(t-1)\end{bmatrix}$。

初始值：$x_1(0)=1$，$x_2(0)=1$，$v_1(0)=-1$，$v_2(0)=-0.8$。

利普希茨条件中矩阵：$\Gamma=\begin{bmatrix}0.1&0\\0&0.2\end{bmatrix}$。

求解 LMI，可以得到：
$$K=\begin{bmatrix}2.7357&0.3019\\0.4192&1.0153\end{bmatrix},L=\begin{bmatrix}-1.1073&0\\0&-0.8005\end{bmatrix}$$

3. 仿真结果

仿真结果展示在图 4-5～图 4-8 中，图 4-5 给出了不确定非利普希茨随机非线性系统状态响应曲线，分析可知，所设计的控制算法在多源扰动、结构参数不确定性和非线性函数特性影响下，仍然能够保证系统的状态有界；图 4-6 给出了不确定非利普希茨随机非线性系统控制输入曲线；图 4-7 显示了不确定非利普希茨随机非线性系统干扰观测器变化曲线，由图可知所设计的干扰观测器具有准确估计和补偿系统输入通道内干扰的能力；图 4-8 给出了不确定非利普希茨随机非线性系统布朗运动变化曲线。

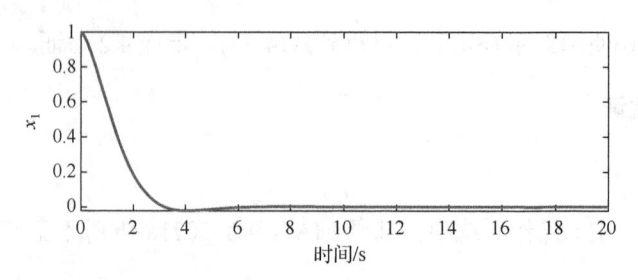

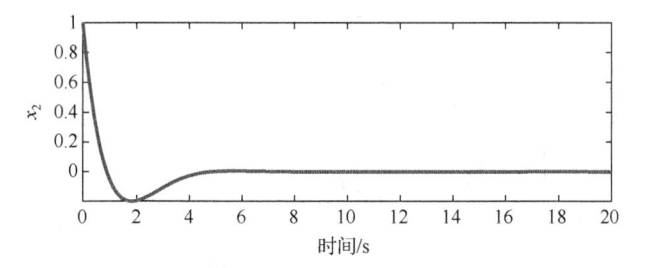

图 4-5　不确定非利普希茨随机非线性系统状态响应曲线

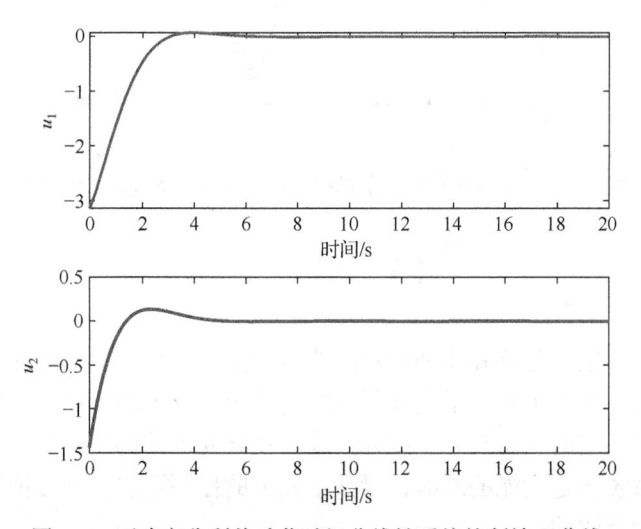

图 4-6　不确定非利普希茨随机非线性系统控制输入曲线

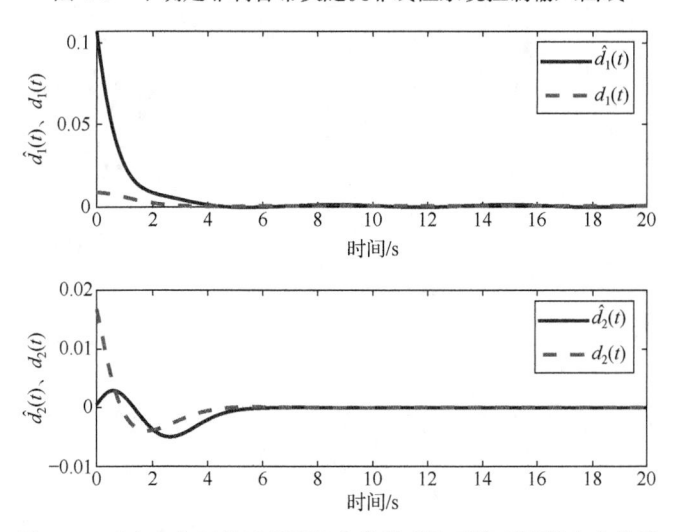

图 4-7　不确定非利普希茨随机非线性系统干扰观测器变化曲线

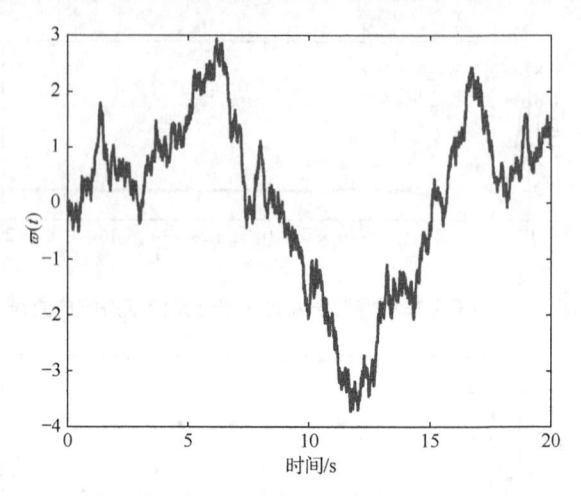

图 4-8　不确定非利普希茨随机非线性系统布朗运动变化曲线

4.3　小　　结

本章主要讨论以受扰和非利普希茨非线性函数为特征的一类随机系统中的抗干扰控制问题，开发了基于干扰观测器的自适应反馈控制策略，以确保非利普希茨随机非线性系统的状态有界。此外，本章还研究了结构不确定性对非利普希茨随机非线性系统稳定性能的影响，设计了相关的控制算法，并数值仿真验证了上述控制算法的有效性。

第5章 高动态干扰下随机非线性系统的抗干扰控制方法

对于高速运动的系统来说，其外部干扰常常表现出随时间变化的特征。在处理高动态干扰时，必须将时间导数视为不可忽视的因素。因此，必须针对性地设计干扰估计策略，同时估计干扰导数及其后续高阶导数，从而能够实现高动态随机干扰的准确补偿[124-126]。Huang 等[127]提出了一个高阶扰动观测器来观测扰动及其高阶导数，可以提高观测精度。Zhang 等[128]针对具有高动态扰动和随机不确定性的空间无人系统(space unmanned systems，SUSs)，设计了一种基于高阶扰动观测器的随机自适应抗扰控制算法。在此基础上，本章针对高动态干扰影响下的非利普希茨随机非线性控制问题开展研究。首先基于第 3 章和第 4 章中随机干扰观测器的设计思路研究高阶随机干扰观测器的设计方法，其次研究基于高阶干扰观测器的随机抗干扰控制律设计方法，最后基于随机稳定性理论对随机非线性控制系统的性能开展分析。

本章结构如下：5.1 节介绍高动态干扰影响的标称随机非线性系统设计的抗干扰控制方法；5.2 节深入研究同时具有结构不确定性和高动态干扰的非利普希茨随机非线性系统的抗干扰控制方法；5.3 节给出本章小结。

5.1 高动态干扰下标称随机非线性系统的抗干扰控制方法

5.1.1 问题描述

回顾第 2 章给出的随机非线性系统(2-7)，考虑高动态干扰，建立相应的系统：

$$dx = \left[Ax + Mf(x) + B(u+d) + E\omega_x(t)\right]dt + Fxd\varpi \tag{5-1}$$

式中，$x \in R^n$ 和 $u \in R^m$ 分别表示系统的状态变量和控制输入；$A \in R^{n \times n}$，$B \in R^{n \times m}$，$M \in R^{n \times n}$，$E \in R^{n \times p_1}$，$F \in R^{n \times n}$ 表示系统矩阵；$f(x) \in R^n$ 表示非线性函数向量，满足假设 4.1；ϖ 表示定义在完全概率空间上的标准布朗运动；$\omega_x(t) \in R^{p_1} \in l_2[0, +\infty)$，$d \in R^m$ 表示干扰。

假设 5.1 高动态干扰 $d(t)$ 是连续可微的，且其第 i 阶导数是有界的，即存

在常数 δ_d 使得 $\|d^{(i-1)}\| \leq \delta_d$。

本节的控制目标：在满足假设 3.1 和假设 4.1 的前提下，设计控制律 u，在综合扰动 ω_x 的影响下，确保具有高动态干扰的随机非线性系统(5-1)的状态在一定时间后稳定。

5.1.2 控制器的设计与稳定性分析

对于高动态干扰而言，其随时间的导数不可忽略。本节重点针对高动态干扰的特点，设计一种干扰导数(包括高阶导数)的估计装置，以准确估计高动态随机干扰。提出了一种集成了高阶干扰观测器、反馈控制和自适应控制的控制设计算法，并利用李雅普诺夫理论证明了随机非线性系统在控制器作用下的状态有界性。数值仿真实验验证所设计的算法的有效性。

设计高阶干扰观测器对高动态干扰 $d(t)$ 进行估计，则干扰及其各阶导数的估计值可表示为

$$\hat{d}_{(j-1)} = p_j - L_j x \tag{5-2}$$

$$\begin{cases} \mathrm{d}p_j = \left[L_j B \hat{d} + L_j \left(Ax + Bu + Mf(x)\right) + \hat{d}_{(j)}\right]\mathrm{d}t + LFx\mathrm{d}\varpi, \quad j = 1, 2, \cdots, r-1 \\ \mathrm{d}p_r = \left[L_r B \hat{d} + L_r \left(Ax + Bu + Mf(x)\right)\right]\mathrm{d}t + LFx\mathrm{d}\varpi \end{cases} \tag{5-3}$$

定义干扰观测误差：$\tilde{d}_{(j)} = \hat{d}_{(j)} - d_{(j)}, j = 0, 1, \cdots, n-1$，由式(5-2)和式(5-3)可以得到干扰观测误差动态方程：

$$\begin{cases} \mathrm{d}\tilde{d} = \left(L_1 B \tilde{d} - L_1 E \omega_x + \tilde{d}_{(1)}\right)\mathrm{d}t \\ \mathrm{d}\tilde{d}_{(1)} = \left(L_2 B \tilde{d} - L_2 E \omega_x + \tilde{d}_{(2)}\right)\mathrm{d}t \\ \quad\vdots \\ \mathrm{d}\tilde{d}_{(n-1)} = \left(L_n B \tilde{d} - L_n E \omega_x + d_{(n)}\right)\mathrm{d}t \end{cases} \tag{5-4}$$

定义 $e_d = \begin{bmatrix} \tilde{d}^{\mathrm{T}} & \tilde{d}_{(1)}^{\mathrm{T}} & \cdots & \tilde{d}_{(n-1)}^{\mathrm{T}} \end{bmatrix}^{\mathrm{T}}$，选取李雅普诺夫函数：

$$V_d = e_d^{\mathrm{T}} P_1 e_d \tag{5-5}$$

式中，P_1 表示对称正定矩阵。可得李雅普诺夫函数的无穷算子：

$$\Im V_d = e_d^{\mathrm{T}} D e_d - e_d^{\mathrm{T}} D_E \omega_x + e_d^{\mathrm{T}} D_d d_{(n)} \tag{5-6}$$

式中，

$$D = \begin{bmatrix} L_1B & 1 & 0 & \cdots & 0 \\ L_2B & 0 & 1 & \cdots & 0 \\ \vdots & \vdots & \vdots & & \vdots \\ L_{n-1}B & 0 & 0 & \cdots & 1 \\ L_nB & 0 & 0 & \cdots & 0 \end{bmatrix}, D_E = \begin{bmatrix} L_1E \\ L_2E \\ L_3E \\ \vdots \\ L_nE \end{bmatrix}, D_d = \begin{bmatrix} 0 \\ 0 \\ 0 \\ \vdots \\ 1 \end{bmatrix} \quad (5\text{-}7)$$

根据假设 5.1 可得

$$\begin{aligned} \Im V_d &= e_d^\mathrm{T} P D e_d + e_d^\mathrm{T} D^\mathrm{T} P e_d - 2 e_d^\mathrm{T} P D_E \omega_x + 2 e_d^\mathrm{T} P D_d d_{(n)} \\ &\leq e_d^\mathrm{T} P D e_d + e_d^\mathrm{T} D^\mathrm{T} P e_d + 2\|PD_E\|\|e_d\|\|\omega_x\| + 2\|PD_d\|\|e_d\|\delta_d \\ &\leq -e_d^\mathrm{T} Q e_d + 2\|PD_E\|\|e_d\|\|\omega_x\| + 2\|PD_d\|\|e_d\|\delta_d \\ &\leq -\|e_d\|(\lambda_m\|e_d\| - 2\|PD_E\|\|\omega_x\| - 2\|PD_d\|\delta_d) \end{aligned} \quad (5\text{-}8)$$

因此，一段时间后干扰观测器的误差是有界的，即

$$\|e_d\| \leq \lambda_1, \lambda_1 = \frac{2\|PD_E\|\|\omega_x\| + 2\|PD_d\|\delta_d}{\lambda_m} \quad (5\text{-}9)$$

根据高阶干扰观测器的估计值，设计自适应状态反馈控制律如下：

$$u = -Kx(t) - \hat{d}(t) \quad (5\text{-}10)$$

式中，K 表示待设计的控制增益矩阵。

于是可得到如下形式的闭环系统：

$$\mathrm{d}x = \left[(A - BK)x + Mf(x) - B\tilde{d} + E\omega_x\right]\mathrm{d}t + Fx\mathrm{d}\varpi \quad (5\text{-}11)$$

定理 5.1 考虑随机非线性系统(5-1)，在满足假设 4.1 和假设 5.1 的前提下，若存在对称正定矩阵 P_1，有 $Q = P_1^{-1}$，$R = KQ$，使得控制参数满足：

$$\begin{cases} \hat{\Pi} = \begin{bmatrix} \hat{\Pi}_{11} & QF^\mathrm{T} & \sqrt{2}Q^\mathrm{T} \\ * & -Q & O \\ * & * & -I \end{bmatrix} < 0 \\ \hat{\Pi}_{11} = QA^\mathrm{T} - R^\mathrm{T}B^\mathrm{T} + AQ - BR + EE^\mathrm{T} + MM^\mathrm{T} + BB^\mathrm{T} \end{cases} \quad (5\text{-}12)$$

则通过 LMI 求解线性矩阵不等式(5-12)得到增益矩阵 $K = RQ^{-1}$，并根据式(5-10)设计控制律，能够保证系统的状态有界。

证明：选择如下形式的李雅普诺夫函数：

$$V = x^\mathrm{T} P_1 x \quad (5\text{-}13)$$

式中，P_1 表示对称正定矩阵。

由定义 2.2 可得李雅普诺夫函数的无穷算子为

$$\mathcal{L}V(t) = x^T P_1(A-BK)x + x^T(A-BK)^T P_1 x - 2x^T P_1 B\tilde{d} \\ + 2x^T P_1 Mf(x) + 2x^T P_1 E\omega_x + x^T F^T P_1 F x \tag{5-14}$$

由 $2ab \leqslant a^2 + b^2$ 可得

$$\begin{cases} 2x^T P_1 E\omega_x \leqslant x^T P_1 EE^T P_1 x + \omega_x^T \omega_x \\ 2x^T P_1 B\tilde{d} \leqslant x^T P_1 BB^T P_1 x + \tilde{d}^T \tilde{d} \end{cases} \tag{5-15}$$

将式(5-15)代入式(5-14)可得

$$\mathcal{L}V(t) \leqslant x^T P_1(A-BK)x + x^T(A-BK)^T P_1 x + x^T P_1 BB^T P_1 x \\ + 2x^T P_1 Mf(x) + x^T P_1 EE^T P_1 x + x^T F^T P_1 F x + \omega_x^T \omega_x + \tilde{d}^T \tilde{d} \tag{5-16}$$

由假设 4.1 可知:

$$f^T(x(t),t)f(x(t),t) \leqslant 2x^T(t)\Gamma^T \Gamma x(t) + 2\varsigma^2 \tag{5-17}$$

于是有

$$2x^T P_1 Mf(x) \leqslant x^T P_1 MM^T P_1 x + f^T(x)f(x) \\ \leqslant x^T P_1 MM^T P_1 x + 2x^T \Gamma^T \Gamma x + 2\varsigma^2 \tag{5-18}$$

将式(5-18)代入式(5-16)可得

$$\mathcal{L}V(t) \leqslant x^T P_1(A-BK)x + x^T(A-BK)^T P_1 x + x^T P_1 BB^T P_1 x \\ + x^T P_1 EE^T P_1 x + x^T P_1 MM^T P_1 x + x^T \Gamma\Gamma^T x + x^T F^T P_1 F x \\ + \omega_x^T \omega_x + \tilde{d}^T \tilde{d} + 2\varsigma^2 \tag{5-19}$$

式(5-19)可改写为

$$\mathcal{L}V(\bar{x}(t)) \leqslant x^T \Pi x - \sigma_\Gamma \mathrm{Tr}\left[\tilde{\Gamma}^T(t)\tilde{\Gamma}(t)\right] - \sigma_\varsigma \tilde{\varsigma}^T(t)\tilde{\varsigma}(t) + \varepsilon \tag{5-20}$$

式中,

$$\begin{cases} \Pi = P_1(A-BK) + (A-BK)^T P_1 + P_1 MM^T P_1 + 2\Gamma\Gamma^T \\ \quad + P_1 EE^T P_1 + F^T P_1 F + P_1 BB^T P_1 \\ \varepsilon = \omega_x^T \omega_x + \tilde{d}^T \tilde{d} + 2\varsigma^2 \end{cases} \tag{5-21}$$

当 $\Pi < 0$ 时,定义:

$$\lambda = \lambda_{\min}(-\Pi)/\lambda_{\max}(P_1) \tag{5-22}$$

则有

$$\mathcal{L}V(\overline{x}(t)) \leqslant -\lambda V(\overline{x}(t)) + \varepsilon \tag{5-23}$$

根据定理 2.1 可知，系统的状态有界。

下面给出增益矩阵的求解过程。

定义 $Q = P_1^{-1}$，对矩阵 Π 进行合同变换，可得

$$\begin{aligned}\Pi_{11} &= QA^{\mathrm{T}} - QK^{\mathrm{T}}B^{\mathrm{T}} + AQ - BKQ + EE^{\mathrm{T}} + MM^{\mathrm{T}} \\ &\quad + BB^{\mathrm{T}} + 2Q\Gamma^{\mathrm{T}}\Gamma Q + QF^{\mathrm{T}}Q^{-1}FQ \\ &< 0\end{aligned} \tag{5-24}$$

定义 $R = KQ$，则式(5-24)可改写为

$$\begin{aligned}\Pi &= QA^{\mathrm{T}} - R^{\mathrm{T}}B^{\mathrm{T}} + AQ - BR + EE^{\mathrm{T}} + MM^{\mathrm{T}} \\ &\quad + BB^{\mathrm{T}} + 2Q\Gamma^{\mathrm{T}}\Gamma Q + QF^{\mathrm{T}}Q^{-1}FQ \\ &< 0\end{aligned} \tag{5-25}$$

对式(5-25)使用舒尔补定理，可得到式(5-12)。定理 5.1 得证。

5.1.3 仿真验证

1. 仿真环境

在 Windows11 操作系统中，基于 MATLAB 2021a 仿真环境实现本节仿真实验，计算机配置：CPU 为 Intel Core i7-1065G7，20GB 内存。

2. 仿真参数

系统矩阵：

$$A = \begin{bmatrix} 2 & 1 \\ 0 & 1 \end{bmatrix}, B = \begin{bmatrix} 1 & 0 \\ 0 & 2 \end{bmatrix}, M = \begin{bmatrix} 0.2 & 0 \\ 0 & 0.1 \end{bmatrix}, E = \begin{bmatrix} 0.1 \\ 0 \end{bmatrix}, F = \begin{bmatrix} 0.01 & 0 \\ 0 & 0.01 \end{bmatrix}$$

假设系统受到的外界干扰：$d = [0.01\sin t \quad 0.02\sin t]^{\mathrm{T}}$，$\omega_x = 0.01\sin t$。

非线性函数：$f = \begin{bmatrix} 0.1\sqrt{|x_1|}\sin(0.2t) \\ 0.1\sqrt{|x_2|}\cos(0.2t) \end{bmatrix}$。

初始值：$x = [1 \quad 1]^{\mathrm{T}}$，$p_1 = p_2 = p_3 = [-5 \quad -3]^{\mathrm{T}}$。

非利普希茨条件中矩阵：$\Gamma = \begin{bmatrix} 0.1 & 0 \\ 0 & 0.2 \end{bmatrix}$，$\varsigma = 0.3$。

求解 LMI，可以得到：

$$K = \begin{bmatrix} 2.9497 & 0.5110 \\ 0.0827 & 1.7710 \end{bmatrix}, L_1 = L_2 = L_3 = \begin{bmatrix} -5 & 0 \\ 0 & -3 \end{bmatrix}$$

3. 仿真结果

仿真结果展示在图 5-1~图 5-5 中，图 5-1 给出了受高动态干扰影响的随机非线性系统状态响应曲线，易观察到所设计的控制算法能够保证系统受到高动态干扰等不确定性影响时状态保持有界；图 5-2 给出了受高动态干扰影响的随机非

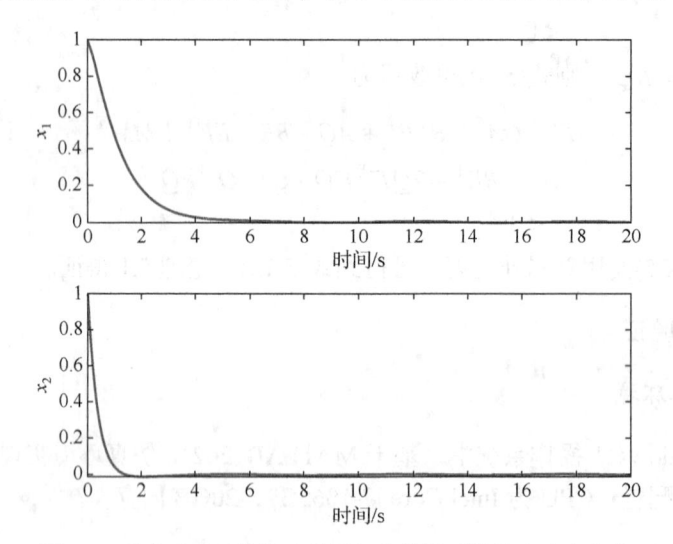

图 5-1 受高动态干扰影响的随机非线性系统状态响应曲线

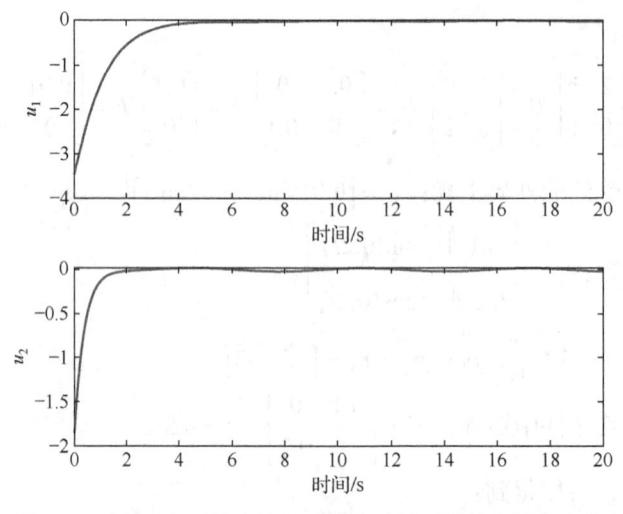

图 5-2 受高动态干扰影响的随机非线性系统控制输入曲线

线性系统控制输入曲线；图 5-3 和图 5-4 显示了受高动态干扰影响的随机非线性系统高阶干扰观测器变化曲线，可以看出所设计的高阶干扰观测器具有准确估计和补偿系统输入通道内干扰的能力；图 5-5 给出了受高动态干扰影响的随机非线性系统布朗运动变化曲线。

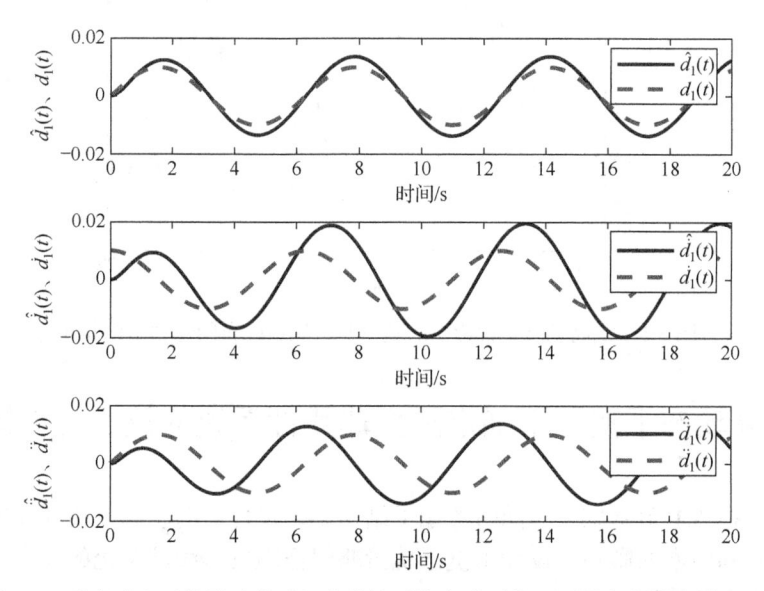

图 5-3 受高动态干扰影响的随机非线性系统高阶干扰观测器变化曲线(分量 1)

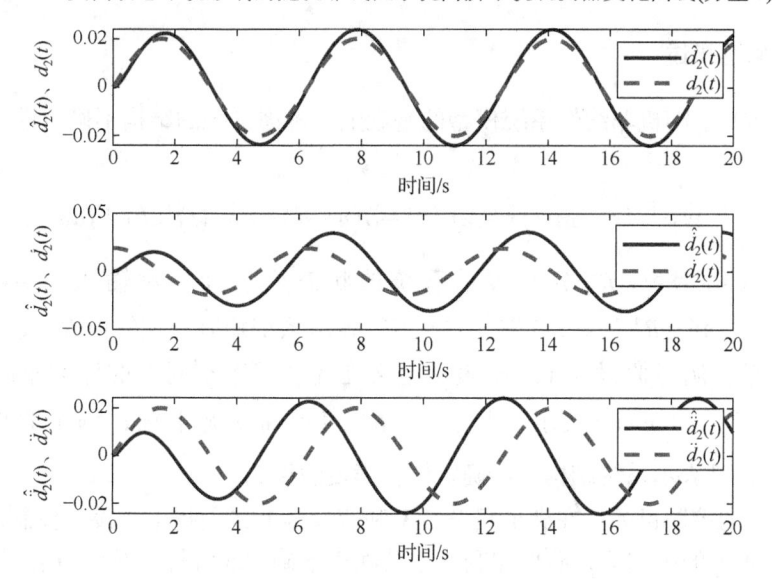

图 5-4 受高动态干扰影响的随机非线性系统高阶干扰观测器变化曲线(分量 2)

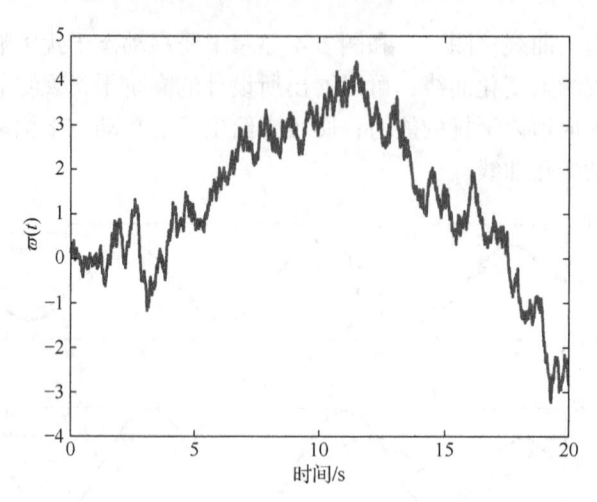

图 5-5　受高动态干扰影响的随机非线性系统布朗运动变化曲线

5.2　高动态干扰下不确定随机非线性系统的抗干扰控制方法

本节在 5.1 节基础上，同时考虑了结构不确定性、高动态干扰和非线性特性等综合不利因素的影响，设计了抗干扰策略保证随机非线性系统的动态与稳定性能，并提高鲁棒性。

5.2.1　问题描述

在 5.1 节随机非线性系统模型的基础上，考虑系统的结构不确定性，将模型改写为

$$\mathrm{d}x = \left[Ax + \Delta A(t)x + Mf(x) + B(u+d) + E\omega_x(t) \right]\mathrm{d}t + F\mathrm{d}\varpi \tag{5-26}$$

式中，$x \in R^n$ 和 $u \in R^m$ 分别表示系统的状态变量和控制输入；$A \in R^{n \times n}$，$B \in R^{n \times m}$，$M \in R^{n \times n}$，$E \in R^{n \times p_1}$，$F \in R^{n \times n}$ 表示系统矩阵；$f(x) \in R^n$ 表示非线性函数向量，满足假设 4.1；ϖ 表示定义在完全概率空间上的标准布朗运动；$\omega_x(t) \in R^{p_1} \in l_2[0, +\infty)$ 表示干扰；$d \in R^m$ 表示高动态干扰，满足假设 5.1；$\Delta A(t) \in R^{n \times n}$ 表示系统结构的不确定性，满足假设 3.3。

本节的控制目标：在满足假设 3.3 和假设 4.1 的前提下，设计控制律 u，在综合扰动 ω_x 的影响下，确保非利普希茨随机不确定非线性系统(5-26)的状态在一定时间后稳定。

5.2.2 控制器的设计与稳定性分析

基于 5.1 节的讨论，本节深入研究高动态扰动、随机扰动、非利普希茨非线性函数和结构不确定性的综合影响。通过集成干扰观测器和反馈控制来设计控制算法，并利用李雅普诺夫理论证明了控制器作用下的随机非线性系统的状态有界性，通过数值模拟实验验证了算法的有效性。

针对高动态干扰 $d(t)$，设计高阶干扰观测器，则干扰及其各阶导数的估计值为

$$\hat{d}_{(j-1)} = p_j - L_j x \tag{5-27}$$

$$\begin{cases} \mathrm{d}p_j = \left[LB\hat{d} + L\left(Ax + Bu + Mf(x)\right)\right]\mathrm{d}t + LFx\mathrm{d}\varpi + \hat{d}_{(j)}, & j=1,2,\cdots,r-1 \\ \mathrm{d}p_r = \left[LB\hat{d} + L\left(Ax + Bu + Mf(x)\right)\right]\mathrm{d}t + LFx\mathrm{d}\varpi \end{cases} \tag{5-28}$$

定义干扰观测误差：$\tilde{d}_{(j)} = \hat{d}_{(j)} - d_{(j)}, j = 0,1,\cdots,n-1$，由式(5-27)和式(5-28)可以得到干扰观测误差动态方程：

$$\begin{cases} \mathrm{d}\tilde{d} = \left(L_1 B\tilde{d} - L_1 \Delta A(t)x - L_1 E\omega_x + \tilde{d}_{(1)}\right)\mathrm{d}t \\ \mathrm{d}\tilde{d}_{(1)} = \left(L_2 B\tilde{d} - L_2 \Delta A(t)x - L_2 E\omega_x + \tilde{d}_{(2)}\right)\mathrm{d}t \\ \quad\vdots \\ \mathrm{d}\tilde{d}_{(n-1)} = \left(L_n B\tilde{d} - L_n \Delta A(t)x - L_n E\omega_x + d_{(n)}\right)\mathrm{d}t \end{cases} \tag{5-29}$$

定义 $e_d = \begin{bmatrix} \tilde{d}^\mathrm{T} & \tilde{d}_{(1)}^\mathrm{T} & \cdots & \tilde{d}_{(n-1)}^\mathrm{T} \end{bmatrix}^\mathrm{T}$，选取李雅普诺夫函数：

$$V_d = e_d^\mathrm{T} P_1 e_d \tag{5-30}$$

式中，P_1 表示对称正定矩阵。可得李雅普诺夫函数的无穷算子：

$$\Im V_d = e_d^\mathrm{T} D e_d - e_d^\mathrm{T} D_\Delta x - e_d^\mathrm{T} D_E \omega_x + e_d^\mathrm{T} D_d d_{(n)} \tag{5-31}$$

式中，

$$D = \begin{bmatrix} L_1 B & 1 & 0 & \cdots & 0 \\ L_2 B & 0 & 1 & \cdots & 0 \\ \vdots & \vdots & \vdots & & \vdots \\ L_{n-1}B & 0 & 0 & \cdots & 1 \\ L_n B & 0 & 0 & \cdots & 0 \end{bmatrix}, D_\Delta = \begin{bmatrix} L_1 \Delta A \\ L_2 \Delta A \\ L_3 \Delta A \\ \vdots \\ L_n \Delta A \end{bmatrix}, D_E = \begin{bmatrix} L_1 E \\ L_2 E \\ L_3 E \\ \vdots \\ L_n E \end{bmatrix}, D_d = \begin{bmatrix} 0 \\ 0 \\ 0 \\ \vdots \\ 1 \end{bmatrix} \tag{5-32}$$

由假设 5.1 可得

$$\Im V_d = e_d^T P D e_d + e_d^T D^T P e_d - 2 e_d^T P D_\Delta x - 2 e_d^T P D_E \omega_x + 2 e_d^T P D_d d_{(n)}$$
$$\leqslant e_d^T P D e_d + e_d^T D^T P e_d + 2 \|P D_\Delta\| \|e_d\| \|x\|$$
$$+ 2 \|P D_E\| \|e_d\| \|\omega_x\| + 2 \|P D_d\| \|e_d\| \delta_d$$
$$\leqslant -e_d^T Q e_d + 2 \|P D_\Delta\| \|e_d\| \|x\| + 2 \|P D_E\| \|e_d\| \|\omega_x\|$$
$$+ 2 \|P D_d\| \|e_d\| \delta_d$$
$$\leqslant -\|e_d\| \left(\lambda_m \|e_d\| - 2 \|P D_\Delta\| \|x\| - 2 \|P D_E\| \|\omega_x\| - 2 \|P D_d\| \delta_d \right) \tag{5-33}$$

因此，一段时间后干扰观测器的误差是有界的，即

$$\|e_d\| \leqslant \lambda_1, \lambda_1 = \frac{2\|PD_E\|\|\omega_x\| + 2\|PD_\Delta\|\|x\| + 2\|PD_d\|\delta_d}{\lambda_m} \tag{5-34}$$

基于干扰观测器的估计值，设计自适应状态反馈控制律如下：

$$u = -Kx(t) - \hat{d}(t) \tag{5-35}$$

式中，K 表示待设计的控制增益矩阵。

于是可得到如下形式的闭环系统：

$$dx = \left[(A - BK)x + \Delta A x + M f(x) - B \tilde{d} + E \omega_x \right] dt + F d\varpi \tag{5-36}$$

定理 5.2 考虑随机非线性系统(5-26)，在满足假设 4.1 和假设 5.1 的前提下，若存在对称正定矩阵 P_1，有 $Q = P_1^{-1}$，$R = KQ$，使得控制参数满足：

$$\begin{cases} \hat{\Pi} = \begin{bmatrix} \hat{\Pi}_{11} & QF^T & QN^T & Q\Gamma^T \\ * & -Q & O & O \\ * & * & -I & O \\ * & * & * & -I \end{bmatrix} < 0 \\ \hat{\Pi} = QA^T - R^T B^T + AQ - BR + MM^T + EE^T + WW^T + BB^T \end{cases} \tag{5-37}$$

则通过 LMI 求解线性矩阵不等式(5-37)得到增益矩阵 $K = RQ^{-1}$，并按照式(5-35)设计控制律，能保证系统的状态有界。

证明：选择如下形式的李雅普诺夫函数：

$$V = x^T P_1 x \tag{5-38}$$

式中，P_1 表示对称正定矩阵。

由定义 2.2 可得李雅普诺夫函数的无穷算子为

$$\mathcal{L}V(t) = x^T P_1 (A - BK) x + x^T (A - BK)^T P_1 x - 2 x^T P_1 B \tilde{d}$$
$$+ 2 x^T P_1 M f(x) + 2 x^T P_1 E \omega_x + 2 x^T P_1 \Delta A x + x^T F^T P_1 F x \tag{5-39}$$

由 $2ab \leqslant a^2 + b^2$ 可得

$$\begin{cases} 2x^{\mathrm{T}}PE\omega_x \leqslant x^{\mathrm{T}}PEE^{\mathrm{T}}Px + \omega_x^{\mathrm{T}}\omega_x \\ 2x^{\mathrm{T}}PB\tilde{d} \leqslant x^{\mathrm{T}}PBB^{\mathrm{T}}Px + \tilde{d}^{\mathrm{T}}\tilde{d} \end{cases} \quad (5\text{-}40)$$

由假设 3.3 可得

$$\begin{aligned} 2x^{\mathrm{T}}P_1\Delta A(t)x &= 2x^{\mathrm{T}}P_1W\Lambda(t)Nx \\ &\leqslant x^{\mathrm{T}}P_1W\Lambda(t)\Lambda^{\mathrm{T}}(t)W^{\mathrm{T}}P_1x + x^{\mathrm{T}}NN^{\mathrm{T}}x \\ &\leqslant x^{\mathrm{T}}P_1WW^{\mathrm{T}}P_1x + x^{\mathrm{T}}NN^{\mathrm{T}}x \end{aligned} \quad (5\text{-}41)$$

由假设 4.1 可知：

$$f^{\mathrm{T}}(x(t),t)f(x(t),t) \leqslant 2x^{\mathrm{T}}(t)\Gamma^{\mathrm{T}}\Gamma x(t) + 2\varsigma^2 \quad (5\text{-}42)$$

于是有

$$\begin{aligned} 2x^{\mathrm{T}}P_1Mf(x) &\leqslant x^{\mathrm{T}}P_1MM^{\mathrm{T}}P_1x + f^{\mathrm{T}}(x)f(x) \\ &\leqslant x^{\mathrm{T}}P_1MM^{\mathrm{T}}P_1x + 2x^{\mathrm{T}}\Gamma^{\mathrm{T}}\Gamma x + 2\varsigma^2 \end{aligned} \quad (5\text{-}43)$$

将式(5-40)、式(5-41)、式(5-43)代入式(5-39)可得

$$\begin{aligned} \mathcal{L}V(t) &\leqslant x^{\mathrm{T}}P_1(A-BK)x + x^{\mathrm{T}}(A-BK)^{\mathrm{T}}P_1x + x^{\mathrm{T}}P_1BB^{\mathrm{T}}P_1x \\ &+ P_1MM^{\mathrm{T}}P_1 + 2x^{\mathrm{T}}\Gamma^{\mathrm{T}}\Gamma x + x^{\mathrm{T}}P_1EE^{\mathrm{T}}P_1x + x^{\mathrm{T}}P_1WW^{\mathrm{T}}P_1x \\ &+ x^{\mathrm{T}}NN^{\mathrm{T}}x + x^{\mathrm{T}}F^{\mathrm{T}}P_1Fx + \omega_x^{\mathrm{T}}\omega_x + \tilde{d}^{\mathrm{T}}\tilde{d} + 2\varsigma^2 \end{aligned} \quad (5\text{-}44)$$

式(5-44)可改写为

$$\mathcal{L}V(\bar{x}(t)) \leqslant x^{\mathrm{T}}\Pi x + \varepsilon \quad (5\text{-}45)$$

式中，

$$\begin{cases} \Pi = P_1(A-BK) + (A-BK)^{\mathrm{T}}P_1 + P_1MM^{\mathrm{T}}P_1 + P_1EE^{\mathrm{T}}P_1 \\ \quad + P_1WW^{\mathrm{T}}P_1 + \Gamma\Gamma^{\mathrm{T}} + NN^{\mathrm{T}} + F^{\mathrm{T}}P_1F + P_1BB^{\mathrm{T}}P_1 \\ \varepsilon = \omega_x^{\mathrm{T}}\omega_x + \tilde{d}^{\mathrm{T}}\tilde{d} + 2\varsigma^2 \end{cases} \quad (5\text{-}46)$$

当 $\Pi < 0$ 时，定义：

$$\lambda = \lambda_{\min}(-\Pi) / \lambda_{\max}(P_1) \quad (5\text{-}47)$$

则有

$$\mathcal{L}V(\bar{x}(t)) \leqslant -\lambda V(\bar{x}(t)) + \varepsilon \quad (5\text{-}48)$$

根据定理 2.1 可知，系统的状态有界。

下面给出增益矩阵的求解过程。

定义 $Q = P_1^{-1}$，对矩阵 Π 进行合同变换，可得

$$\begin{aligned}\Pi = &QA^T - QK^TB^T + AQ - BKQ + MM^T + EE^T + WW^T \\ &+ BB^T + Q\Gamma\Gamma^TQ + QNN^TQ + QF^TQ^{-1}FQ \\ &< 0\end{aligned} \qquad (5\text{-}49)$$

定义 $R = KQ$，则式(5-49)可改写为

$$\begin{aligned}\bar{\Pi} = &QA^T - R^TB^T + AQ - BR + MM^T + EE^T + WW^T \\ &+ BB^T + Q\Gamma\Gamma^TQ + QNN^TQ + QF^TQ^{-1}FQ \\ &< 0\end{aligned} \qquad (5\text{-}50)$$

对式(5-50)使用舒尔补定理，可得到式(5-37)。定理 5.2 得证。

5.2.3 仿真验证

1. 仿真环境

在 Windows11 操作系统中，基于 MATLAB 2021a 仿真环境实现本节仿真实验，计算机配置：CPU 为 Intel Core i7-1065G7，20GB 内存。

2. 仿真参数

系统矩阵：

$$A = \begin{bmatrix} 2 & 1 \\ 0 & 1 \end{bmatrix}, B = \begin{bmatrix} 1 & 0 \\ 0 & 2 \end{bmatrix}, M = \begin{bmatrix} 0.2 & 0 \\ 0 & 0.1 \end{bmatrix}, E = \begin{bmatrix} 0.1 \\ 0 \end{bmatrix}, F = \begin{bmatrix} 0.01 & 0 \\ 0 & 0.01 \end{bmatrix}$$

假设系统受到的外界干扰：$d = \begin{bmatrix} 0.01\sin(t-2) & 0.02\sin t \end{bmatrix}^T$，$\omega_x = 0.01\sin t$。

非线性函数：$f = \begin{bmatrix} 0.1\sqrt{|x_1|}\sin(0.2t) \\ 0.1\sqrt{|x_2|}\cos(0.2t) \end{bmatrix}$。

结构参数不确定性：$\Delta A = \begin{bmatrix} 0.03\sin(t-2) & 0 \\ 0 & 0.02\sin(t-1) \end{bmatrix}$。

初始值：$x = \begin{bmatrix} 1 & 1 \end{bmatrix}^T$，$p_1 = p_2 = p_3 = \begin{bmatrix} -6 & -3 \end{bmatrix}^T$。

非利普希茨条件中矩阵：$\Gamma = \begin{bmatrix} 0.1 & 0 \\ 0 & 0.2 \end{bmatrix}$，$\varsigma = 0.3$。

求解 LMI，可以得到：

$$K = \begin{bmatrix} 2.9474 & 0.0761 \\ 0.8477 & 1.5766 \end{bmatrix}, L_1 = L_2 = L_3 = \begin{bmatrix} -6 & 0 \\ 0 & -3 \end{bmatrix}$$

3. 仿真结果

仿真结果展示在图 5-6～图 5-10 中，图 5-6 给出了受高动态干扰影响的随机不确定非线性系统状态响应曲线，可以看出所设计的控制算法能够在高动态干扰、结构参数不确定性和非线性函数特性的综合影响下，有效地保证系统状态有界；图 5-7 给出了受高动态干扰影响的随机不确定非线性系统控制输入曲线；

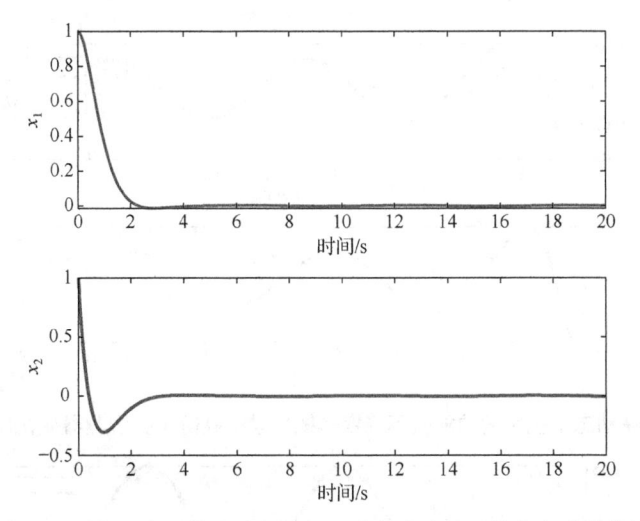

图 5-6 受高动态干扰影响的随机不确定非线性系统状态响应曲线

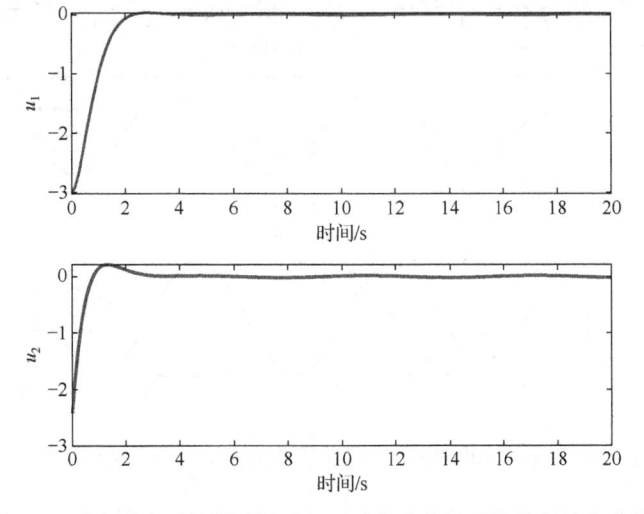

图 5-7 受高动态干扰影响的随机不确定非线性系统控制输入曲线

图 5-8 和图 5-9 给出了受高动态干扰影响的随机不确定非线性系统高阶干扰观测器变化曲线，易观察到所设计的高阶干扰观测器具有准确估计和补偿系统输入通道内干扰的能力；图 5-10 给出了受高动态干扰影响的随机不确定非线性系统布朗运动变化曲线。

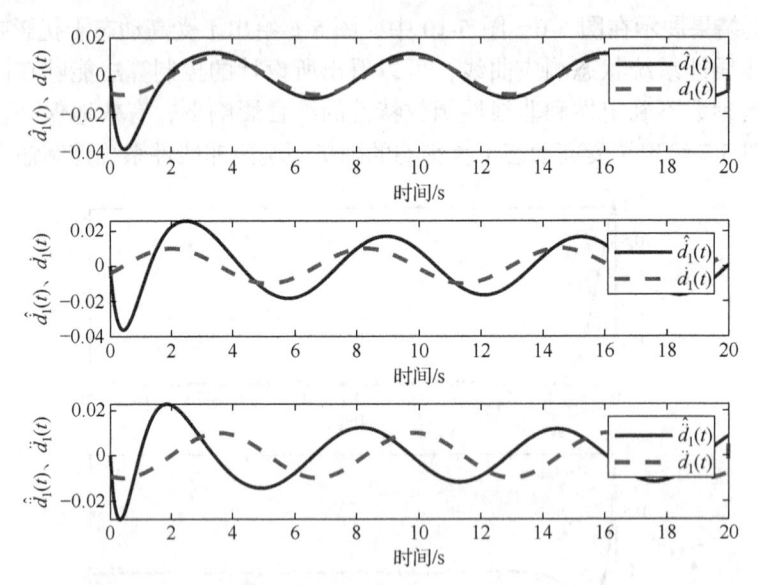

图 5-8 受高动态干扰影响的随机不确定非线性系统高阶干扰观测器变化曲线(分量 1)

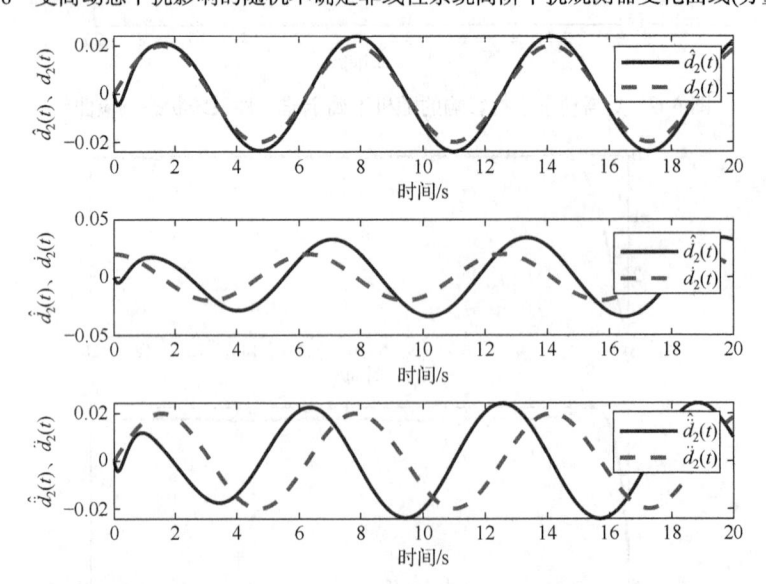

图 5-9 受高动态干扰影响的随机不确定非线性系统高阶干扰观测器变化曲线(分量 2)

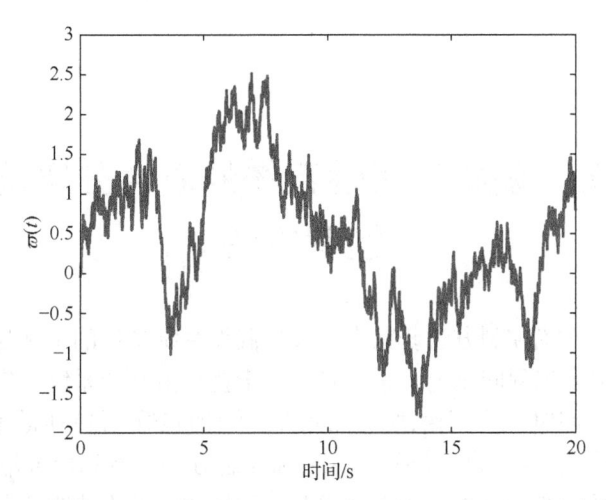

图 5-10 受高动态干扰影响的随机不确定非线性系统布朗运动变化曲线

5.3 小　　结

本章首先研究了一类受高动态干扰影响且具有非利普希茨非线性函数特性的随机系统的抗干扰控制问题，设计了基于高阶干扰观测器的自适应反馈控制策略，实现了非利普希茨随机非线性系统状态的有界化，并通过数值仿真验证了算法的有效性。另外，本章还分析了结构不确定性对高动态干扰下的非利普希茨随机非线性系统稳定性的影响，设计了相应的控制算法，并通过数值仿真验证了算法的有效性。

第6章 随机非线性系统的复合分层抗干扰控制方法

在以往的抗干扰控制方法研究中，大都假设系统受到的干扰与系统本身息息相关。然而在很多工程问题上，系统受到的干扰是由其他系统产生的，这给控制器的设计带来了困难。为了解决这一问题，文献[129]~[133]报道了一种基于扰动/不确定观测补偿结构的复合分层抗干扰控制方法。本章研究输入通道受到的干扰是由外源系统产生的抗干扰控制问题，利用非线性干扰观测器来准确估计和补偿通过输入通道进入系统的外源扰动。此外，提出了一种基于非线性干扰观测器的自适应抗干扰控制方法，以实现复杂系统的期望控制效果。

本章的结构概述如下：6.1 节介绍一种针对受外源系统干扰影响的标称随机非线性系统而设计的复合分层抗干扰控制方法；6.2 节进行了扩展，重点关注具有结构不确定性的随机非线性系统，设计复合分层抗干扰控制方法；6.3 节给出本章小结。

6.1 标称随机非线性系统的复合分层抗干扰控制方法

6.1.1 问题描述

回顾第 2 章给出的随机非线性系统(2-7)，考虑外源系统干扰，系统可改写为

$$dx = \left[Ax + Mf(x) + B(u+d) + E\omega_x(t)\right]dt + Fxd\varpi \tag{6-1}$$

式中，$x \in R^n$ 和 $u \in R^m$ 分别表示系统的状态变量和控制输入；$A \in R^{n \times n}$，$B \in R^{n \times m}$，$M \in R^{n \times n}$，$E \in R^{n \times p_1}$，$F \in R^{n \times n}$ 表示系统矩阵；$f(x) \in R^n$ 表示非线性函数向量，并且满足假设 4.1；ϖ 表示定义在完全概率空间上的标准布朗运动；$\omega_x(t) \in R^{p_1} \in l_2[0,+\infty)$，$d \in R^m$ 表示干扰。

假设 6.1 对于系统中的干扰 d 做出如下假设：

$$\begin{cases} d = V\xi \\ d\xi = (G\xi + H\omega_\xi)dt \end{cases} \tag{6-2}$$

式中，$\xi \in R^r$ 表示外源系统的状态；$V \in R^{n \times r}$，$G \in R^{r \times r}$，$H \in R^{r \times p_2}$ 表示已知矩

阵；$\omega_\xi \in R^{p_2}$ 表示此外源系统中的干扰与不确定项。

6.1.2 控制器的设计与稳定性分析

本节首先基于由外源系统产生的部分信息已知的干扰，设计观测器对其进行抑制和抵消；其次将干扰观测器的观测结果添加到反馈控制中，设计复合控制算法，并利用李雅普诺夫理论证明控制器作用下系统状态的有界性；最后通过数值仿真验证所设计的算法的有效性。

基于假设 6.1，干扰观测器设计为

$$\begin{cases} \hat{d} = V\hat{\xi} \\ \hat{\xi} = v - Lx \\ dv = \left[(G+LBV)\hat{\xi} + L(Ax+Bu+Mf(x))\right]dt + LFxd\varpi \end{cases} \quad (6\text{-}3)$$

式中，$v \in R^m$ 表示非线性干扰观测器的状态；$L \in R^{m \times n}$ 表示待设计的增益矩阵。定义干扰观测误差 $\tilde{\xi} = \hat{\xi} - \xi$，根据假设 6.1 得到干扰观测器的误差动态方程：

$$\begin{aligned} d\tilde{\xi} &= d\hat{\xi} - d\xi \\ &= dv - Ldx - d\xi \\ &= \left[(G+LBV)\tilde{\xi} - LE\omega_x - H\omega_\xi\right]dt \end{aligned} \quad (6\text{-}4)$$

基于干扰观测器的结果，设计自适应状态反馈控制律如下：

$$u = -Kx(t) - \hat{d}(t) \quad (6\text{-}5)$$

式中，K 表示待设计的控制增益矩阵。

于是可得到如下形式的闭环系统：

$$\begin{cases} dx = \left[(A-BK)x + Mf(x) - BV\tilde{\xi} + E\omega_x\right]dt + Fxd\varpi \\ d\tilde{\xi} = \left[(G+LBV)\tilde{\xi} - LE\omega_x - H\omega_\xi\right]dt \end{cases} \quad (6\text{-}6)$$

定理 6.1 考虑随机非线性系统(6-1)，在满足假设 4.1 和假设 6.1 的前提下，若存在对称正定矩阵 P_1、P_2，有 $Q = P_1^{-1}$，$R = KQ$，$S = LP_2$，使得控制参数满足：

$$\Pi = \begin{bmatrix} \Pi_{11} & -BV & QF^T & \sqrt{2}Q\Gamma^T & O & O \\ * & \Pi_{22} & O & O & SE & P_2H \\ * & * & -Q & O & O & O \\ * & * & * & -I & O & O \\ * & * & * & * & -I & O \\ * & * & * & * & * & -I \end{bmatrix} < 0$$

$$\begin{cases} \Pi_{11} = QA^{\mathrm{T}} - R^{\mathrm{T}}B^{\mathrm{T}} + AQ - BR + MM^{\mathrm{T}} + EE^{\mathrm{T}} \\ \Pi_{22} = P_2 G + SB + G^{\mathrm{T}} P_2 + B^{\mathrm{T}} S^{\mathrm{T}} \end{cases} \quad (6\text{-}7)$$

则通过 LMI 求解线性矩阵不等式(6-7)得到增益矩阵 $K = RQ^{-1}$，$L = SP_2^{-1}$，并按照式(6-5)设计控制律，能够保证系统的状态有界。

证明：定义 $\zeta = \begin{bmatrix} x^{\mathrm{T}} & \tilde{d}^{\mathrm{T}} \end{bmatrix}^{\mathrm{T}}$，选择如下形式的李雅普诺夫函数：

$$V = \zeta^{\mathrm{T}} P \zeta \quad (6\text{-}8)$$

式中，$P = \mathrm{diag}\{P_1, P_2\}$，$P_1$、$P_2$ 均表示对称正定矩阵。

由定义 2.2 可得李雅普诺夫函数的无穷算子为

$$\begin{aligned} \mathcal{L}V(\overline{x}(t)) = & x^{\mathrm{T}} P_1 (A - BK) x + x^{\mathrm{T}} (A - BK)^{\mathrm{T}} P_1 x - 2 x^{\mathrm{T}} P_1 BV \tilde{\xi} \\ & + 2 x^{\mathrm{T}} P_1 M f(x) + 2 x^{\mathrm{T}} P_1 E \omega_x + x^{\mathrm{T}} F^{\mathrm{T}} P_1 F x + \tilde{\xi}^{\mathrm{T}} P_2 (G + LBV) \tilde{\xi} \\ & + \tilde{\xi}^{\mathrm{T}} (G + LBV)^{\mathrm{T}} P_2 - 2 \tilde{\xi}^{\mathrm{T}} P_2 L E \omega_x - 2 \tilde{\xi}^{\mathrm{T}} P_2 H \omega_\xi \end{aligned} \quad (6\text{-}9)$$

由 $2ab \leqslant a^2 + b^2$ 可得

$$\begin{cases} 2 x^{\mathrm{T}} P_1 E \omega_x \leqslant x^{\mathrm{T}} P_1 EE^{\mathrm{T}} P_1 x + \omega_x^{\mathrm{T}} \omega_x \\ -2 \tilde{\xi}^{\mathrm{T}} P_2 L E \omega_x \leqslant \tilde{\xi}^{\mathrm{T}} P_2 LEE^{\mathrm{T}} L^{\mathrm{T}} P_2 \tilde{\xi} + \omega_x^{\mathrm{T}} \omega_x \\ -2 \tilde{\xi}^{\mathrm{T}} P_2 H \omega_\xi \leqslant \tilde{\xi}^{\mathrm{T}} P_2 HH^{\mathrm{T}} P_2 \tilde{\xi} + \omega_\xi^{\mathrm{T}} \omega_\xi \end{cases} \quad (6\text{-}10)$$

将式(6-10)代入式(6-9)可得

$$\begin{aligned} \mathcal{L}V(\overline{x}(t)) \leqslant & x^{\mathrm{T}} P_1 (A - BK) x + x^{\mathrm{T}} (A - BK)^{\mathrm{T}} P_1 x - 2 x^{\mathrm{T}} P_1 BV \tilde{\xi} \\ & + 2 x^{\mathrm{T}} P_1 M f(x) + x^{\mathrm{T}} P_1 EE^{\mathrm{T}} P_1 x + x^{\mathrm{T}} F^{\mathrm{T}} P_1 F x \\ & + \tilde{\xi}^{\mathrm{T}} P_2 (G + LB) \tilde{\xi} + \tilde{\xi}^{\mathrm{T}} (G + LB)^{\mathrm{T}} P_2 \tilde{\xi} \\ & + \tilde{\xi}^{\mathrm{T}} P_2 LEE^{\mathrm{T}} L^{\mathrm{T}} P_2 \tilde{\xi} + \tilde{\xi}^{\mathrm{T}} P_2 HH^{\mathrm{T}} P_2 \tilde{\xi} + 2 \omega_x^{\mathrm{T}} \omega_x + \omega_\xi^{\mathrm{T}} \omega_\xi \end{aligned} \quad (6\text{-}11)$$

由假设 4.1 可知：

$$f^{\mathrm{T}}(x(t), t) f(x(t), t) \leqslant 2 x^{\mathrm{T}}(t) \Gamma^{\mathrm{T}} \Gamma x(t) + 2 \varsigma^2 \quad (6\text{-}12)$$

于是有

$$\begin{aligned} 2 x^{\mathrm{T}} P_1 M f(x) & \leqslant x^{\mathrm{T}} P_1 MM^{\mathrm{T}} P_1 x + f^{\mathrm{T}}(x) f(x) \\ & \leqslant x^{\mathrm{T}} P_1 MM^{\mathrm{T}} P_1 x + 2 x^{\mathrm{T}} \Gamma^{\mathrm{T}} \Gamma x + 2 \varsigma^2 \end{aligned} \quad (6\text{-}13)$$

将式(6-13)代入式(6-11)可得

$$\begin{aligned}\mathcal{L}V(\bar{x}(t)) \leqslant\ & x^{\mathrm{T}}P_1(A-BK)x + x^{\mathrm{T}}(A-BK)^{\mathrm{T}}P_1 x - 2x^{\mathrm{T}}P_1 BV\tilde{\xi} \\ & + x^{\mathrm{T}}P_1 MM^{\mathrm{T}}P_1 x + 2x^{\mathrm{T}}\varGamma\varGamma^{\mathrm{T}}x + x^{\mathrm{T}}P_1 EE^{\mathrm{T}}P_1 x + x^{\mathrm{T}}F^{\mathrm{T}}P_1 Fx \\ & + \tilde{\xi}^{\mathrm{T}}P_2(G+LB)\tilde{\xi} + \tilde{\xi}^{\mathrm{T}}(G+LB)^{\mathrm{T}}P_2 \tilde{\xi} \\ & + \tilde{\xi}^{\mathrm{T}}P_2 LEE^{\mathrm{T}}L^{\mathrm{T}}P_2 \tilde{\xi} + \tilde{\xi}^{\mathrm{T}}P_2 HH^{\mathrm{T}}P_2 \tilde{\xi} + 2\omega_x^{\mathrm{T}}\omega_x + \omega_\xi^{\mathrm{T}}\omega_\xi + 2\varsigma^2 \end{aligned} \quad (6\text{-}14)$$

则式(6-14)可改写为

$$\mathcal{L}V(\bar{x}(t)) \leqslant \zeta^{\mathrm{T}}\varPi\zeta + \varepsilon \qquad (6\text{-}15)$$

式中,

$$\varPi = \begin{bmatrix} \varPi_{11} & -P_1 BV \\ * & \varPi_{22} \end{bmatrix}$$

$$\begin{cases} \varPi_{11} = P_1(A-BK) + (A-BK)^{\mathrm{T}}P_{11} + P_1 MM^{\mathrm{T}}P_1 \\ \qquad + 2\varGamma\varGamma^{\mathrm{T}} + P_1 EE^{\mathrm{T}}P_1 + F^{\mathrm{T}}P_1 F \\ \varPi_{22} = P_2(G+LB) + (G+LB)^{\mathrm{T}}P_2 + P_2 LEE^{\mathrm{T}}L^{\mathrm{T}}P_2 + P_2 HH^{\mathrm{T}}P_2 \\ \varepsilon = 2\omega_x^{\mathrm{T}}\omega_x + \omega_\xi^{\mathrm{T}}\omega_\xi + 2\varsigma^2 \end{cases} \qquad (6\text{-}16)$$

当 $\varPi < 0$ 时, 定义:

$$\lambda = \lambda_{\min}(-\varPi)/\lambda_{\max}(P) \qquad (6\text{-}17)$$

则有

$$\mathcal{L}V(\zeta(t)) \leqslant -\lambda V(\zeta(t)) + \varepsilon \qquad (6\text{-}18)$$

根据定理 2.1 可知, 系统的状态有界。

下面给出增益矩阵的求解过程。

定义 $Q = P_1^{-1}$, 对矩阵 $\varPi$ 进行合同变换, 可得

$$\varPi = \begin{bmatrix} \varPi_{11} & -BV \\ * & \varPi_{22} \end{bmatrix} < 0$$

$$\begin{cases} \varPi_{11} = QA^{\mathrm{T}} - QK^{\mathrm{T}}B^{\mathrm{T}} + AQ - BKQ + MM^{\mathrm{T}} + EE^{\mathrm{T}} \\ \qquad + 2Q\varGamma\varGamma^{\mathrm{T}}Q + QF^{\mathrm{T}}Q^{-1}FQ \\ \varPi_{22} = P_2(G+LB) + (G+LB)^{\mathrm{T}}P_2 + P_2 LEE^{\mathrm{T}}L^{\mathrm{T}}P_2 + P_2 HH^{\mathrm{T}}P_2 \end{cases} \qquad (6\text{-}19)$$

定义 $R = KQ$, $S = LP_2$, 则式(6-19)可改写为

$$\varPi = \begin{bmatrix} \varPi_{11} & -BV \\ * & \varPi_{22} \end{bmatrix} < 0$$

$$\begin{cases} \Pi_{11} = QA^T - R^T B^T + AQ - BR + MM^T + EE^T \\ \qquad + 2Q\Gamma\Gamma^T Q + QF^T Q^{-1} FQ \\ \Pi_{22} = P_2 G + SB + G^T P_2 + B^T S^T + SEE^T S^T + P_2 HH^T P_2 \end{cases} \quad (6\text{-}20)$$

对式(6-20)使用舒尔补定理，可得到式(6-7)。定理 6.1 得证。

6.1.3 仿真验证

1. 仿真环境

在 Windows11 操作系统中，基于 MATLAB 2021a 仿真环境实现本节仿真实验，计算机配置：CPU 为 Intel Core i7-1065G7, 20GB 内存。

2. 仿真参数

系统矩阵：

$$A = \begin{bmatrix} 2 & 1 \\ 0 & 1 \end{bmatrix}, B = \begin{bmatrix} 1 & 0 \\ 0 & 2 \end{bmatrix}, M = \begin{bmatrix} 0.2 & 0 \\ 0 & 0.1 \end{bmatrix}, E = \begin{bmatrix} 0.1 \\ 0 \end{bmatrix}, F = \begin{bmatrix} 0.01 & 0 \\ 0 & 0.01 \end{bmatrix}$$

假设系统受到的外界干扰：$\omega_x = 0.03\cos(x_1 + x_2)$。

非线性函数：$f = \begin{bmatrix} 0.1\sqrt{|x_1|}\sin(0.2t) \\ 0.1\sqrt{|x_2|}\cos(0.2t) \end{bmatrix}$。

外源系统生成的干扰相关系数矩阵设置为

$$V = \begin{bmatrix} 2 & 1 \end{bmatrix}, G = \begin{bmatrix} 0 & 0.5 \\ -0.5 & 0 \end{bmatrix}, H = \begin{bmatrix} 0.1 \\ 0.01 \end{bmatrix}, \omega_\xi = 0.02/(2+5t)$$

初始值：$x = \begin{bmatrix} 1 & 1 \end{bmatrix}^T$, $\xi = \begin{bmatrix} 0.1 & -0.1 \end{bmatrix}^T$, $v = \begin{bmatrix} -0.5 & -0.2 \end{bmatrix}^T$。

非利普希茨条件中矩阵：$\Gamma = \begin{bmatrix} 0.1 & 0 \\ 0 & 0.2 \end{bmatrix}$, $\varsigma = 0.3$。

求解 LMI，可以得到：

$$K = \begin{bmatrix} 2.4326 & 0.5833 \\ 0.0827 & 1.7710 \end{bmatrix}, L_1 = \begin{bmatrix} -0.5072 & 0.0051 \\ 0.0001 & -0.2502 \end{bmatrix}$$

3. 仿真结果

仿真结果显示在图 6-1～图 6-4 中，图 6-1 展示了受外源系统干扰影响的随机非线性系统状态响应曲线，易知所设计的控制算法在多源扰动和非线性函数特性的影响下，有效地保证了系统状态有界；图 6-2 给出了受外源系统干扰影响的

随机非线性系统控制输入曲线；图 6-3 给出了受外源系统干扰影响的随机非线性

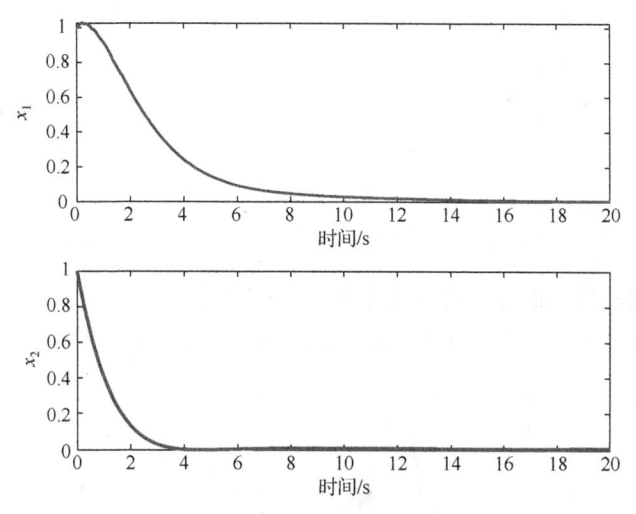

图 6-1 受外源系统干扰影响的随机非线性系统状态响应曲线

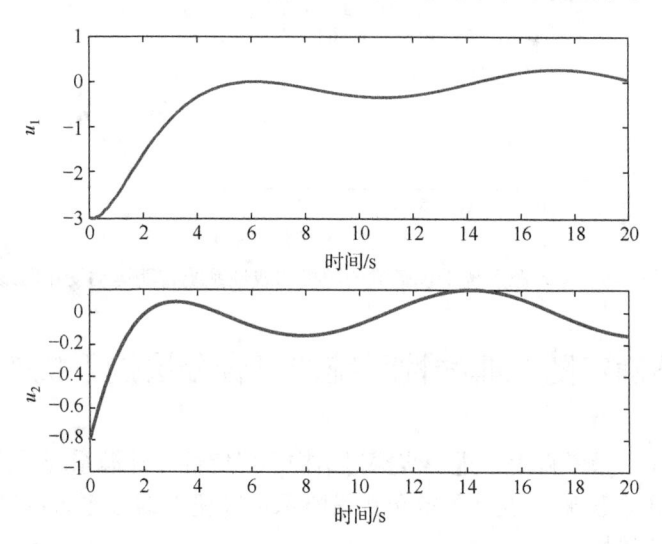

图 6-2 受外源系统干扰影响的随机非线性系统控制输入曲线

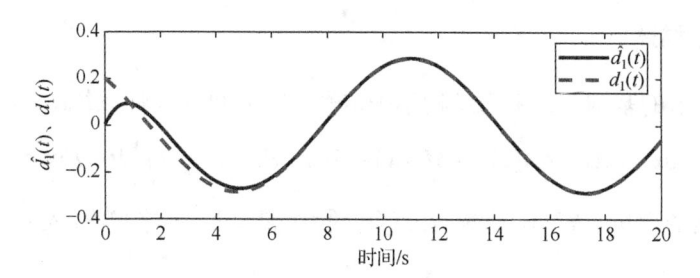

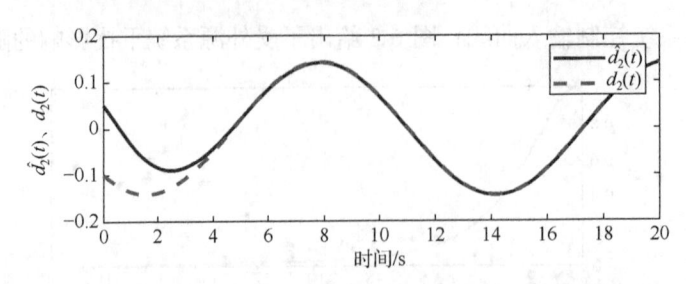

图6-3 受外源系统干扰影响的随机非线性系统干扰观测器变化曲线

系统干扰观测器变化曲线,可以证实其准确估计和补偿系统输入通道内干扰的能力;图6-4给出了受外源系统干扰影响的随机非线性系统布朗运动变化曲线。

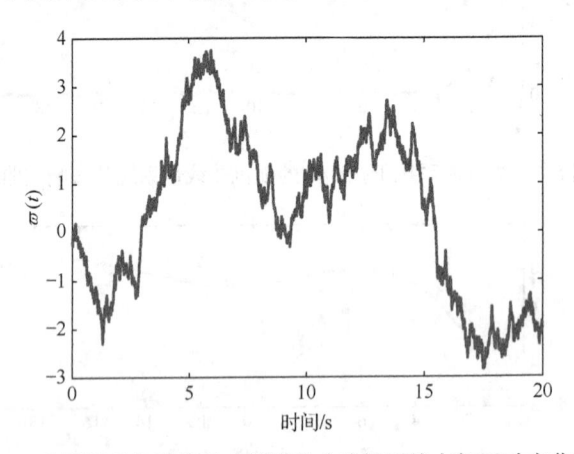

图6-4 受外源系统干扰影响的随机非线性系统布朗运动变化曲线

6.2 不确定随机非线性系统的复合分层抗干扰控制方法

本节在6.1节基础上,进一步探讨结构不确定性、外源系统干扰和非线性特性等的综合不利影响,设计了抗干扰策略保证随机非线性系统的动态与稳定性能,并提高鲁棒性。

6.2.1 问题描述

在6.1节的基础上,考虑结构不确定性,将随机非线性系统(6-1)改写为

$$dx = \left[Ax + \Delta A(t)x + Mf(x) + B(u+d) + E\omega_x(t) \right]dt + Fd\varpi \quad (6-21)$$

式中,$x \in R^n$和$u \in R^m$分别表示系统的状态变量和控制输入;$A \in R^{n \times n}$,

$B \in R^{n \times m}$，$M \in R^{n \times n}$，$E \in R^{n \times p_1}$，$F \in R^{n \times n}$ 表示系统矩阵；$f(x) \in R^n$ 表示非线性函数向量，满足假设 4.1；ϖ 表示定义在完全概率空间上的标准布朗运动；$\omega_x(t) \in R^{p_1} \in l_2[0,+\infty)$，$d \in R^m$ 表示干扰，满足假设 6.1；$\Delta A(t) \in R^{n \times n}$ 表示系统结构的不确定性，满足假设 3.3。

本节的控制目标：在满足假设 3.3、假设 4.1 和假设 6.1 的前提下，设计控制律 u，在综合扰动 ω_x 的影响下，确保非利普希茨随机非线性系统(6-21)的状态在一定时间后稳定。

6.2.2 控制器的设计与稳定性分析

基于 6.1 节的讨论，本节深入研究外源系统产生的部分信息已知的干扰、随机扰动、非利普希茨非线性函数和结构不确定性的综合影响。通过结合干扰观测器和反馈控制来设计控制算法，利用李雅普诺夫理论证明了控制器作用下的随机非线性系统的状态有界性，并通过数值仿真验证了算法的有效性。

干扰观测器设计为

$$\begin{cases} \hat{d} = V\hat{\xi} \\ \hat{\xi} = v - Lx \\ dv = \left[(G+LBV)\hat{\xi} + L(Ax + Bu + Mf(x))\right]dt + LFxd\varpi \end{cases} \quad (6-22)$$

式中，$v \in R^m$ 表示非线性干扰观测器的状态；$L \in R^{m \times n}$ 表示待设计的增益矩阵。定义 $\tilde{\xi} = \hat{\xi} - \xi$ 为干扰观测误差，根据假设 6.1，干扰观测器的误差动态方程可表示为

$$\begin{aligned} d\tilde{\xi} &= d\hat{\xi} - d\xi = dv - Ldx - d\xi \\ &= \left[(G+LBV)\tilde{\xi} - L\Delta Ax - LE\omega_x - H\omega_\xi\right]dt \end{aligned} \quad (6-23)$$

基于干扰观测器的估计输出，设计自适应状态反馈控制律如下：

$$u = -Kx(t) - \hat{d}(t) \quad (6-24)$$

式中，K 表示待设计的控制增益矩阵。

于是可得到如下形式的闭环系统：

$$\begin{cases} dx = \left[(A-BK)x + \Delta Ax + Mf(x) - BV\tilde{\xi} + E\omega_x\right]dt + Fxd\varpi \\ d\tilde{\xi} = \left[(G+LBV)\tilde{\xi} - L\Delta Ax - LE\omega_x - H\omega_\xi\right]dt \end{cases} \quad (6-25)$$

定理 6.2 考虑随机非线性系统(6-21)，在满足假设 3.3、假设 4.1 和假设 6.1 的前提下，若存在对称正定矩阵 P_1、P_2，有 $Q = P_1^{-1}$，$R = KQ$，$S = LP_2$，使得控制参数满足：

$$\hat{\Pi} = \begin{bmatrix} \hat{\Pi}_{11} & -BV & \sqrt{2}QN^{\mathrm{T}} & \sqrt{2}Q\Gamma^{\mathrm{T}} & QF^{\mathrm{T}} & O & O & O \\ * & \hat{\Pi}_{22} & O & O & O & SE & SE & P_2H \\ * & * & -I & O & O & O & O & O \\ * & * & * & -I & O & O & O & O \\ * & * & * & * & -Q & O & O & O \\ * & * & * & * & * & -I & O & O \\ * & * & * & * & * & * & -I & O \\ * & * & * & * & * & * & * & -I \end{bmatrix} < 0 \quad (6\text{-}26)$$

$$\begin{cases} \hat{\Pi}_{11} = QA^{\mathrm{T}} - R^{\mathrm{T}}B^{\mathrm{T}} + AQ - BR + EE^{\mathrm{T}} + MM^{\mathrm{T}} + WW^{\mathrm{T}} \\ \hat{\Pi}_{22} = P_2G + SB + G^{\mathrm{T}}P_2 + B^{\mathrm{T}}S^{\mathrm{T}} \end{cases}$$

则通过 LMI 求解线性矩阵不等式(6-26)得到增益矩阵 $K = RQ^{-1}$，$L = SP_2^{-1}$，并按照式(6-24)设计控制律，能够保证系统的状态有界。

证明：定义 $\zeta = \begin{bmatrix} x^{\mathrm{T}} & \tilde{d}^{\mathrm{T}} \end{bmatrix}^{\mathrm{T}}$，选择如下形式的李雅普诺夫函数：

$$V = \zeta^{\mathrm{T}} P \zeta \quad (6\text{-}27)$$

式中，$P = \mathrm{diag}\{P_1, P_2\}$，$P_1$、$P_2$ 均表示对称正定矩阵。

由定义 2.2 可得李雅普诺夫函数的无穷算子为

$$\begin{aligned} \mathcal{L}V(\overline{x}(t)) = & \, x^{\mathrm{T}} P_1 (A - BK) x + x^{\mathrm{T}} (A - BK)^{\mathrm{T}} P_1 x + 2x^{\mathrm{T}} P_1 \Delta A x \\ & - 2x^{\mathrm{T}} P_1 BV \tilde{\xi} + 2x^{\mathrm{T}} P_1 Mf(x) + 2x^{\mathrm{T}} P_1 E\omega_x + x^{\mathrm{T}} F^{\mathrm{T}} P_1 F x \\ & + \tilde{\xi}^{\mathrm{T}} P_2 (G + LBV) \tilde{\xi} + \tilde{\xi}^{\mathrm{T}} (G + LBV)^{\mathrm{T}} P_2 \tilde{\xi} - 2\tilde{\xi}^{\mathrm{T}} P_2 L \Delta A x \\ & - 2\tilde{\xi}^{\mathrm{T}} P_2 LE\omega_x - 2\tilde{\xi}^{\mathrm{T}} P_2 H\omega_\xi \end{aligned} \quad (6\text{-}28)$$

由 $2ab \leq a^2 + b^2$ 可得

$$\begin{cases} 2x^{\mathrm{T}} P_1 E\omega_x \leq x^{\mathrm{T}} P_1 EE^{\mathrm{T}} P_1 x + \omega_x^{\mathrm{T}} \omega_x \\ -2\tilde{\xi}^{\mathrm{T}} P_2 LE\omega_x \leq \tilde{\xi}^{\mathrm{T}} P_2 LEE^{\mathrm{T}} L^{\mathrm{T}} P_2 \tilde{\xi} + \omega_x^{\mathrm{T}} \omega_x \\ -2\tilde{\xi}^{\mathrm{T}} P_2 H\omega_\xi \leq \tilde{\xi}^{\mathrm{T}} P_2 HH^{\mathrm{T}} P_2 \tilde{\xi} + \omega_\xi^{\mathrm{T}} \omega_\xi \end{cases} \quad (6\text{-}29)$$

由假设 3.3 可得

$$\begin{cases} 2x^{\mathrm{T}}P_1\Delta A(t)x = 2x^{\mathrm{T}}P_1W\Lambda(t)Nx \\ \qquad \leqslant x^{\mathrm{T}}P_1W\Lambda(t)\Lambda^{\mathrm{T}}(t)W^{\mathrm{T}}P_1x + x^{\mathrm{T}}NN^{\mathrm{T}}x \\ \qquad \leqslant x^{\mathrm{T}}P_1WW^{\mathrm{T}}P_1x + x^{\mathrm{T}}NN^{\mathrm{T}}x \\ 2\tilde{\xi}^{\mathrm{T}}P_2L\Delta A(t)x = 2\tilde{\xi}^{\mathrm{T}}P_2LW\Lambda(t)Nx \\ \qquad \leqslant \tilde{\xi}^{\mathrm{T}}P_2W\Lambda(t)\Lambda^{\mathrm{T}}(t)W^{\mathrm{T}}P_2\tilde{\xi} + x^{\mathrm{T}}NN^{\mathrm{T}}x \\ \qquad \leqslant \tilde{\xi}^{\mathrm{T}}P_2LWW^{\mathrm{T}}L^{\mathrm{T}}P_2\tilde{\xi} + x^{\mathrm{T}}NN^{\mathrm{T}}x \end{cases} \quad (6\text{-}30)$$

将式(6-29)、式(6-30)代入式(6-28)可得

$$\begin{aligned} \mathcal{L}V(\bar{x}(t)) &\leqslant x^{\mathrm{T}}P_1(A-BK)x + x^{\mathrm{T}}(A-BK)^{\mathrm{T}}P_1x - 2x^{\mathrm{T}}P_1BV\tilde{\xi} \\ &\quad + 2x^{\mathrm{T}}P_1Mf(x) + x^{\mathrm{T}}P_1EE^{\mathrm{T}}P_1x + x^{\mathrm{T}}P_1WW^{\mathrm{T}}P_1x + 2x^{\mathrm{T}}N^{\mathrm{T}}Nx \\ &\quad + x^{\mathrm{T}}F^{\mathrm{T}}P_1Fx + \tilde{\xi}^{\mathrm{T}}P_2(G+LB)\tilde{\xi} + \tilde{\xi}^{\mathrm{T}}(G+LB)^{\mathrm{T}}P_2\tilde{\xi} \\ &\quad + \tilde{\xi}^{\mathrm{T}}P_2LEE^{\mathrm{T}}L^{\mathrm{T}}P_2\tilde{\xi} + \tilde{\xi}^{\mathrm{T}}P_2LWW^{\mathrm{T}}L^{\mathrm{T}}P_2\tilde{\xi} + \tilde{\xi}^{\mathrm{T}}P_2HH^{\mathrm{T}}P_2\tilde{\xi} \\ &\quad + 2\omega_x^{\mathrm{T}}\omega_x + \omega_\xi^{\mathrm{T}}\omega_\xi \end{aligned} \quad (6\text{-}31)$$

由假设 4.1 可知:

$$f^{\mathrm{T}}(x(t),t)f(x(t),t) \leqslant 2x^{\mathrm{T}}(t)\varGamma^{\mathrm{T}}\varGamma x(t) + 2\varsigma^2 \quad (6\text{-}32)$$

于是有

$$\begin{aligned} 2x^{\mathrm{T}}P_1Mf(x) &\leqslant x^{\mathrm{T}}P_1MM^{\mathrm{T}}P_1x + f^{\mathrm{T}}(x)f(x) \\ &\leqslant x^{\mathrm{T}}P_1MM^{\mathrm{T}}P_1x + 2x^{\mathrm{T}}\varGamma^{\mathrm{T}}\varGamma x + 2\varsigma^2 \end{aligned} \quad (6\text{-}33)$$

将式(6-33)代入式(6-31)可得

$$\begin{aligned} \mathcal{L}V(\bar{x}(t)) &\leqslant x^{\mathrm{T}}P_1(A-BK)x + x^{\mathrm{T}}(A-BK)^{\mathrm{T}}P_1x - 2x^{\mathrm{T}}P_1BV\tilde{\xi} \\ &\quad + x^{\mathrm{T}}P_1MM^{\mathrm{T}}P_1x + 2x^{\mathrm{T}}\varGamma\varGamma^{\mathrm{T}}x + x^{\mathrm{T}}P_1EE^{\mathrm{T}}P_1x \\ &\quad + x^{\mathrm{T}}P_1WW^{\mathrm{T}}P_1x + 2x^{\mathrm{T}}N^{\mathrm{T}}Nx + x^{\mathrm{T}}F^{\mathrm{T}}P_1Fx \\ &\quad + \tilde{\xi}^{\mathrm{T}}P_2(G+LB)\tilde{\xi} + \tilde{\xi}^{\mathrm{T}}(G+LB)^{\mathrm{T}}P_2\tilde{\xi} \\ &\quad + \tilde{\xi}^{\mathrm{T}}P_2LEE^{\mathrm{T}}L^{\mathrm{T}}P_2\tilde{\xi} + \tilde{\xi}^{\mathrm{T}}P_2LWW^{\mathrm{T}}L^{\mathrm{T}}P_2\tilde{\xi} \\ &\quad + \tilde{\xi}^{\mathrm{T}}P_2HH^{\mathrm{T}}P_2\tilde{\xi} + 2\omega_x^{\mathrm{T}}\omega_x + \omega_\xi^{\mathrm{T}}\omega_\xi + 2\varsigma^2 \end{aligned} \quad (6\text{-}34)$$

则式(6-34)可改写为

$$\mathcal{L}V(\bar{x}(t)) \leqslant \zeta^{\mathrm{T}}\varPi\zeta + \varepsilon \quad (6\text{-}35)$$

式中,

$$\Pi = \begin{bmatrix} \Pi_{11} & -P_1BV \\ * & \Pi_{22} \end{bmatrix}$$

$$\begin{cases} \Pi_{11} = P_1(A-BK) + (A-BK)^T P_1 + P_1 MM^T P + P_1 EE^T P_1 \\ \qquad + 2\Gamma\Gamma^T + P_1 WW^T P_1 + 2N^T N + F^T P_1 F \\ \Pi_{22} = P_2(G+LB) + (G+LB)^T P_2 + P_2 LEE^T L^T P_2 \\ \qquad + P_2 LWW^T L^T P_2 + P_2 HH^T P_2 \\ \varepsilon = 2\omega_x^T \omega_x + \omega_\xi^T \omega_\xi + 2\varsigma^2 \end{cases} \tag{6-36}$$

当 $\Pi < 0$ 时, 定义:

$$\lambda = \lambda_{\min}(-\Pi)/\lambda_{\max}(P) \tag{6-37}$$

则有

$$\mathcal{L}V(\bar{x}(t)) \leqslant -\lambda V(\bar{x}(t)) + \varepsilon \tag{6-38}$$

根据定理 2.1 可知, 系统的状态有界。

下面给出增益矩阵的求解过程。

定义 $Q = P_1^{-1}$, 对矩阵 Π 进行合同变换, 可得

$$\Pi = \begin{bmatrix} \Pi_{11} & -BV \\ * & \Pi_{22} \end{bmatrix} < 0$$

$$\begin{cases} \Pi_{11} = QA^T - QK^T B^T + AQ - BKQ + EE^T + MM^T \\ \qquad + WW^T + 2QN^T NQ + QF^T Q^{-1} FQ + 2Q\Gamma^T \Gamma Q \\ \Pi_{22} = P_2(G+LB) + (G+LB)^T P_2 + P_2 LEE^T L^T P_2 \\ \qquad + P_2 LWW^T L^T P_2 + P_2 HH^T P_2 \end{cases} \tag{6-39}$$

定义 $R = KQ$, $S = LP_2$, 则式(6-39)可改写为

$$\Pi = \begin{bmatrix} \Pi_{11} & -BV \\ * & \Pi_{22} \end{bmatrix} < 0$$

$$\begin{cases} \Pi_{11} = QA^T - R^T B^T + AQ - BR + EE^T + MM^T \\ \qquad + WW^T + 2QN^T NQ + QF^T Q^{-1} FQ + 2Q\Gamma^T \Gamma Q \\ \Pi_{22} = P_2 G + SB + G^T P_2 + B^T S^T + SEE^T S^T \\ \qquad + SWW^T S^T + P_2 HH^T P_2 \end{cases} \tag{6-40}$$

对式(6-40)使用舒尔补定理, 可得到式(6-26)。定理 6.2 得证。

6.2.3 仿真验证

1. 仿真环境

在 Windows11 操作系统中,基于 MATLAB 2021a 仿真环境实现本节仿真实验,计算机配置:CPU 为 Intel Core i7-1065G7,20GB 内存。

2. 仿真参数

系统矩阵:

$$A = \begin{bmatrix} 2 & 1 \\ 0 & 1 \end{bmatrix}, B = \begin{bmatrix} 1 & 0 \\ 0 & 2 \end{bmatrix}, M = \begin{bmatrix} 0.2 & 0 \\ 0 & 0.1 \end{bmatrix}, E = \begin{bmatrix} 0.1 \\ 0 \end{bmatrix}, F = \begin{bmatrix} 0.01 & 0 \\ 0 & 0.01 \end{bmatrix}$$

假设系统受到的外界干扰:$\omega_x = 0.03\cos(x_1 + x_2)$。

非线性函数:$f = \begin{bmatrix} 0.1\sqrt{|x_1|}\sin(0.2t) \\ 0.1\sqrt{|x_2|}\cos(0.2t) \end{bmatrix}$。

结构参数不确定性:$\Delta A = \begin{bmatrix} 0.03\sin(t-2) & 0 \\ 0 & 0.02\sin(t-1) \end{bmatrix}$。

外源系统生成的干扰相关系数矩阵设置为

$$V = \begin{bmatrix} 2 & 1 \end{bmatrix}, G = \begin{bmatrix} 0 & 0.5 \\ -0.5 & 0 \end{bmatrix}, H = \begin{bmatrix} 0.1 \\ 0.01 \end{bmatrix}, \omega_\xi = 0.02/(2+5t)$$

初始值:$x = \begin{bmatrix} 1 & 1 \end{bmatrix}^T$,$\xi = \begin{bmatrix} 0.1 & -0.1 \end{bmatrix}^T$,$v = \begin{bmatrix} -0.5 & -0.2 \end{bmatrix}^T$。

非利普希茨条件中矩阵:$\Gamma = \begin{bmatrix} 0.1 & 0 \\ 0 & 0.2 \end{bmatrix}$,$\varsigma = 0.3$。

求解 LMI,可以得到:

$$K = \begin{bmatrix} 2.5395 & 0.4734 \\ 0.0532 & 0.7624 \end{bmatrix}, L_1 = \begin{bmatrix} -0.4796 & 0.0132 \\ 0.0057 & -0.2536 \end{bmatrix}$$

3. 仿真结果

仿真结果显示在图 6-5～图 6-8 中,图 6-5 给出了受外源系统干扰影响的随机不确定非线性系统状态响应曲线,分析可知,所设计的控制算法能够在多源扰动、结构参数不确定性和非线性函数特性的综合影响下,有效保证系统状态的有界性;图 6-6 给出了受外源系统干扰影响的随机不确定非线性系统控制输入曲线;图 6-7 给出了受外源系统干扰影响的随机不确定非线性系统干扰观测器变化曲线,可以看出,所设计的干扰观测器能有效估计并补偿系统输入通道的干扰;

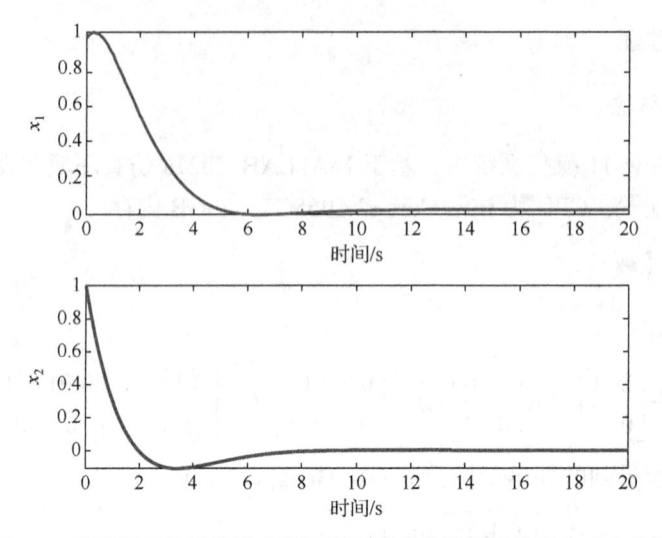

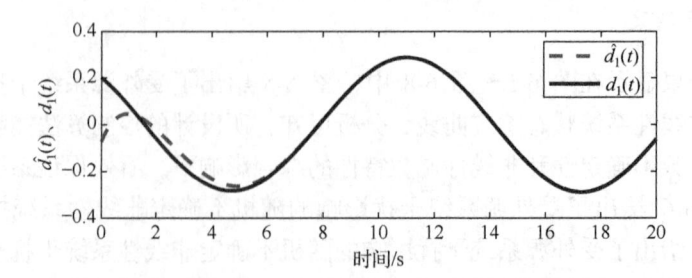

图 6-5 受外源系统干扰影响的随机不确定非线性系统状态响应曲线

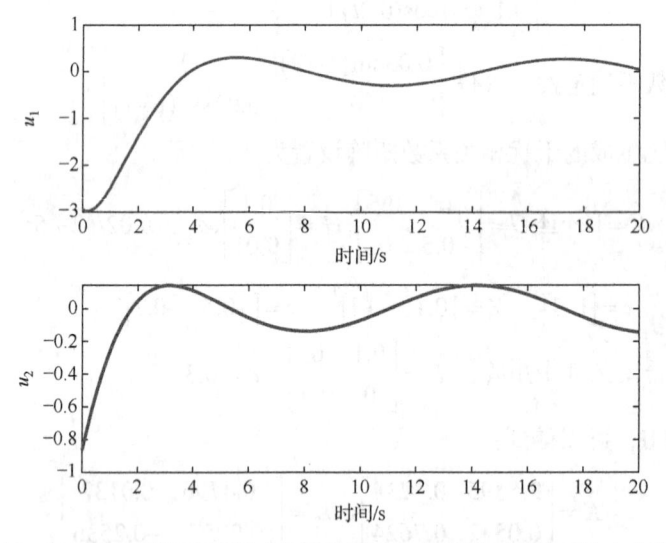

图 6-6 受外源系统干扰影响的随机不确定非线性系统控制输入曲线

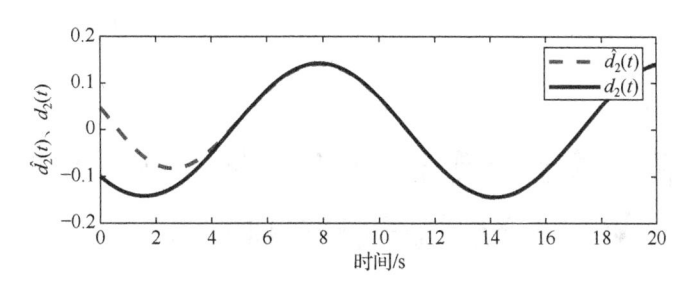

图 6-7 受外源系统干扰影响的随机不确定非线性系统干扰观测器变化曲线

图 6-8 给出了受外源系统干扰影响的随机不确定非线性系统布朗运动变化曲线。

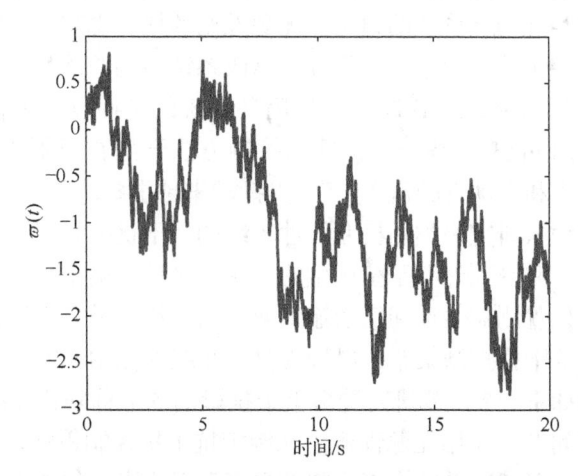

图 6-8 受外源系统干扰影响的随机不确定非线性系统布朗运动变化曲线

6.3 小　　结

本章讨论了一类受多源干扰影响的非利普希茨随机非线性系统中的干扰抑制和补偿问题。这些干扰可以分为三种类型：由外源系统产生的含有部分已知信息的干扰、范数有界的干扰和一系列随机变量。首先，构建了干扰观测器，基于该观测器，提出了一种复合控制策略，以确保随机非线性系统状态有界；其次，本章还探讨了多重干扰下结构不确定性对随机非线性系统稳定性能的影响；最后，设计了合适的控制算法，并通过仿真算例验证了算法的有效性。

第 7 章 基于无源性的随机非线性系统的复合分层抗干扰控制方法

无源控制的目的是利用无源性来研究非线性系统的稳定性分析和控制器设计问题。无源控制的本质是建立被控系统的无源性，通过设计控制器使闭环系统满足无源性条件并实现闭环系统的镇定。无源控制的核心思想和李雅普诺夫理论完全吻合，即设计控制器来镇定开环系统并修改系统的能源函数，并使最终的能源函数完全依赖于闭环系统并递减，这样闭环系统的平衡点的渐近稳定性就能够得到保证。近几十年来，基于无源性的控制方法开始在机器人[134]、四旋翼飞行器[135]、电网[136]和自动驾驶汽车[137]中发挥越来越重要的作用。在第 6 章奠定的基础上，本章深入研究一类随机非线性系统的抗干扰控制问题，这类系统具有非利普希茨特性，并受到外源系统产生的干扰等多种不确定性。为了应对这一挑战，首先开发干扰观测器估计和抵消输入通道的干扰。随后，设计一种利用非线性干扰观测器的抗干扰控制策略，以增强复合系统的控制性能。

本章的结构如下：7.1 节研究受多重干扰影响的标称随机非线性系统复合分层抗干扰的控制问题，应用无源性概念来制定抗干扰控制策略；7.2 节深入研究无源性控制算法，以解决受结构不确定性和多重干扰影响的随机非线性系统复合分层抗干扰的控制问题；7.3 节给出本章小结。

7.1 基于无源性的标称随机非线性系统的复合分层抗干扰控制方法

7.1.1 问题描述

回顾第 2 章给出的随机非线性系统(2-7)，对其进行特化得到：

$$dx = \left[Ax + Mf(x) + B(u+d) + E\omega_x(t) \right]dt + Fxd\varpi \tag{7-1}$$

式中，$x \in R^n$ 和 $u \in R^m$ 分别表示系统的状态变量和控制输入；$A \in R^{n \times n}$，$B \in R^{n \times m}$，$M \in R^{n \times n}$，$E \in R^{n \times p_1}$，$F \in R^{n \times n}$ 表示系统矩阵；$f(x) \in R^n$ 表示非线性函数向量，并满足假设 4.1；ϖ 表示定义在完全概率空间上的标准布朗运动；$\omega_x(t) \in R^{p_1} \in l_2[0, +\infty)$，$d \in R^m$ 表示干扰，满足假设 6.1。

本节的控制目标：在满足假设 4.1 和假设 6.1 的前提下，设计控制律 u，在综合扰动 ω_x 的影响下，确保非利普希茨随机非线性系统(7-1)是无源的。

7.1.2 控制器的设计与无源性分析

本节研究干扰对非利普希茨随机非线性系统的影响。利用无源控制的概念，基于干扰观测器制定了状态反馈控制律，随后进行系统的无源性分析。干扰观测器设计为

$$\begin{cases} \hat{d} = V\hat{\xi} \\ \hat{\xi} = v - Lx \\ \mathrm{d}v = \left[(G+LBV)\hat{\xi} + L(Ax+Bu+Mf(x)) \right]\mathrm{d}t + LFx\mathrm{d}\varpi \end{cases} \tag{7-2}$$

式中，$v \in R^{p_2}$ 表示非线性干扰观测器的状态；$L \in R^{p_2 \times n}$ 表示待设计的增益矩阵。$\tilde{\xi} = \hat{\xi} - \xi$ 表示干扰观测器误差，根据假设 6.1，干扰观测器的误差动态方程可表示为

$$\mathrm{d}\tilde{\xi} = \mathrm{d}\hat{\xi} - \mathrm{d}\xi = \mathrm{d}v - L\mathrm{d}x - \mathrm{d}\xi = \left[(G+LBV)\tilde{\xi} - LE\omega_x - H\omega_\xi \right]\mathrm{d}t \tag{7-3}$$

基于干扰观测器的估计值设计自适应状态反馈控制律如下：

$$u = -Kx(t) - \hat{d}(t) \tag{7-4}$$

式中，$K \in R^{m \times n}$ 表示待设计的控制增益矩阵。

于是可得到如下形式的闭环系统：

$$\begin{cases} \mathrm{d}x = \left[(A-BK)x + Mf(x) - BV\tilde{\xi} + E\omega_x \right]\mathrm{d}t + Fx\mathrm{d}\varpi \\ \mathrm{d}\tilde{\xi} = \left[(G+LBV)\tilde{\xi} - LE\omega_x - H\omega_\xi \right]\mathrm{d}t \end{cases} \tag{7-5}$$

定理 7.1 考虑随机非线性系统(7-1)，在满足假设 4.1 和假设 6.1 的前提下，若存在对称正定矩阵 P_1、P_2，有 $Q = P_1^{-1}$，$R = KQ$，$S = LP_2$，使得控制参数满足：

$$\hat{\Pi} = \begin{bmatrix} \hat{\Pi}_{11} & -BV & \Pi_{13} & 0 & QF^{\mathrm{T}} & Q\Gamma^{\mathrm{T}} & M \\ * & \Pi_{22} & \Pi_{23} & -C_2^{\mathrm{T}} & 0 & 0 & 0 \\ * & * & \Pi_{33} & 0 & 0 & 0 & 0 \\ * & * & * & \Pi_{44} & 0 & 0 & 0 \\ * & * & * & * & -Q & 0 & 0 \\ * & * & * & * & * & -\dfrac{1}{2}I & 0 \\ * & * & * & * & * & * & -I \end{bmatrix} < 0$$

$$\begin{cases} \hat{\Pi}_{11} = AQ - BR + QA^T - R^T B^T + \lambda Q \\ \Pi_{13} = \begin{bmatrix} E & 0_{n \times p_3} \end{bmatrix} - QC_1^T \\ \Pi_{22} = P_2 G + SBV + G^T P_2 + V^T B^T S^T + \lambda P_2 \\ \Pi_{23} = \begin{bmatrix} -SE & -P_2 H \end{bmatrix} \\ \Pi_{33} = -2D_1^T \\ \Pi_{44} = -2D_2^T \end{cases} \tag{7-6}$$

则通过 LMI 求解线性矩阵不等式(7-6)得到增益矩阵 $K = RQ^{-1}$，$L = SP_2^{-1}$，并按照式(7-4)设计控制律，能够保证系统是严格无源的。

证明：定义 $\bar{x} = \begin{bmatrix} x^T & \xi^T \end{bmatrix}^T$，选择如下形式的李雅普诺夫函数：

$$V = \bar{x}^T P \bar{x} \tag{7-7}$$

式中，$P = P^T = \mathrm{diag}\{P_1^{n \times n}, P_2^{p_2 \times p_2}\} > 0$，$P_1$、$P_2$ 均表示对称正定矩阵。

由定义 2.2 可得李雅普诺夫函数的无穷算子为

$$\begin{aligned} \mathcal{L}V(\bar{x}(t)) &= x^T P_1 (A - BK) x + x^T (A - BK)^T P_1 x - 2x^T P_1 BV\tilde{\xi} \\ &\quad + 2x^T P_1 M f(x) + 2x^T P_1 E \omega_x + x^T F^T P_1 F x \\ &\quad + \tilde{\xi}^T P_2 (G + LBV) \tilde{\xi} + \tilde{\xi}^T (G + LBV)^T P_2 \tilde{\xi} \\ &\quad - 2\tilde{\xi}^T P_2 LE \omega_x - 2\tilde{\xi}^T P_2 H \omega_\xi \end{aligned} \tag{7-8}$$

根据 $2x^T y \leq \|x\|^2 + \|y\|^2$ 和假设 4.1 可得

$$\begin{aligned} 2x^T P_1 M f(x) &\leq x^T P_1 M M^T P_1 x + f^T f \\ &\leq x^T P_1 M M^T P_1 x + 2x^T \Gamma^T \Gamma x + 2\varsigma^2 \end{aligned} \tag{7-9}$$

将式(7-9)代入式(7-8)可得

$$\begin{aligned} \mathcal{L}V(\bar{x}(t)) &\leq x^T P_1 (A - BK) x + x^T (A - BK)^T P_1 x \\ &\quad + x^T P_1 M M^T P_1 x + x^T F^T P_1 F x - 2x^T P_1 BV\tilde{\xi} + 2x^T P_1 E \omega_x \\ &\quad + \tilde{\xi}^T P_2 (G + LBV) \tilde{\xi} + \tilde{\xi}^T (G + LBV)^T P_2 \tilde{\xi} \\ &\quad - 2\tilde{\xi}^T P_2 LE \omega_x - 2\tilde{\xi}^T P_2 H \omega_\xi + 2x^T \Gamma^T \Gamma x + 2\varsigma^2 \end{aligned} \tag{7-10}$$

定义 $\omega(t) = \begin{bmatrix} \omega_x^T(t) & \omega_\xi^T(t) \end{bmatrix}^T$，$\bar{\omega} = \begin{bmatrix} \omega^T(t) & \varsigma \end{bmatrix}^T$，参考信号 $z(t) \in R^q$：

$$z(t) = C \bar{x}(t) + D \bar{\omega} \tag{7-11}$$

式中，
$$C = \begin{bmatrix} C_1 & 0 \\ 0 & C_2 \end{bmatrix}, D = \begin{bmatrix} D_1 & 0 \\ 0 & D_2 \end{bmatrix} \tag{7-12}$$

式中，

$C_1 \in R^{(p_1+p_3) \times n}, C_2 \in R^{1 \times p_2}, D_1 \in R^{(p_1+p_3) \times (p_1+p_3)}, D_2 \in R^{1 \times 1}, p_1 + p_3 + 1 = q$ (7-13)

定义如式(7-14)所示的新函数：

$$J(t) = \mathcal{L}V - 2z^{\mathrm{T}} \bar{\omega} + \lambda V \tag{7-14}$$

定义 $\bar{\zeta}(t) = \begin{bmatrix} x^{\mathrm{T}}(t) & \tilde{\xi}^{\mathrm{T}}(t) & \omega^{\mathrm{T}}(t) & \varsigma \end{bmatrix}^{\mathrm{T}}$，则：

$$J(t) \leqslant \bar{\zeta}^{\mathrm{T}}(t) \Pi \bar{\zeta}(t) \tag{7-15}$$

式中，

$$\Pi = \begin{bmatrix} \Pi_{11} & -P_1 BV & \Pi_{13} & 0 \\ * & \Pi_{22} & \Pi_{23} & -C_2^{\mathrm{T}} \\ * & * & \Pi_{33} & 0 \\ * & * & * & \Pi_{44} \end{bmatrix}$$

$$\begin{cases} \Pi_{11} = P_1(A-BK) + (A-BK)^{\mathrm{T}} P_1 + F^{\mathrm{T}} P_1 F + P_1 MM^{\mathrm{T}} P_1 + 2\Gamma^{\mathrm{T}} \Gamma + \lambda P_1 \\ \Pi_{13} = \begin{bmatrix} P_1 E & 0_{n \times p_3} \end{bmatrix} - C_1^{\mathrm{T}} \\ \Pi_{22} = P_2(G+LBV) + (G+LBV)^{\mathrm{T}} P_2 + \lambda P_2 \\ \Pi_{23} = \begin{bmatrix} -P_2 LE & -P_2 H \end{bmatrix} \\ \Pi_{33} = -2D_1^{\mathrm{T}} \\ \Pi_{44} = -2D_2^{\mathrm{T}} \end{cases} \tag{7-16}$$

定义 $Q = P_1^{-1}$，利用合同变换，左右各乘 $\mathrm{diag}\{Q, I, I, I\}$。定义 $R = KQ$，$S = P_2 L$，则式(7-16)可等价为

$$\Pi = \begin{bmatrix} \Pi_{11} & -BV & \Pi_{13} & 0 \\ * & \Pi_{22} & \Pi_{23} & -C_2^{\mathrm{T}} \\ * & * & \Pi_{33} & 0 \\ * & * & * & \Pi_{44} \end{bmatrix}$$

$$\begin{cases} \Pi_{11} = AQ - BR + QA^{\mathrm{T}} - R^{\mathrm{T}}B^{\mathrm{T}} + QF^{\mathrm{T}}Q^{-1}FQ \\ \qquad + 2Q\Gamma^{\mathrm{T}}\Gamma Q + MM^{\mathrm{T}} + \lambda Q \\ \Pi_{13} = \begin{bmatrix} E & 0_{n \times p_3} \end{bmatrix} - QC_1^{\mathrm{T}} \\ \Pi_{22} = P_2 G + SBV + G^{\mathrm{T}}P_2 + V^{\mathrm{T}}B^{\mathrm{T}}S^{\mathrm{T}} + \lambda P_2 \\ \Pi_{23} = \begin{bmatrix} -SE & -P_2 H \end{bmatrix} \\ \Pi_{33} = -2D_1^{\mathrm{T}} \\ \Pi_{44} = -2D_2^{\mathrm{T}} \end{cases} \quad (7\text{-}17)$$

当 $\Pi < 0$，根据式(7-15)可得

$$J(t) \leqslant 0 \quad (7\text{-}18)$$

根据定义 2.6，可知当 $\lambda = 0$ 时，该系统是无源的；当 $\lambda > 0$ 时，该系统是严格无源的。

使用舒尔补引理，可得式(7-17)中的 $\Pi < 0$ 等价于式(7-6)。定理 7.1 得证。

7.1.3 仿真验证

1. 仿真环境

在 Windows11 操作系统中，基于 MATLAB 2021a 仿真环境实现本节仿真实验，计算机配置：CPU 为 Intel Core i7-1065G7，20GB 内存。

2. 仿真参数

系统初始状态设置为

$$x(0) = [0.5 \quad 0.5]^{\mathrm{T}}, v(0) = [-1 \quad -0.1]^{\mathrm{T}}, \xi(0) = [0.1 \quad -0.1]^{\mathrm{T}}$$

系统的相关系数设定如下：

$$A = \begin{bmatrix} -2 & 1.2 \\ 0 & 1 \end{bmatrix}, B = \begin{bmatrix} -1 \\ 3 \end{bmatrix}, E = \begin{bmatrix} 0.01 \\ 0 \end{bmatrix}, M = \begin{bmatrix} 0.2 & 0 \\ 0 & 0.1 \end{bmatrix},$$

$$F = \begin{bmatrix} 1 & 0 \\ 0 & 0.2 \end{bmatrix}, f = \begin{bmatrix} 0.1x_1 \sin(0.02t) \\ 0.1x_2 \cos(0.02t) \end{bmatrix}$$

非利普希茨条件中矩阵设置为

$$\Gamma = \begin{bmatrix} 0.2 & 0 \\ 0 & 0.15 \end{bmatrix}$$

参考信号相关矩阵设置为

$$C_1 = \begin{bmatrix} 1 & 0 \\ 0 & 1 \end{bmatrix}, C_2 = [0.1, 0], D_1 = \begin{bmatrix} 0.1 & 0 \\ 0 & 0.1 \end{bmatrix}, D_2 = 0.1$$

系统干扰设置：$\omega_x = 0.03\cos(x_1 + x_2)$，$\omega_\xi = 0.02/(2+5t)$。

干扰观测器相关系数矩阵设置为

$$V = \begin{bmatrix} 2 & 1 \end{bmatrix}, G = \begin{bmatrix} 0 & 0.5 \\ -0.5 & 0 \end{bmatrix}, H = \begin{bmatrix} 0.1 \\ 0.01 \end{bmatrix}$$

选择 $\lambda = 0.3$，$\varsigma = 0.1$，时间步长：$dt = 0.01\text{s}$，仿真时间：$T = 20\text{s}$。通过线性矩阵不等式求解得到增益矩阵为

$$K = \begin{bmatrix} 1.1803 & 3.8974 \end{bmatrix}, L = \begin{bmatrix} 0.0596 & -0.6824 \\ -0.4211 & -1.2425 \end{bmatrix}$$

3. 仿真结果

仿真结果展示在图 7-1～图 7-5 中，图 7-1 给出了无源控制思想下的随机非线性系统状态响应曲线，易观测得到，所设计的控制算法在多源扰动和非线性函数特性影响下，能够有效保证系统状态有界；图 7-2 显示了无源控制思想下的随机非线性系统控制输入曲线；图 7-3 显示了无源控制思想下的随机非线性系统干扰观测器变化曲线，可以看出，所设计的干扰观测器能准确估计并补偿系统输入通道中存在的干扰；图 7-4 给出了无源控制思想下的随机非线性系统参考信号响应曲线；图 7-5 给出了无源控制思想下的随机非线性系统布朗运动变化曲线。

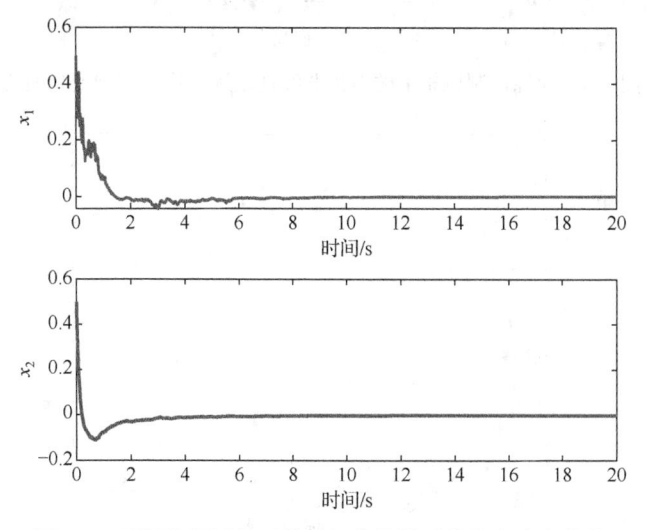

图 7-1 无源控制思想下的随机非线性系统状态响应曲线

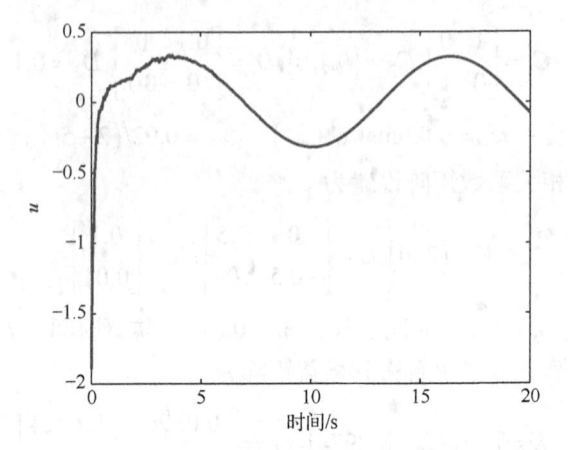

图 7-2 无源控制思想下的随机非线性系统控制输入曲线

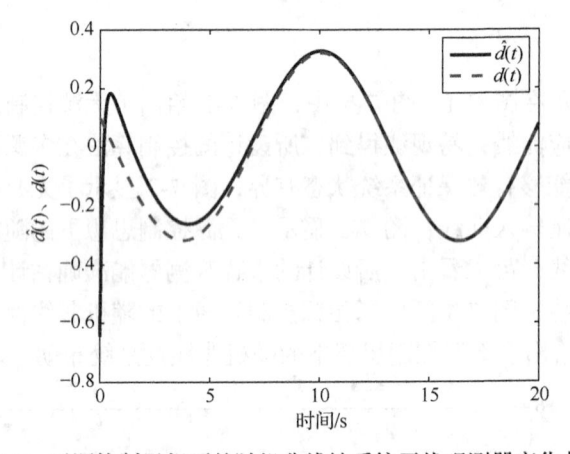

图 7-3 无源控制思想下的随机非线性系统干扰观测器变化曲线

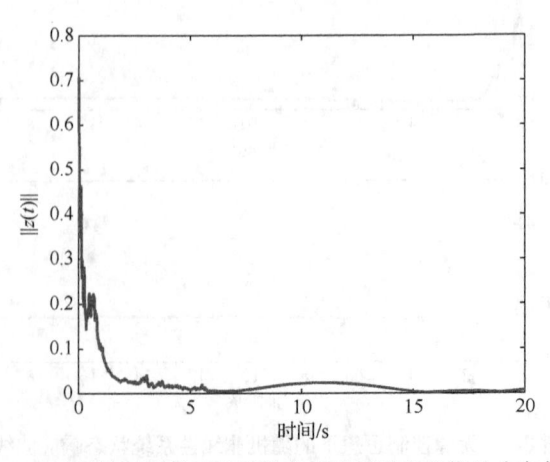

图 7-4 无源控制思想下的随机非线性系统参考信号响应曲线

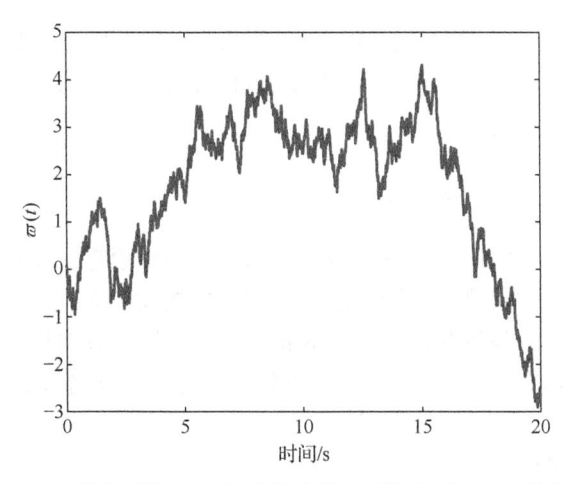

图 7-5 无源控制思想下的随机非线性系统布朗运动变化曲线

7.2 基于无源性的不确定随机非线性系统的复合分层抗干扰控制方法

结构不确定性对系统的动态性能有着显著的影响，而且系统本身还受到外界干扰和非线性特性的影响，也进一步提高了系统的控制难度。因此，如何在外界干扰、结构不确定性和非线性特性等综合不利因素的情况下，利用无源控制的思想使得随机非线性系统的状态具有良好的动态与稳定性能，提高随机非线性系统的鲁棒性，是本节要着重解决的问题。本节在 7.1 节基础上，进一步探讨结构不确定性、外源系统干扰和非线性特性的综合不利影响，并利用无源性思想设计抗干扰策略，保证随机非线性系统的动态与稳定性能，提高鲁棒性。

7.2.1 问题描述

在 7.1 节的基础上，考虑结构不确定性，将随机非线性系统(7-1)改写为

$$dx = \left[Ax + \Delta A(t)x + Mf(x) + B(u+d) + E\omega_x(t)\right]dt + Fxd\varpi \tag{7-19}$$

式中，$x \in R^n$ 和 $u \in R^m$ 分别表示系统的状态变量和控制输入；$A \in R^{n \times n}$，$B \in R^{n \times m}$，$M \in R^{n \times n}$，$E \in R^{n \times p_1}$，$F \in R^{n \times n}$ 表示系统矩阵；$f(x) \in R^n$ 表示非线性函数向量，满足假设 4.1；ϖ 表示定义在完全概率空间上的标准布朗运动；$\omega_x(t) \in R^{p_1} \in l_2[0, +\infty)$，$d \in R^m$ 表示干扰，满足假设 6.1；$\Delta A(t) \in R^{n \times n}$ 表示系统结构的不确定性，满足假设 3.3。

本节的控制目标：在满足假设 3.3、假设 4.1 和假设 6.1 的前提下，设计控制律 u，在综合扰动 ω_x 的影响下，确保非利普希茨随机非线性系统(7-19)是无源的。

7.2.2 控制器的设计与无源性分析

本节对第 7.1 节的研究进行扩展，借助无源性的思想，设计了一种基于干扰观测的自适应反馈控制算法，用来解决受到随机扰动、非利普希茨非线性函数和结构不确定性影响的随机非线性系统的状态稳定问题，并应用无源控制理论的概念来评估随机非线性系统的无源性。随后，通过仿真实验验证了所提算法的有效性。

干扰观测器设计为

$$\begin{cases} \hat{d} = V\hat{\xi} \\ \hat{\xi} = v - Lx \\ dv = \left[(G+LBV)\hat{\xi} + L(Ax+Bu+Mf(x))\right]dt + LFd\varpi \end{cases} \quad (7\text{-}20)$$

式中，$v \in R^{p_2}$ 表示非线性干扰观测器的状态；$L \in R^{m \times n}$ 表示待设计的增益矩阵。$\tilde{\xi} = \hat{\xi} - \xi$ 表示干扰观测器的误差，根据假设 6.1，将干扰观测器的误差动态方程表示为

$$\begin{aligned} d\tilde{\xi} &= d\hat{\xi} - d\xi = dv - Ldx - d\xi \\ &= \left[(G+LBV)\tilde{\xi} - L\Delta A(t)x - LE\omega_x - H\omega_\xi\right]dt \end{aligned} \quad (7\text{-}21)$$

基于干扰观测器的估计输出，设计自适应状态反馈控制律如下：

$$u = -Kx(t) - \hat{d}(t) \quad (7\text{-}22)$$

式中，K 表示待设计的控制增益矩阵。

于是可得到如下形式的闭环系统：

$$\begin{cases} dx = \left[(A-Bk)x + \Delta A(t)x + Mf(x) - BV\tilde{\xi} + E\omega_x\right]dt + Fd\varpi \\ d\tilde{\xi} = \left[(G+LBV)\tilde{\xi} - L\Delta A(t)x - LE\omega_x - H\omega_\xi\right]dt \end{cases} \quad (7\text{-}23)$$

定理 7.2 考虑随机非线性系统(7-19)，在满足假设 3.3、假设 4.1 和假设 6.1 的前提下，若存在对称正定矩阵 P_1、P_2，有 $Q = P_1^{-1}$，$R = KQ$，$S = LP_2$，使得控制参数满足：

$$\hat{\Pi} = \begin{bmatrix} \hat{\Pi}_{11} & -BV & \Pi_{13} & 0 & QF^T & Q\Gamma^T & W & M & QN & 0 \\ * & \Pi_{22} & \Pi_{23} & -C_2^T & 0 & 0 & 0 & 0 & 0 & SW \\ * & * & \Pi_{33} & 0 & 0 & 0 & 0 & 0 & 0 & 0 \\ * & * & * & \Pi_{44} & 0 & 0 & 0 & 0 & 0 & 0 \\ * & * & * & * & -Q & 0 & 0 & 0 & 0 & 0 \\ * & * & * & * & * & -\frac{1}{2}I & 0 & 0 & 0 & 0 \\ * & * & * & * & * & * & -I & 0 & 0 & 0 \\ * & * & * & * & * & * & * & -I & 0 & 0 \\ * & * & * & * & * & * & * & * & -\frac{1}{2}I & 0 \\ * & * & * & * & * & * & * & * & * & -I \end{bmatrix} < 0 \quad (7\text{-}24)$$

$$\begin{cases} \hat{\Pi}_{11} = AQ - BR + QA^T - R^T B^T + \lambda Q \\ \Pi_{13} = \begin{bmatrix} E & 0_{n \times p_3} \end{bmatrix} - QC_1^T \\ \Pi_{22} = P_2 G + SBV + G^T P_2 + V^T B^T S^T + \lambda P_2 \\ \Pi_{23} = \begin{bmatrix} -SE & -P_2 H \end{bmatrix} \\ \Pi_{33} = -2D_1^T \\ \Pi_{44} = -2D_2^T \end{cases}$$

则通过 LMI 求解线性矩阵不等式(7-24)得到增益矩阵 $K = RQ^{-1}$, $L = SP_2^{-1}$, 并按照式(7-22)设计控制律, 能够保证系统是严格无源的。

证明: 定义 $\bar{x} = \begin{bmatrix} x^T & \xi^T \end{bmatrix}^T$, 选择如下形式的李雅普诺夫函数:

$$V = \bar{x}^T P \bar{x} \quad (7\text{-}25)$$

式中, $P = P^T = \text{diag}\{P_1^{n \times n}, P_2^{p_2 \times p_2}\} > 0$, P_1、P_2 均表示对称正定矩阵。

由定义 2.2 可得李雅普诺夫函数的无穷算子为

$$\begin{aligned} \mathcal{L}V(\bar{x}(t)) = & x^T P_1 (A - BK) x + x^T (A - BK)^T P_1 x + 2x^T P_1 \Delta A(t) x \\ & - 2x^T P_1 BV\tilde{\xi} + 2x^T P_1 Mf(x) + 2x^T P_1 E\omega_x + x^T F^T P_1 F x \\ & + \tilde{\xi}^T (G + LBV)^T P_2 \tilde{\xi} + \tilde{\xi}^T P_2 (G + LBV) \tilde{\xi} \\ & - 2\tilde{\xi}^T P_2 L \Delta A x - 2\tilde{\xi}^T P_2 L E \omega_x - 2\tilde{\xi}^T P_2 H \omega_\xi \end{aligned} \quad (7\text{-}26)$$

由 $2x^T y \leq \|x\|^2 + \|y\|^2$ 和假设 3.3、假设 4.1 可得

$$\begin{cases} 2x^{\mathrm{T}} P_1 M f(x) \leqslant x^{\mathrm{T}} P_1 M M^{\mathrm{T}} P_1 x + f^{\mathrm{T}} f \\ \qquad \leqslant x^{\mathrm{T}} P_1 M M^{\mathrm{T}} P_1 x + 2 x^{\mathrm{T}} \Gamma^{\mathrm{T}} \Gamma x + 2\varsigma^2 \\ 2x^{\mathrm{T}} P_1 \Delta A(t) x = 2 x^{\mathrm{T}} P_1 W \Lambda(t) N x \\ \qquad \leqslant x^{\mathrm{T}} P_1 W \Lambda(t) \Lambda^{\mathrm{T}}(t) W^{\mathrm{T}} P_1 x + x^{\mathrm{T}} N N^{\mathrm{T}} x \\ \qquad \leqslant x^{\mathrm{T}} P_1 W W^{\mathrm{T}} P_1 x + x^{\mathrm{T}} N N^{\mathrm{T}} x \\ 2\tilde{\xi}^{\mathrm{T}} P_2 L \Delta A(t) x = 2\tilde{\xi}^{\mathrm{T}} P_2 L W \Lambda(t) N x \\ \qquad \leqslant \tilde{\xi}^{\mathrm{T}} P_2 W \Lambda(t) \Lambda^{\mathrm{T}}(t) W^{\mathrm{T}} P_2 \tilde{\xi} + x^{\mathrm{T}} N N^{\mathrm{T}} x \\ \qquad \leqslant \tilde{\xi}^{\mathrm{T}} P_2 L W W^{\mathrm{T}} L^{\mathrm{T}} P_2 \tilde{\xi}^{\mathrm{T}} + x^{\mathrm{T}} N N^{\mathrm{T}} x \end{cases} \quad (7\text{-}27)$$

将式(7-27)代入式(7-26)可得

$$\begin{aligned} \mathcal{L} V\big(\bar{x}(t)\big) \leqslant\ & x^{\mathrm{T}} P_1 (A - BK) x + x^{\mathrm{T}} (A - BK)^{\mathrm{T}} P_1 x \\ & + x^{\mathrm{T}} P_1 W W^{\mathrm{T}} P_1 x + 2 x^{\mathrm{T}} N N^{\mathrm{T}} x + x^{\mathrm{T}} P_1 M M^{\mathrm{T}} P_1 x + 2 x^{\mathrm{T}} \Gamma^{\mathrm{T}} \Gamma x + 2\varsigma^2 \\ & - 2 x^{\mathrm{T}} P_1 B V \tilde{\xi} + 2 x^{\mathrm{T}} P_1 E \omega_x + x^{\mathrm{T}} F^{\mathrm{T}} P_1 F x \\ & + \tilde{\xi}^{\mathrm{T}} P_2 (G + LBV) \tilde{\xi} + \tilde{\xi}^{\mathrm{T}} P_2 (G + LBV) \tilde{\xi} \\ & + \tilde{\xi}^{\mathrm{T}} P_2 L W W^{\mathrm{T}} L^{\mathrm{T}} P_2 \tilde{\xi} - 2 \tilde{\xi}^{\mathrm{T}} P_2 L E \omega_x - 2 \tilde{\xi}^{\mathrm{T}} P_2 H \omega_\xi \end{aligned} \quad (7\text{-}28)$$

定义 $\omega(t) = \begin{bmatrix} \omega_x^{\mathrm{T}}(t) & \omega_\xi^{\mathrm{T}}(t) \end{bmatrix}^{\mathrm{T}}$，$\bar{\omega} = \begin{bmatrix} \omega^{\mathrm{T}}(t) & \varsigma \end{bmatrix}^{\mathrm{T}}$，参考信号 $z(t) \in R^q$：

$$z(t) = C \bar{x}(t) + D \bar{\omega} \quad (7\text{-}29)$$

式中，$C = \mathrm{diag}\{C_1, C_2\}$；$D = \mathrm{diag}\{D_1, D_2\}$。

定义如式(7-30)所示的新函数：

$$J(t) = \mathcal{L} V - 2 z^{\mathrm{T}} \bar{\omega} + \lambda V \quad (7\text{-}30)$$

定义 $\bar{\zeta}(t) = \begin{bmatrix} x^{\mathrm{T}}(t) & \tilde{\xi}^{\mathrm{T}}(t) & \omega^{\mathrm{T}}(t) & \varsigma \end{bmatrix}^{\mathrm{T}}$，则：

$$J(t) \leqslant \bar{\zeta}^{\mathrm{T}}(t) \Pi \bar{\zeta}(t) \quad (7\text{-}31)$$

式中，

$$\Pi = \begin{bmatrix} \Pi_{11} & -P_1 BV & \Pi_{13} & 0 \\ * & \Pi_{22} & \Pi_{23} & -C_2^{\mathrm{T}} \\ * & * & \Pi_{33} & 0 \\ * & * & * & \Pi_{44} \end{bmatrix}$$

$$\begin{cases}\Pi_{11} = P_1(A-BK)+(A-BK)^\mathrm{T}P_1+F^\mathrm{T}P_1F+P_1MM^\mathrm{T}P_1\\\qquad +2\varGamma^\mathrm{T}\varGamma+P_1WW^\mathrm{T}P_1+2NN^\mathrm{T}+\lambda P_1\\ \Pi_{13} = \begin{bmatrix} P_1E & 0_{n\times p_3} \end{bmatrix} - C_1^\mathrm{T}\\ \Pi_{22} = P_2(G+LBV)+(G+LBV)^\mathrm{T}P_2+P_2LWW^\mathrm{T}L^\mathrm{T}P_2+\lambda P_2\\ \Pi_{23} = \begin{bmatrix} -P_2LE & -P_2H \end{bmatrix}\\ \Pi_{33} = -2D_1^\mathrm{T}\\ \Pi_{44} = -2D_2^\mathrm{T}\end{cases} \quad (7\text{-}32)$$

定义 $Q=P_1^{-1}$，利用合同变换，左右各乘 $\mathrm{diag}\{Q,I,I,I\}$。定义 $R=P_1K$，$S=P_2L$，则式(7-32)可等价为

$$\Pi = \begin{bmatrix} \Pi_{11} & -BV & \Pi_{13} & 0\\ * & \Pi_{22} & \Pi_{23} & -C_2^\mathrm{T}\\ * & * & \Pi_{33} & 0\\ * & * & * & \Pi_{44}\end{bmatrix}$$

$$\begin{cases}\Pi_{11} = AQ-BR+QA^\mathrm{T}-R^\mathrm{T}B^\mathrm{T}+QF^\mathrm{T}Q^{-1}FQ+\lambda Q+2Q\varGamma^\mathrm{T}\varGamma Q\\\qquad +MM^\mathrm{T}+WW^\mathrm{T}+2QNN^\mathrm{T}Q\\ \Pi_{13} = \begin{bmatrix} E & 0_{n\times p_3}\end{bmatrix}-QC_1^\mathrm{T}\\ \Pi_{22} = P_2G+SBV+G^\mathrm{T}P_2+V^\mathrm{T}B^\mathrm{T}S^\mathrm{T}+\lambda P_2+SWW^\mathrm{T}S^\mathrm{T}\\ \Pi_{23} = \begin{bmatrix} -SE & -P_2H\end{bmatrix}\\ \Pi_{33} = -2D_1^\mathrm{T}\\ \Pi_{44} = -2D_2^\mathrm{T}\end{cases} \quad (7\text{-}33)$$

当 $\Pi<0$，根据式(7-31)可得

$$J(t)\leqslant 0 \quad (7\text{-}34)$$

根据定义 2.6，可知当 $\lambda=0$ 时，该系统是无源的；当 $\lambda>0$ 时，该系统是严格无源的。

使用舒尔补引理，可得式(7-33)中的 $\Pi<0$ 等价于式(7-24)。定理 7.2 得证。

7.2.3 仿真验证

1. 仿真环境

在 Windows11 操作系统中，基于 MATLAB 2021a 仿真环境实现本节仿真实

验，计算机配置：CPU 为 Intel Core i7-1065G7，20GB 内存。

2. 仿真参数

系统初始状态设置为

$$x(0) = [0.4 \quad 0.1]^T, v(0) = [0.2 \quad -0.4]^T, \xi(0) = [0.1 \quad -0.1]^T$$

系统的相关矩阵设定如下：

$$A = \begin{bmatrix} -2 & 1.2 \\ 0 & 1 \end{bmatrix}, B = \begin{bmatrix} -1 \\ 3 \end{bmatrix}, E = \begin{bmatrix} 0.01 \\ 0 \end{bmatrix},$$

$$F = \begin{bmatrix} 1 & 0 \\ 0 & 0.2 \end{bmatrix}, f = \begin{bmatrix} 0.1x_1 \sin(0.02t) \\ 0.1x_2 \cos(0.02t) \end{bmatrix},$$

$$\Delta A = \begin{bmatrix} 0.035 & 0 \\ 0 & 0.025 \end{bmatrix}, M = \begin{bmatrix} 0.1 & 0 \\ 0 & 0.1 \end{bmatrix}, N = \begin{bmatrix} 0.2 & 0 \\ 0 & 0.1 \end{bmatrix}$$

非利普希茨条件中矩阵和参数设置为

$$\Gamma = \begin{bmatrix} 0.2 & 0 \\ 0 & 0.15 \end{bmatrix}, \varsigma = 0.1$$

参考信号相关矩阵设置为

$$C_1 = \begin{bmatrix} 1 & 0 \\ 0 & 1 \end{bmatrix}, C_2 = [0.1 \quad 0], D_1 = \begin{bmatrix} 0.1 & 0 \\ 0 & 0.1 \end{bmatrix}, D_2 = 0.1$$

系统干扰设置：$\omega_x = 0.03\cos(x_1 + x_2)$，$\omega_\xi = 0.02/(2 + 5t)$。

干扰观测器相关系数矩阵设置为

$$V = [2 \quad 1], G = \begin{bmatrix} 0 & 0.5 \\ -0.5 & 0 \end{bmatrix}, H = \begin{bmatrix} 0.1 \\ 0.01 \end{bmatrix}$$

选择 $\lambda = 0.2$，时间步长：$dt = 0.01s$，仿真时间：$T = 20s$。通过线性矩阵不等式求解得到增益矩阵为

$$K = [1.1852 \quad 6.6635], L = \begin{bmatrix} 0.0280 & -0.7958 \\ 0.0054 & -0.5234 \end{bmatrix}$$

3. 仿真结果

仿真结果展示在图 7-6~图 7-10 中，图 7-6 给出了基于无源性的随机不确定非线性系统状态响应曲线，易观察得到所设计的控制算法能够有效保证系统状态在多源扰动、结构参数不确定性和非线性函数特性综合影响下有界；图 7-7 给出了基于无源性的随机不确定非线性系统控制输入曲线；图 7-8 展示了基于无源性

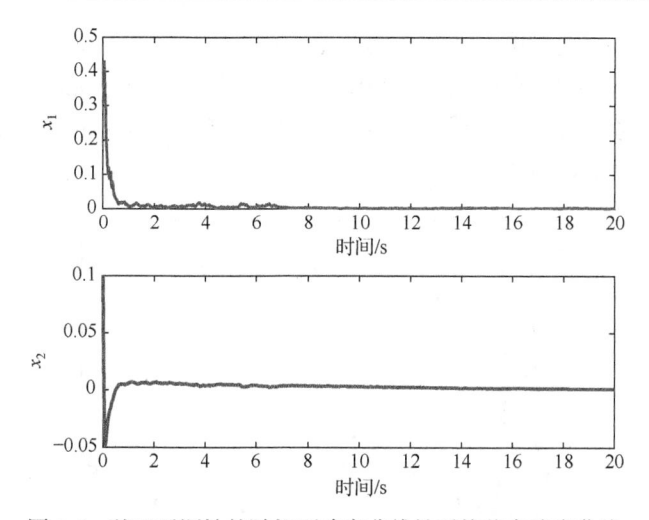

图 7-6 基于无源性的随机不确定非线性系统状态响应曲线

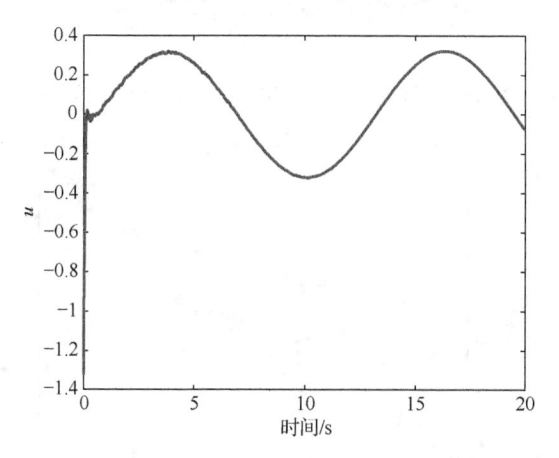

图 7-7 基于无源性的随机不确定非线性系统控制输入曲线

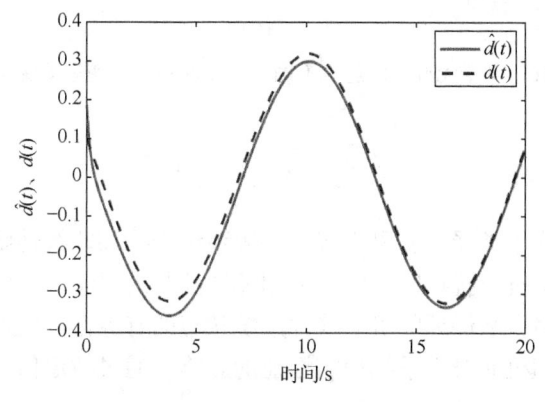

图 7-8 基于无源性的随机不确定非线性系统干扰观测器变化曲线

的随机不确定非线性系统干扰观测器变化曲线，可以看出所设计的干扰观测器对系统输入通道的干扰能准确估计并补偿；图 7-9 给出了基于无源性的随机不确定非线性系统参考信号响应曲线；图 7-10 给出了基于无源性的随机不确定非线性系统的布朗运动变化曲线。

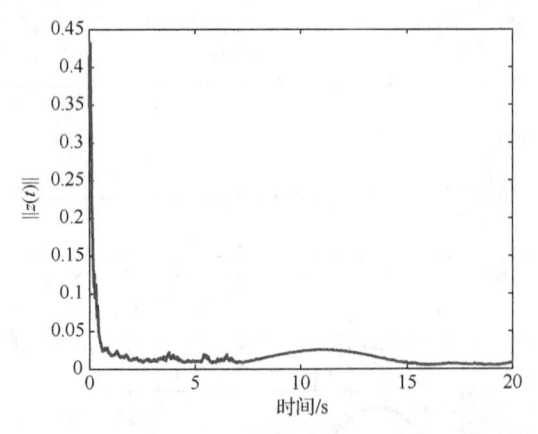

图 7-9　基于无源性的随机不确定非线性系统参考信号响应曲线

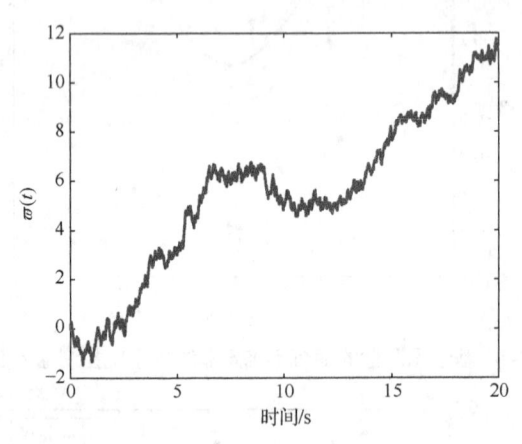

图 7-10　基于无源性的随机不确定非线性系统布朗运动变化曲线

7.3　小　　结

本章重点讨论一类受到有界干扰、外源系统干扰和非线性函数特性综合影响的随机非线性系统抗干扰控制问题。采用无源控制的概念，开发了基于干扰观测器的反馈控制策略，来保证随机非线性系统状态的有界性。此外，本章还考虑了结构不确定性对随机非线性系统稳定性能的影响。通过数值仿真验证了所提算法的有效性。

第8章 基于耗散性的随机非线性系统的复合分层抗干扰控制方法

耗散性系统理论于20世纪70年代提出，在系统稳定性研究过程中起到重要的作用，它的实质内容是存在一个非负的能量函数，使得控制系统的能量损耗总是小于能量的供给率[138]。Wang等[139]针对多源扰动的T-S模糊随机非线性系统构建了一种基于耗散率的复合抗扰动控制结构并验证了它的有效性；此外，还针对多源不确定性和部分未知跃迁概率的T-S模糊马尔可夫跳跃系统设计了一种新型模糊扰动衰减控制结构，保证了系统的耗散性[140]。本章在第6章和第7章的基础上，开展了一类受到外源系统干扰的非利普希茨随机非线性系统的耗散控制算法研究。首先，设计干扰观测器来抑制和抵消干扰。其次，基于非线性干扰观测器提出自适应抗干扰控制策略，使复合系统达到理想的控制性能。

本章主要内容安排如下：8.1节利用耗散性思想，研究多源干扰影响下随机非线性系统控制的复合分层抗干扰控制方法；8.2节进一步关注结构不确定性和多源干扰对系统稳定性的联合影响，研究了对应的耗散控制算法，实现多源干扰和结构不确定性影响下的系统状态稳定；8.3节给出本章小结。

8.1 基于耗散性的标称随机非线性系统的复合分层抗干扰控制方法

8.1.1 问题描述

回顾第2章给出的随机非线性系统(2-7)，对系统模型进行特化：

$$dx = \left[Ax + Mf(x) + B(u+d) + E\omega_x(t)\right]dt + Fxd\varpi \tag{8-1}$$

式中，$x \in R^n$ 和 $u \in R^m$ 分别表示系统的状态变量和控制输入；$A \in R^{n \times n}$，$B \in R^{n \times m}$，$M \in R^{n \times n}$，$E \in R^{n \times p_1}$，$F \in R^{n \times n}$ 表示系统矩阵；$f(x) \in R^n$ 表示非线性函数向量，满足假设4.1；ϖ 表示定义在完全概率空间上的标准布朗运动；$\omega_x(t) \in R^{p_1} \in l_2[0, +\infty)$，$d \in R^m$ 表示干扰，满足假设6.1。

本节的控制目标：在满足假设4.1和假设6.1的前提下，设计控制律 u，在综合扰动 ω_x 的影响下，确保非利普希茨随机非线性系统(8-1)的状态在一定时间后稳定。

8.1.2 控制器的设计与耗散性分析

本节重点讨论基于耗散性分析下，受多源扰动和非利普希茨非线性函数影响的随机非线性系统抗干扰控制问题。

干扰观测器设计为

$$\begin{cases} \hat{d} = V\hat{\xi} \\ \hat{\xi} = v - Lx \\ dv = \left[(G + LBV)\hat{\xi} + L(Ax + Bu + Mf(x)) \right] dt + LFx d\varpi \end{cases} \quad (8\text{-}2)$$

式中，$v \in R^{p_2}$ 表示非线性干扰观测器的状态；$L \in R^{m \times n}$ 表示待设计的增益矩阵。$\tilde{\xi} = \hat{\xi} - \xi$ 为干扰观测器误差，根据假设 6.1，将干扰观测器的误差动态方程表示为

$$\begin{aligned} d\tilde{\xi} &= d\hat{\xi} - d\xi = dv - Ldx - d\xi \\ &= \left[(G + LBV)\tilde{\xi} - LE\omega_x - H\omega_\xi \right] dt \end{aligned} \quad (8\text{-}3)$$

基于干扰观测器的估计输出，设计自适应状态反馈控制律如下：

$$u = -Kx(t) - \hat{d}(t) \quad (8\text{-}4)$$

式中，K 表示待设计的控制增益矩阵。

于是可得到如下形式的闭环系统：

$$\begin{cases} dx = \left[(A - Bk)x + Mf(x) - BV\tilde{\xi} + E\omega_x \right] dt + Fx d\varpi \\ d\tilde{\xi} = \left[(G + LBV)\tilde{\xi} - LE\omega_x - H\omega_\xi \right] dt \end{cases} \quad (8\text{-}5)$$

定理 8.1 考虑随机非线性系统(8-1)，在满足假设 4.1 和假设 6.1 的条件下，若存在对称正定矩阵 P_1、P_2，有 $Q = P_1^{-1}$，$R = KQ$，$S = LP_2$，使得控制参数满足：

$$\Pi = \begin{bmatrix} \Pi_{11} & \Pi_{12} & \Pi_{13} & QF^T & Q\Gamma^T & QC_1^T & M & 0 & 0 \\ * & \Pi_{22} & \Pi_{23} & 0 & 0 & 0 & 0 & C_2^T & 0 \\ * & * & \Pi_{33} & 0 & 0 & 0 & 0 & 0 & D^T \\ * & * & * & -Q & 0 & 0 & 0 & 0 & 0 \\ * & * & * & * & -0.5I & 0 & 0 & 0 & 0 \\ * & * & * & * & * & \mathcal{Z}_{11}^{-1} & 0 & 0 & 0 \\ * & * & * & * & * & * & -I & 0 & 0 \\ * & * & * & * & * & * & * & \mathcal{Z}_{22}^{-1} & 0 \\ * & * & * & * & * & * & * & * & \mathcal{Z}^{-1} \end{bmatrix} < 0$$

第8章 基于耗散性的随机非线性系统的复合分层抗干扰控制方法

$$\begin{cases} \varPi_{11} = AQ - BR + QA^{\mathrm{T}} - R^{\mathrm{T}}B^{\mathrm{T}} + \lambda Q \\ \varPi_{12} = -BV - QC_1^{\mathrm{T}}\mathcal{Z}_{12}C_2 \\ \varPi_{13} = \begin{bmatrix} E & 0_{n \times p_3} & 0_{n \times 1} \end{bmatrix} - QC_1^{\mathrm{T}}\mathcal{Z}_{11}D_1 - QC_1^{\mathrm{T}}\mathcal{Z}_{12}D_2 - QC_1^{\mathrm{T}}\mathcal{Y}_1 \\ \varPi_{22} = P_2G + SBV + G^{\mathrm{T}}P_2 + V^{\mathrm{T}}B^{\mathrm{T}}S^{\mathrm{T}} + \lambda P_2 \\ \varPi_{23} = \begin{bmatrix} -SE & -P_2H & 0_{p_2 \times 1} \end{bmatrix} - C_2^{\mathrm{T}}\mathcal{Z}_{21}D_1 - C_2^{\mathrm{T}}\mathcal{Z}_{22}D_2 - C_2^{\mathrm{T}}\mathcal{Y}_2 \\ \varPi_{33} = -2D^{\mathrm{T}}\mathcal{Y} - (\mathcal{X} - \varepsilon I) + \mathrm{diag}\{0,0,2\} \end{cases} \quad (8\text{-}6)$$

则通过 LMI 求解线性矩阵不等式(8-6)得到增益矩阵 $K = RQ^{-1}$，$L = SP_2^{-1}$，并按照式(8-4)设计控制律，可保证系统是严格耗散的。

证明：定义 $\bar{x} = \begin{bmatrix} x^{\mathrm{T}} & \tilde{\xi}^{\mathrm{T}} \end{bmatrix}^{\mathrm{T}}$，选择如下形式的李雅普诺夫函数：

$$V = \bar{x}^{\mathrm{T}} P \bar{x} \quad (8\text{-}7)$$

式中，$P = \mathrm{diag}\{P_1, P_2\}$，$P_1$、$P_2$ 均表示对称正定矩阵。

由定义 2.2 可得李雅普诺夫函数的无穷算子为

$$\begin{aligned} \mathcal{L}V(\bar{x}(t)) &= x^{\mathrm{T}} P_1 (A - BK) x + x^{\mathrm{T}} (A - BK)^{\mathrm{T}} P_1 x - 2x^{\mathrm{T}} P_1 BV \tilde{\xi} \\ &\quad + 2x^{\mathrm{T}} P_1 M f(x) + 2x^{\mathrm{T}} P_1 E \omega_x + x^{\mathrm{T}} F^{\mathrm{T}} P_1 F x \\ &\quad + \tilde{\xi}^{\mathrm{T}} P_2 (G + LBV) \tilde{\xi} + \tilde{\xi}^{\mathrm{T}} (G + LBV)^{\mathrm{T}} P_2 \tilde{\xi} \\ &\quad - 2\tilde{\xi}^{\mathrm{T}} P_2 L E \omega_x - 2\tilde{\xi}^{\mathrm{T}} P_2 H \omega_\xi \end{aligned} \quad (8\text{-}8)$$

根据 $2x^{\mathrm{T}}y \leqslant \|x\|^2 + \|y\|^2$ 和假设 4.1 可得

$$\begin{aligned} 2x^{\mathrm{T}} P_1 M f(x) &\leqslant x^{\mathrm{T}} P_1 M M^{\mathrm{T}} P_1 x + f^{\mathrm{T}} f \\ &\leqslant x^{\mathrm{T}} P_1 M M^{\mathrm{T}} P_1 x + 2x^{\mathrm{T}} \varGamma^{\mathrm{T}} \varGamma x + 2\varsigma^2 \end{aligned} \quad (8\text{-}9)$$

将式(8-9)代入式(8-8)可得

$$\begin{aligned} \mathcal{L}V(\bar{x}(t)) &\leqslant x^{\mathrm{T}} P_1 (A - BK) x + x^{\mathrm{T}} (A - BK)^{\mathrm{T}} P_1 x \\ &\quad + x^{\mathrm{T}} P_1 M M^{\mathrm{T}} P_1 x + x^{\mathrm{T}} F^{\mathrm{T}} P_1 F x - 2x^{\mathrm{T}} P_1 BV \tilde{\xi} + 2x^{\mathrm{T}} P_1 E \omega_x \\ &\quad + \tilde{\xi}^{\mathrm{T}} P_2 (G + LBV) \tilde{\xi} + \tilde{\xi}^{\mathrm{T}} (G + LBV)^{\mathrm{T}} P_2 \tilde{\xi} \\ &\quad - 2\tilde{\xi}^{\mathrm{T}} P_2 L E \omega_x - 2\tilde{\xi}^{\mathrm{T}} P_2 H \omega_\xi + 2x^{\mathrm{T}} \varGamma^{\mathrm{T}} \varGamma x + 2\varsigma^2 \end{aligned} \quad (8\text{-}10)$$

定义 $\omega(t) = \begin{bmatrix} \omega_x^{\mathrm{T}}(t) & \omega_\xi^{\mathrm{T}}(t) \end{bmatrix}^{\mathrm{T}}$，$\hat{\omega} = \begin{bmatrix} \omega^{\mathrm{T}}(t) & \varsigma \end{bmatrix}^{\mathrm{T}}$，参考信号 $z(t) \in R^q$：

$$z(t) = C\bar{x}(t) + D\hat{\omega} \quad (8\text{-}11)$$

式中，

$$C = \begin{bmatrix} C_1 & 0 \\ 0 & C_2 \end{bmatrix}, D = \begin{bmatrix} D_1 \\ D_2 \end{bmatrix} \tag{8-12}$$

式中，
$$C_1 \in R^{p_6 \times n}, C_2 \in R^{p_7 \times p_2}, D_1 \in R^{p_6 \times (p_1+p_3+1)}, D_2 \in R^{p_7 \times (p_1+p_3+1)}, p_6 + p_7 = q \tag{8-13}$$

令
$$\mathcal{Z} = \begin{bmatrix} \mathcal{Z}_{11} & \mathcal{Z}_{12} \\ \mathcal{Z}_{21} & \mathcal{Z}_{22} \end{bmatrix}, \mathcal{Y} = \begin{bmatrix} \mathcal{Y}_1 \\ \mathcal{Y}_2 \end{bmatrix} \tag{8-14}$$

且 $\mathcal{X}$、$\mathcal{Y}$、$\mathcal{Z}$ 为实对称矩阵。定义补偿率 $\Phi(t)$ 为

$$\Phi(t) = z^\mathrm{T}(t)\mathcal{Z}z(t) + 2z^\mathrm{T}(t)\mathcal{Y}\hat{\omega}(t) + \hat{\omega}^\mathrm{T}(t)(\mathcal{X} - \varepsilon I)\hat{\omega}(t) \tag{8-15}$$

计算可得

$$\begin{aligned}
\Phi(t) = & \begin{bmatrix} x(t) \\ \tilde{\xi}(t) \end{bmatrix}^\mathrm{T} \begin{bmatrix} C_1^\mathrm{T}\mathcal{Z}_{11}C_1 & C_1^\mathrm{T}\mathcal{Z}_{12}C_2 \\ C_2^\mathrm{T}\mathcal{Z}_{21}C_1 & C_2^\mathrm{T}\mathcal{Z}_{22}C_2 \end{bmatrix} \begin{bmatrix} x(t) \\ \tilde{\xi}(t) \end{bmatrix} \\
& + 2\begin{bmatrix} x(t) \\ \tilde{\xi}(t) \end{bmatrix}^\mathrm{T} \begin{bmatrix} C_1^\mathrm{T}\mathcal{Z}_{11}D_1 + C_1^\mathrm{T}\mathcal{Z}_{12}D_2 + C_1^\mathrm{T}\mathcal{Y}_1 \\ C_2^\mathrm{T}\mathcal{Z}_{21}D_1 + C_2^\mathrm{T}\mathcal{Z}_{22}D_2 + C_2^\mathrm{T}\mathcal{Y}_2 \end{bmatrix}\hat{\omega} \\
& + \hat{\omega}^\mathrm{T}\left(D^\mathrm{T}\mathcal{Z}D + 2D^\mathrm{T}\mathcal{Y} + (\mathcal{X} - \varepsilon I)\right)\hat{\omega}
\end{aligned} \tag{8-16}$$

定义 $\bar{\zeta}(t) = \begin{bmatrix} x^\mathrm{T}(t) & \tilde{\xi}^\mathrm{T}(t) & \hat{\omega}^\mathrm{T}(t) \end{bmatrix}^\mathrm{T}$，则：

$$\mathcal{L}V(t) \leqslant \bar{\zeta}^\mathrm{T}(t)\Pi\bar{\zeta}(t) + \Phi(t) - \lambda V(t) \tag{8-17}$$

式中，
$$\Pi = \begin{bmatrix} \Pi_{11} & \Pi_{12} & \Pi_{13} \\ * & \Pi_{22} & \Pi_{23} \\ * & * & \Pi_{33} \end{bmatrix}$$

$$\begin{cases}
\Pi_{11} = P_1(A - BK) + (A - BK)^\mathrm{T} P_1 + F^\mathrm{T} P_1 F + P_1 M M^\mathrm{T} P_1 \\
\qquad + 2\Gamma^\mathrm{T}\Gamma - C_1^\mathrm{T}\mathcal{Z}_{11}C_1 + \lambda P_1 \\
\Pi_{12} = -P_1 BV - C_1^\mathrm{T}\mathcal{Z}_{12}C_2 \\
\Pi_{13} = \begin{bmatrix} P_1 E & 0_{n \times p_3} & 0_{n \times 1} \end{bmatrix} - C_1^\mathrm{T}\mathcal{Z}_{11}D_1 - C_1^\mathrm{T}\mathcal{Z}_{12}D_2 - C_1^\mathrm{T}\mathcal{Y}_1 \\
\Pi_{22} = P_2(G + LBV) + (G + LBV)^\mathrm{T} P_2 - C_2^\mathrm{T}\mathcal{Z}_{22}C_2 + \lambda P_2 \\
\Pi_{23} = \begin{bmatrix} -P_2 LE & -P_2 H & 0_{p_2 \times 1} \end{bmatrix} - C_2^\mathrm{T}\mathcal{Z}_{21}D_1 - C_2^\mathrm{T}\mathcal{Z}_{22}D_2 - C_2^\mathrm{T}\mathcal{Y}_2 \\
\Pi_{33} = -D^\mathrm{T}\mathcal{Z}D - 2D^\mathrm{T}\mathcal{Y} - (\mathcal{X} - \varepsilon I) + \mathrm{diag}\{0, 0, 2I\}
\end{cases} \tag{8-18}$$

定义 $Q = P_1^{-1}$，利用合同变换，左右各乘 $\text{diag}\{Q,I,I\}$。

定义 $R = KQ$，$S = P_2L$，则式(8-18)可等价为

$$\Pi = \begin{bmatrix} \Pi_{11} & \Pi_{12} & \Pi_{13} \\ * & \Pi_{22} & \Pi_{23} \\ * & * & \Pi_{33} \end{bmatrix}$$

$$\begin{cases} \Pi_{11} = AQ - BR + QA^T - R^TB^T + QF^TQ^{-1}FQ \\ \qquad + MM^T + 2Q\Gamma^T\Gamma Q - QC_1^T\mathcal{Z}_{11}C_1Q + \lambda Q \\ \Pi_{12} = -BV - QC_1^T\mathcal{Z}_{12}C_2 \\ \Pi_{13} = \begin{bmatrix} E & 0_{n\times p_3} & 0_{n\times 1} \end{bmatrix} - QC_1^T\mathcal{Z}_{11}D_1 - QC_1^T\mathcal{Z}_{12}D_2 - QC_1^T\mathcal{Y}_1 \\ \Pi_{22} = P_2G + SBV + G^TP_2 + V^TB^TS^T - C_2^T\mathcal{Z}_{22}C_2 + \lambda P_2 \\ \Pi_{23} = \begin{bmatrix} -SE & -P_2H & 0_{p_2\times 1} \end{bmatrix} - C_2^T\mathcal{Z}_{21}D_1 - C_2^T\mathcal{Z}_{22}D_2 - C_2^T\mathcal{Y}_2 \\ \Pi_{33} = -D^T\mathcal{Z}D - 2D^T\mathcal{Y} - (\mathcal{X} - \varepsilon I) + \text{diag}\{0,0,2I\} \end{cases} \quad (8\text{-}19)$$

当 $\Pi < 0$，根据式(8-17)可得

$$\mathcal{L}V(t) < \Phi(t) - \lambda V(t) \quad (8\text{-}20)$$

显然对任意 $t > 0$，有

$$E\{V(\bar\zeta(t)) - V(\bar\zeta(0))\} < E\left\{\int_0^t \Phi(\tau)\mathrm{d}\tau\right\} \quad (8\text{-}21)$$

根据定义 2.5，可得随机非线性系统为耗散性的。

使用舒尔补引理，可得式(8-19)中的 $\Pi < 0$ 等价于式(8-6)。定理 8.1 得证。

8.1.3 仿真验证

1. 仿真环境

在 Windows11 操作系统中，基于 MATLAB 2021a 仿真环境实现本节仿真实验，计算机配置：CPU 为 Intel Core i7-1065G7，20GB 内存。

2. 仿真参数

系统初始状态设置为

$$x(0) = \begin{bmatrix} 0.5 & -0.5 \end{bmatrix}^T, v(0) = \begin{bmatrix} 0.6 & -0.2 \end{bmatrix}^T, \xi(0) = \begin{bmatrix} 0.1 & -1 \end{bmatrix}^T$$

系统的相关系数设定如下：

$$A = \begin{bmatrix} -2.2 & 1.5 \\ 0 & 1.2 \end{bmatrix}, B = \begin{bmatrix} -1.5 \\ 2 \end{bmatrix}, E = \begin{bmatrix} 0.02 \\ 0 \end{bmatrix}, M = \begin{bmatrix} 0.2 & 0 \\ 0 & 0.1 \end{bmatrix},$$

$$F = \begin{bmatrix} 1 & 0 \\ 0 & 0.2 \end{bmatrix}, f = \begin{bmatrix} 0.1x_1 \sin(0.02t) \\ 0.1x_2 \cos(0.02t) \end{bmatrix}$$

非利普希茨条件中矩阵和参数设置为

$$\varGamma = \begin{bmatrix} 0.1 & 0 \\ 0 & 0.1 \end{bmatrix}, \varsigma = 0.01$$

参考信号相关矩阵设置为

$$C_1 = \begin{bmatrix} 1 & 0 \\ 0 & 1 \end{bmatrix}, C_2 = \begin{bmatrix} 0.1 & 0 \\ 0 & 0.1 \end{bmatrix}, D_1 = D_2 = \begin{bmatrix} 0.1 & 0 & 0.1 \\ 0 & 0.1 & 0 \end{bmatrix}$$

耗散性相关矩阵设置为

$$\mathcal{X} = \mathrm{diag}\{3,3,3\}, \mathcal{Y} = 0,$$

$$\mathcal{Z} = \begin{bmatrix} \mathcal{Z}_{11} & \mathcal{Z}_{12} \\ \mathcal{Z}_{21} & \mathcal{Z}_{22} \end{bmatrix}, \mathcal{Z}_{11} = \begin{bmatrix} -3 & 0 \\ 0 & -3 \end{bmatrix}, \mathcal{Z}_{22} = \begin{bmatrix} -40 & 0 \\ 0 & -40 \end{bmatrix},$$

$$\mathcal{Z}_{12} = \mathcal{Z}_{21} = 0$$

系统干扰设置：$\omega_x = 0.01\sin t$，$\omega_\xi = 0.01/(5+8t)$。

干扰观测器相关系数矩阵设置为

$$V = \begin{bmatrix} 0.8 & 1.2 \end{bmatrix}, G = \begin{bmatrix} 0 & 0.6 \\ -0.6 & 0 \end{bmatrix}, H = \begin{bmatrix} 0.15 \\ 0.008 \end{bmatrix}$$

选择 $\lambda = 0.7$，$\varepsilon = 0.5$，时间步长：$\mathrm{d}t = 0.01\mathrm{s}$，仿真时间：$T = 10\mathrm{s}$。通过线性矩阵不等式求解得到增益矩阵为

$$K = \begin{bmatrix} 1.2120 & 4.8388 \end{bmatrix}, L = \begin{bmatrix} 0.5397 & -0.4928 \\ 0.7208 & -1.2342 \end{bmatrix}$$

3. 仿真结果

仿真结果展示在图 8-1～图 8-5 中，图 8-1 给出了基于耗散性的随机非线性系统状态响应曲线，可以得出，所设计的控制算法能够有效保证系统状态受多源扰动和非线性函数特性综合影响时仍然有界；图 8-2 展示了基于耗散性的随机非线性系统控制输入曲线；图 8-3 展示了基于耗散性的随机非线性系统干扰观测器变化曲线，可以得出，所设计的干扰观测器能有效估计并抑制系统输入通道的干扰；图 8-4 给出了基于耗散性的随机非线性系统参考信号响应曲线；图 8-5 给出了基于耗散性的随机非线性系统布朗运动变化曲线。

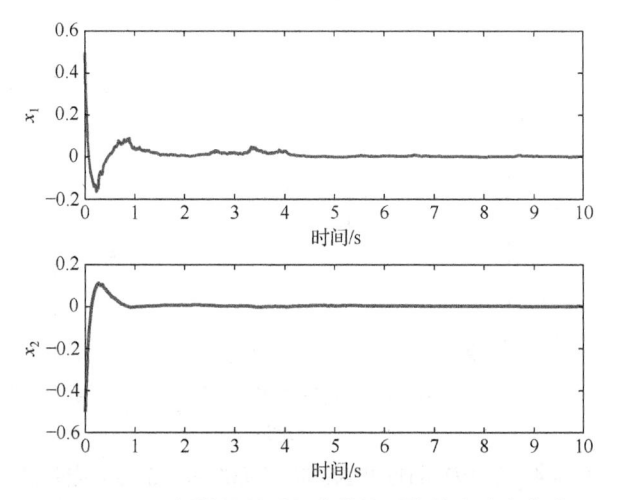

图 8-1 基于耗散性的随机非线性系统状态响应曲线

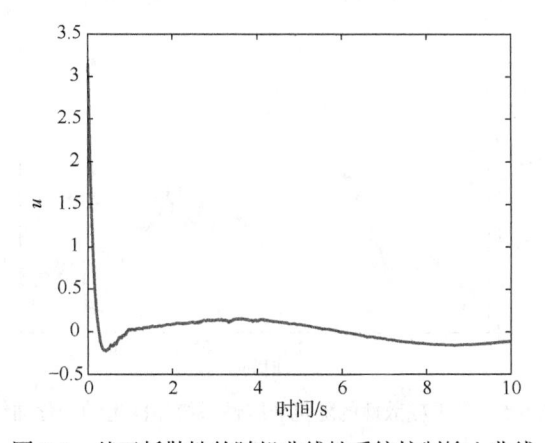

图 8-2 基于耗散性的随机非线性系统控制输入曲线

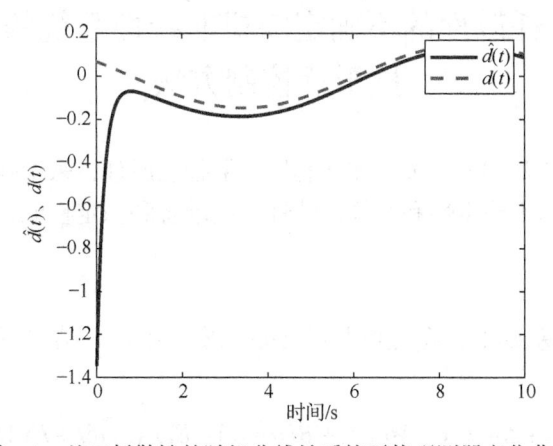

图 8-3 基于耗散性的随机非线性系统干扰观测器变化曲线

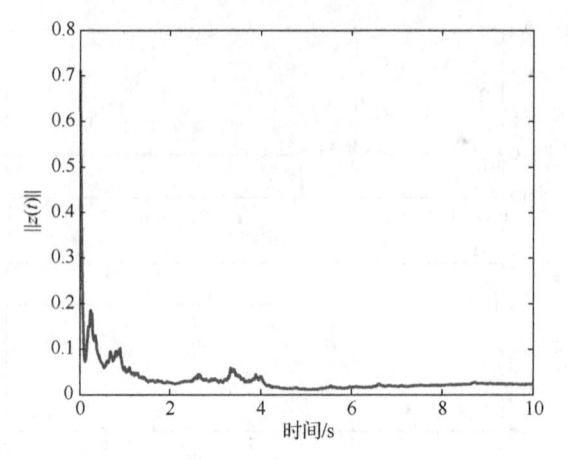

图 8-4 基于耗散性的随机非线性系统参考信号响应曲线

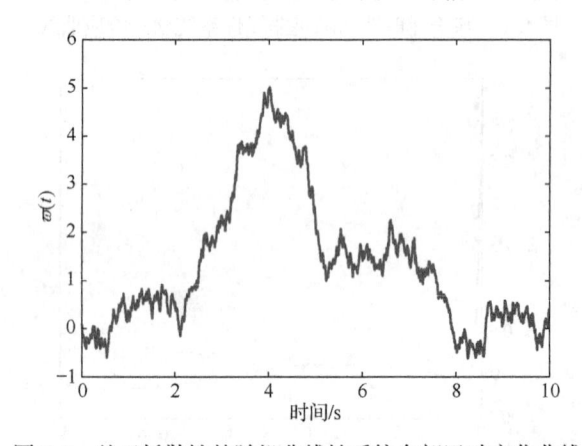

图 8-5 基于耗散性的随机非线性系统布朗运动变化曲线

8.2 基于耗散性的不确定随机非线性系统的复合分层抗干扰控制方法

本节在 8.1 节基础上，关注如何利用耗散控制原理，来增强随机非线性系统在外部扰动、结构不确定性和非线性特性下的动态和稳定性能，并提高鲁棒性。

8.2.1 问题描述

在 8.1 节的基础上，在随机非线性系统模型中加入结构不确定性，改写系统(8-1)为

$$\mathrm{d}x = \left[Ax + \Delta A(t)x + Mf(x) + B(u+d) + E\omega_x(t) \right]\mathrm{d}t + Fx\mathrm{d}\varpi \quad (8\text{-}22)$$

式中，$x \in R^n$ 和 $u \in R^m$ 分别表示系统的状态变量和控制输入；$A \in R^{n \times n}$，$B \in R^{n \times m}$，$M \in R^{n \times n}$，$E \in R^{n \times p_1}$，$F \in R^{n \times n}$ 表示系统矩阵；$f(x) \in R^n$ 表示非线性函数向量，满足假设 4.1；ϖ 表示定义在完全概率空间上的标准布朗运动；$\omega_x(t) \in R^{p_1} \in l_2[0, +\infty)$，$d \in R^m$ 表示干扰，满足假设 6.1；$\Delta A(t) \in R^{n \times n}$ 表示系统结构的不确定性，满足假设 3.3。

本节的控制目标：在满足假设 3.3、假设 4.1 和假设 6.1 的前提下，设计控制律 u，在综合扰动 ω_x 的影响下，确保非利普希茨随机非线性系统(8-22)的状态在一定时间后稳定。

8.2.2 控制器的设计与耗散性分析

在本节中，基于第 8.1 节建立的框架，针对受多源干扰、非利普希茨非线性函数和结构不确定性影响的随机非线性系统，结合耗散控制理论，基于干扰观测器提出了一种控制设计算法，并应用耗散性的概念来评估随机非线性系统的耗散性。随后，通过仿真实验验证了所提算法的有效性。

干扰观测器设计为

$$\begin{cases} \hat{d} = V\hat{\xi} \\ \hat{\xi} = v - Lx \\ \mathrm{d}v = \left[(G + LBV)\hat{\xi} + L(Ax + Bu + Mf(x)) \right] \mathrm{d}t + LFx\mathrm{d}\varpi \end{cases} \quad (8\text{-}23)$$

式中，$v \in R^m$ 表示非线性干扰观测器的状态；$L \in R^{m \times n}$ 表示待设计的增益矩阵。定义干扰观测器误差 $\tilde{\xi} = \hat{\xi} - \xi$，根据假设 6.1 可得到干扰观测器的误差动态方程：

$$\begin{aligned} \mathrm{d}\tilde{\xi} &= \mathrm{d}\hat{\xi} - \mathrm{d}\xi = \mathrm{d}v - L\mathrm{d}x - \mathrm{d}\xi \\ &= \left[(G + LBV)\tilde{\xi} - L\Delta A(t)x - LE\omega_x - H\omega_\xi \right] \mathrm{d}t \end{aligned} \quad (8\text{-}24)$$

基于干扰观测器的估计输出，设计自适应状态反馈控制律如下：

$$u = -Kx(t) - \hat{d}(t) \quad (8\text{-}25)$$

式中，K 表示待设计的控制增益矩阵。

于是可得到如下形式的闭环系统：

$$\begin{cases} \mathrm{d}x = \left[(A - Bk)x + \Delta A(t)x + Mf(x) - BV\tilde{\xi} + E\omega_x \right] \mathrm{d}t + Fx\mathrm{d}\varpi \\ \mathrm{d}\tilde{\xi} = \left[(G + LBV)\tilde{\xi} - L\Delta A(t)x - LE\omega_x - H\omega_\xi \right] \mathrm{d}t \end{cases} \quad (8\text{-}26)$$

定理 8.2 考虑随机非线性系统(8-22)，在满足假设 3.3、假设 4.1 和假设 6.1

的前提下，若控制律设计如式(8-25)所示，存在对称正定矩阵 P_1、P_2，有 $Q = P_1^{-1}$，$R = KQ$，$S = LP_2$，使得控制参数满足 $x \in R^n$，$u \in R^m$，

$$\Pi = \begin{bmatrix} \Pi_{11} & \Pi_{12} & \Pi_{13} & QF^{\mathrm{T}} & Q\Gamma^{\mathrm{T}} & QC_1^{\mathrm{T}} & QN & M & W & 0 & 0 & 0 \\ * & \Pi_{22} & \Pi_{23} & 0 & 0 & 0 & 0 & 0 & 0 & C_2^{\mathrm{T}} & SW & 0 \\ * & * & \Pi_{33} & 0 & 0 & 0 & 0 & 0 & 0 & 0 & 0 & D^{\mathrm{T}} \\ * & * & * & -Q & 0 & 0 & 0 & 0 & 0 & 0 & 0 & 0 \\ * & * & * & * & -\frac{1}{2}I & 0 & 0 & 0 & 0 & 0 & 0 & 0 \\ * & * & * & * & * & \mathcal{Z}_{11}^{-1} & 0 & 0 & 0 & 0 & 0 & 0 \\ * & * & * & * & * & * & -\frac{1}{2}I & 0 & 0 & 0 & 0 & 0 \\ * & * & * & * & * & * & * & -I & 0 & 0 & 0 & 0 \\ * & * & * & * & * & * & * & * & -I & 0 & 0 & 0 \\ * & * & * & * & * & * & * & * & * & \mathcal{Z}_{22}^{-1} & 0 & 0 \\ * & * & * & * & * & * & * & * & * & * & -I & 0 \\ * & * & * & * & * & * & * & * & * & * & * & \mathcal{Z}^{-1} \end{bmatrix} < 0 \quad (8\text{-}27)$$

$$\begin{cases} \Pi_{11} = AQ - BR + QA^{\mathrm{T}} - R^{\mathrm{T}}B^{\mathrm{T}} + \lambda Q \\ \Pi_{12} = -BV - QC_1^{\mathrm{T}} \mathcal{Z}_{12} C_2 \\ \Pi_{13} = \begin{bmatrix} E & 0_{n \times p_3} & 0_{n \times 1} \end{bmatrix} - QC_1^{\mathrm{T}} \mathcal{Z}_{11} D_1 - QC_1^{\mathrm{T}} \mathcal{Z}_{12} D_2 - QC_1^{\mathrm{T}} \mathcal{Y} \\ \Pi_{22} = P_2 G + SBV + G^{\mathrm{T}} P_2 + V^{\mathrm{T}} B^{\mathrm{T}} S^{\mathrm{T}} + \lambda P_2 \\ \Pi_{23} = \begin{bmatrix} -SE & -P_2 H & 0_{p_2 \times 1} \end{bmatrix} - C_2^{\mathrm{T}} \mathcal{Z}_{21} D_1 - C_2^{\mathrm{T}} \mathcal{Z}_{22} D_2 - C_2^{\mathrm{T}} \mathcal{Y} \\ \Pi_{33} = -2D^{\mathrm{T}} \mathcal{Y} - (\mathcal{X} - \varepsilon I) + \mathrm{diag}\{0,0,2\} \end{cases}$$

则通过 LMI 求解线性矩阵不等式(8-27)得到增益矩阵 $K = RQ^{-1}$，$L = SP_2^{-1}$，并按照式(8-25)设计控制律，能够保证系统是严格耗散的。

证明：定义 $\bar{x} = \begin{bmatrix} x^{\mathrm{T}} & \tilde{\xi}^{\mathrm{T}} \end{bmatrix}^{\mathrm{T}}$，选择如下形式的李雅普诺夫函数：

$$V = \bar{x}^{\mathrm{T}} P \bar{x} \quad (8\text{-}28)$$

式中，$P = \mathrm{diag}\{P_1, P_2\}$，$P_1$、$P_2$ 均表示对称正定矩阵。

由定义 2.2 可得李雅普诺夫函数的无穷算子为

$$\mathcal{L}V(\bar{x}(t)) = x^{\mathrm{T}} P_1 (A - BK) x + x^{\mathrm{T}} (A - BK)^{\mathrm{T}} P_1 x + 2x^{\mathrm{T}} P_1 \Delta A(t) x \\ - 2x^{\mathrm{T}} P_1 BV \tilde{\xi} + 2x^{\mathrm{T}} P_1 M f(x) + 2x^{\mathrm{T}} P_1 E \omega_x + x^{\mathrm{T}} F^{\mathrm{T}} P_1 F x$$

$$+ \tilde{\xi}^{\mathrm{T}}(G+LBV)^{\mathrm{T}} P_2 \tilde{\xi} + \tilde{\xi}^{\mathrm{T}} P_2 (G+LBV) \tilde{\xi} \\ - 2\tilde{\xi}^{\mathrm{T}} P_2 L \Delta A x - 2\tilde{\xi}^{\mathrm{T}} P_2 L E \omega_x - 2\tilde{\xi}^{\mathrm{T}} P_2 H \omega_\xi \tag{8-29}$$

由 $2x^{\mathrm{T}} y \leq \|x\|^2 + \|y\|^2$ 和假设 3.3、假设 4.1 可得

$$\begin{cases} 2x^{\mathrm{T}} P_1 M f(x) \leq x^{\mathrm{T}} P_1 M M^{\mathrm{T}} P_1 x + f^{\mathrm{T}} f \\ \qquad\qquad \leq x^{\mathrm{T}} P_1 M M^{\mathrm{T}} P_1 x + 2 x^{\mathrm{T}} \varGamma^{\mathrm{T}} \varGamma x + 2\varsigma^2 \\ 2x^{\mathrm{T}} P_1 \Delta A(t) x = 2 x^{\mathrm{T}} P_1 W \varLambda(t) N x \\ \qquad\qquad \leq x^{\mathrm{T}} P_1 W \varLambda(t) \varLambda^{\mathrm{T}}(t) W^{\mathrm{T}} P_1 x + x^{\mathrm{T}} N N^{\mathrm{T}} x \\ \qquad\qquad \leq x^{\mathrm{T}} P_1 W W^{\mathrm{T}} P_1 x + x^{\mathrm{T}} N N^{\mathrm{T}} x \\ 2\tilde{\xi}^{\mathrm{T}} P_2 L \Delta A(t) x = 2 \tilde{\xi}^{\mathrm{T}} P_2 L W \varLambda(t) N x \\ \qquad\qquad \leq \tilde{\xi}^{\mathrm{T}} P_2 W \varLambda(t) \varLambda^{\mathrm{T}}(t) W^{\mathrm{T}} P_2 \tilde{\xi} + x^{\mathrm{T}} N N^{\mathrm{T}} x \\ \qquad\qquad \leq \tilde{\xi}^{\mathrm{T}} P_2 L W W^{\mathrm{T}} L^{\mathrm{T}} P_2 \tilde{\xi} + x^{\mathrm{T}} N N^{\mathrm{T}} x \end{cases} \tag{8-30}$$

将式(8-30)代入式(8-29)可得

$$\begin{aligned} \mathcal{L} V(\bar{x}(t)) \leq & \, x^{\mathrm{T}} P_1 (A-BK) x + x^{\mathrm{T}} (A-BK)^{\mathrm{T}} P_1 x \\ & + x^{\mathrm{T}} P_1 W W^{\mathrm{T}} P_1 x + 2 x^{\mathrm{T}} N N^{\mathrm{T}} x + x^{\mathrm{T}} P_1 M M^{\mathrm{T}} P_1 x \\ & + 2 x^{\mathrm{T}} \varGamma^{\mathrm{T}} \varGamma x + 2\varsigma^2 - 2 x^{\mathrm{T}} P_1 B V \tilde{\xi} + 2 x^{\mathrm{T}} P_1 E \omega_x \\ & + x^{\mathrm{T}} F^{\mathrm{T}} P_1 F x + \tilde{\xi}^{\mathrm{T}} P_2 (G+LBV) \tilde{\xi} \\ & + \tilde{\xi}^{\mathrm{T}} P_2 (G+LBV) \tilde{\xi} + \tilde{\xi}^{\mathrm{T}} P_2 L W W^{\mathrm{T}} L^{\mathrm{T}} P_2 \tilde{\xi} \\ & - 2 \tilde{\xi}^{\mathrm{T}} P_2 L E \omega_x - 2 \tilde{\xi}^{\mathrm{T}} P_2 H \omega_\xi \end{aligned} \tag{8-31}$$

定义 $\omega(t) = \begin{bmatrix} \omega_x^{\mathrm{T}}(t) & \omega_\xi^{\mathrm{T}}(t) \end{bmatrix}^{\mathrm{T}}$, $\hat{\omega} = \begin{bmatrix} \omega^{\mathrm{T}}(t) & \varsigma \end{bmatrix}^{\mathrm{T}}$, 参考信号 $z(t) \in R^q$:

$$z(t) = C \bar{x}(t) + D \hat{\omega} \tag{8-32}$$

式中,

$$C = \begin{bmatrix} C_1 & 0 \\ 0 & C_2 \end{bmatrix}, D = \begin{bmatrix} D_1 \\ D_2 \end{bmatrix} \tag{8-33}$$

令

$$\mathcal{Z} = \begin{bmatrix} \mathcal{Z}_{11} & \mathcal{Z}_{12} \\ \mathcal{Z}_{21} & \mathcal{Z}_{22} \end{bmatrix}, \mathcal{Y} = \begin{bmatrix} \mathcal{Y}_1 \\ \mathcal{Y}_2 \end{bmatrix} \tag{8-34}$$

定义补偿率 $\Phi(t)$ 为

$$\Phi(t) = z^{\mathrm{T}}(t)\mathcal{Z}z(t) + 2z^{\mathrm{T}}(t)\mathcal{Y}\hat{\omega}(t) + \hat{\omega}^{\mathrm{T}}(t)(\mathcal{X} - \varepsilon I)\hat{\omega}(t) \tag{8-35}$$

计算可得

$$\begin{aligned}
\Phi(t) =& \begin{bmatrix} x(t) \\ \tilde{\xi}(t) \end{bmatrix}^{\mathrm{T}} \begin{bmatrix} C_1^{\mathrm{T}}\mathcal{Z}_{11}C_1 & C_1^{\mathrm{T}}\mathcal{Z}_{12}C_2 \\ C_2^{\mathrm{T}}\mathcal{Z}_{21}C_1 & C_2^{\mathrm{T}}\mathcal{Z}_{22}C_2 \end{bmatrix} \begin{bmatrix} x(t) \\ \tilde{\xi}(t) \end{bmatrix} \\
&+ 2\begin{bmatrix} x(t) \\ \tilde{\xi}(t) \end{bmatrix}^{\mathrm{T}} \begin{bmatrix} C_1^{\mathrm{T}}\mathcal{Z}_{11}D_1 + C_1^{\mathrm{T}}\mathcal{Z}_{12}D_2 + C_1^{\mathrm{T}}\mathcal{Y}_1 \\ C_2^{\mathrm{T}}\mathcal{Z}_{21}D_1 + C_2^{\mathrm{T}}\mathcal{Z}_{22}D_2 + C_2^{\mathrm{T}}\mathcal{Y}_2 \end{bmatrix} \hat{\omega} \\
&+ \hat{\omega}^{\mathrm{T}}\left(D^{\mathrm{T}}\mathcal{Z}D + 2D^{\mathrm{T}}\mathcal{Y} + (\mathcal{X} - \varepsilon I)\right)\hat{\omega}
\end{aligned} \tag{8-36}$$

定义 $\bar{\zeta}(t) = \begin{bmatrix} x^{\mathrm{T}}(t) & \tilde{\xi}^{\mathrm{T}}(t) & \hat{\omega}^{\mathrm{T}}(t) \end{bmatrix}^{\mathrm{T}}$，则：

$$\mathcal{L}V(t) \leqslant \bar{\zeta}^{\mathrm{T}}(t)\Pi\bar{\zeta}(t) + \Phi(t) - \lambda V(t) \tag{8-37}$$

式中，

$$\Pi = \begin{bmatrix} \Pi_{11} & \Pi_{12} & \Pi_{13} \\ * & \Pi_{22} & \Pi_{23} \\ * & * & \Pi_{33} \end{bmatrix}$$

$$\begin{cases}
\Pi_{11} = P_1(A - BK) + (A - BK)^{\mathrm{T}}P_1 + F^{\mathrm{T}}P_1F + 2\Gamma^{\mathrm{T}}\Gamma - C_1^{\mathrm{T}}\mathcal{Z}_{11}C_1 \\
\qquad + P_1WW^{\mathrm{T}}P_1 + 2NN^{\mathrm{T}} + P_1MM^{\mathrm{T}}P_1 + \lambda P_1 \\
\Pi_{12} = -P_1BV - C_1^{\mathrm{T}}\mathcal{Z}_{12}C_2 \\
\Pi_{13} = \begin{bmatrix} P_1E & 0_{n \times p_3} & 0_{n \times 1} \end{bmatrix} - C_1^{\mathrm{T}}\mathcal{Z}_{11}D_1 - C_1^{\mathrm{T}}\mathcal{Z}_{12}D_2 - C_1^{\mathrm{T}}\mathcal{Y}_1 \\
\Pi_{22} = P_2(G + LBV) + (G + LBV)^{\mathrm{T}}P_2 + P_2LWW^{\mathrm{T}}L^{\mathrm{T}}P_2 - C_2^{\mathrm{T}}\mathcal{Z}_{22}C_2 + \lambda P_2 \\
\Pi_{23} = \begin{bmatrix} -P_2LE & -P_2H & 0_{p_2 \times 1} \end{bmatrix} - C_2^{\mathrm{T}}\mathcal{Z}_{21}D_1 - C_2^{\mathrm{T}}\mathcal{Z}_{22}D_2 - C_2^{\mathrm{T}}\mathcal{Y}_2 \\
\Pi_{33} = -D^{\mathrm{T}}\mathcal{Z}D - 2D^{\mathrm{T}}\mathcal{Y} - (\mathcal{X} - \varepsilon I) + \mathrm{diag}\{0, 0, 2I\}
\end{cases} \tag{8-38}$$

定义 $Q = P_1^{-1}$，利用合同变换，左右各乘 $\mathrm{diag}\{Q, I, I\}$。定义 $R = P_1K$，$S = P_2L$，则式(8-38)可等价为

$$\Pi = \begin{bmatrix} \Pi_{11} & \Pi_{12} & \Pi_{13} \\ * & \Pi_{22} & \Pi_{23} \\ * & * & \Pi_{33} \end{bmatrix}$$

$$\begin{cases} \Pi_{11} = AQ - BR + QA^{\mathrm{T}} - R^{\mathrm{T}}B^{\mathrm{T}} + QF^{\mathrm{T}}Q^{-1}FQ + 2Q\Gamma^{\mathrm{T}}\Gamma Q - QC_1^{\mathrm{T}}\mathcal{Z}_{11}C_1Q \\ \qquad + MM^{\mathrm{T}} + WW^{\mathrm{T}} + 2QNN^{\mathrm{T}}Q + \lambda Q \\ \Pi_{12} = -BV - QC_1^{\mathrm{T}}\mathcal{Z}_{12}C_2 \\ \Pi_{13} = \begin{bmatrix} E & 0_{n \times p_3} & 0_{n \times 1} \end{bmatrix} - QC_1^{\mathrm{T}}\mathcal{Z}_{11}D_1 - QC_1^{\mathrm{T}}\mathcal{Z}_{12}D_2 - QC_1^{\mathrm{T}}\mathcal{Y} \\ \Pi_{22} = P_2G + SBV + G^{\mathrm{T}}P_2 + V^{\mathrm{T}}B^{\mathrm{T}}S^{\mathrm{T}} + SWW^{\mathrm{T}}S - C_2^{\mathrm{T}}\mathcal{Z}_{22}C_2 + \lambda P_2 \\ \Pi_{23} = \begin{bmatrix} -SE & -P_2H & 0_{p_2 \times 1} \end{bmatrix} - C_2^{\mathrm{T}}\mathcal{Z}_{21}D_1 - C_2^{\mathrm{T}}\mathcal{Z}_{22}D_2 - C_2^{\mathrm{T}}\mathcal{Y} \\ \Pi_{33} = -D^{\mathrm{T}}\mathcal{Z}D - 2D^{\mathrm{T}}\mathcal{Y} - (\mathcal{X} - \varepsilon I) + \mathrm{diag}\{0,0,2I\} \end{cases} \quad (8\text{-}39)$$

当 $\Pi < 0$，根据式(8-37)可得

$$\mathcal{L}V(t) \leq \Phi(t) - \lambda V(t) \quad (8\text{-}40)$$

显然对任意 $t > 0$，有

$$E\{V(\bar{\zeta}(t)) - V(\bar{\zeta}(0))\} < E\left\{\int_0^t \Phi(\tau)\mathrm{d}\tau\right\} \quad (8\text{-}41)$$

根据定义 2.5，可得随机非线性系统为耗散性的。

使用舒尔补引理，可得式(8-39)中的 $\Pi < 0$ 等价于式(8-27)。定理 8.2 得证。

8.2.3 仿真验证

1. 仿真环境

在 Windows11 操作系统中，基于 MATLAB 2021a 仿真环境实现本节仿真实验，计算机配置：CPU 为 Intel Core i7-1065G7，20GB 内存。

2. 仿真参数

系统初始状态设置为

$$x(0) = \begin{bmatrix} 0.5 & -0.5 \end{bmatrix}^{\mathrm{T}}, v(0) = \begin{bmatrix} -0.3 & -0.2 \end{bmatrix}^{\mathrm{T}}, \xi(0) = \begin{bmatrix} 0.01 & -0.01 \end{bmatrix}^{\mathrm{T}}$$

系统的相关系数设定如下：

$$A = \begin{bmatrix} -2.2 & 1.5 \\ 0 & 1.2 \end{bmatrix}, B = \begin{bmatrix} -1.5 \\ 2 \end{bmatrix}, E = \begin{bmatrix} 0.02 \\ 0 \end{bmatrix},$$

$$F = \begin{bmatrix} 1 & 0 \\ 0 & 0.2 \end{bmatrix}, f = \begin{bmatrix} 0.1x_1\sin(0.02t) \\ 0.1x_2\cos(0.02t) \end{bmatrix},$$

$$\Delta A = \begin{bmatrix} 0.035 & 0 \\ 0 & 0.025 \end{bmatrix}, M = \begin{bmatrix} 0.1 & 0 \\ 0 & 0.1 \end{bmatrix}, N = \begin{bmatrix} 0.2 & 0 \\ 0 & 0.1 \end{bmatrix}$$

非利普希茨条件中矩阵和参数设置为

$$\varGamma = \begin{bmatrix} 0.1 & 0 \\ 0 & 0.1 \end{bmatrix}, \varsigma = 0.1$$

参考信号相关矩阵设置为

$$C_1 = \begin{bmatrix} 1 & 0 \\ 0 & 1 \end{bmatrix}, C_2 = \begin{bmatrix} 0.1 & 0 \\ 0 & 0.1 \end{bmatrix}, D_1 = D_2 = \begin{bmatrix} 0.1 & 0 & 0.1 \\ 0 & 0.1 & 0 \end{bmatrix}$$

耗散性相关矩阵设置为

$$\mathcal{X} = \mathrm{diag}\{3,3,3\}, \mathcal{Y} = 0,$$
$$\mathcal{Z} = \begin{bmatrix} \mathcal{Z}_{11} & \mathcal{Z}_{12} \\ \mathcal{Z}_{21} & \mathcal{Z}_{22} \end{bmatrix}, \mathcal{Z}_{11} = \begin{bmatrix} -3 & 0 \\ 0 & -3 \end{bmatrix}, \mathcal{Z}_{22} = \begin{bmatrix} -40 & 0 \\ 0 & -40 \end{bmatrix},$$
$$\mathcal{Z}_{12} = \mathcal{Z}_{21} = 0$$

系统干扰设置：$\omega_x = 0.01\sin t$，$\omega_\xi = 0.01/(5+8t)$。

干扰观测器相关系数矩阵设置为

$$V = \begin{bmatrix} 0.8 & 1.2 \end{bmatrix}, G = \begin{bmatrix} 0 & 0.6 \\ -0.6 & 0 \end{bmatrix}, H = \begin{bmatrix} 0.15 \\ 0.008 \end{bmatrix}$$

选择 $\lambda = 0.5$，$\varepsilon = 0.3$，时间步长：$\mathrm{d}t = 0.01\mathrm{s}$，仿真时间：$T = 10\mathrm{s}$。通过线性矩阵不等式求解得到增益矩阵为

$$K = \begin{bmatrix} 1.1636 & 4.7681 \end{bmatrix}, L = \begin{bmatrix} 0.2849 & -0.5250 \\ 0.4579 & -0.8505 \end{bmatrix}$$

3. 仿真结果

仿真结果显示在图 8-6～图 8-10 中，图 8-6 显示了基于耗散性的随机不确定非线性系统状态响应曲线，显然，所设计的控制算法能够有效保证系统的状态在受到多源扰动、结构参数不确定性和非线性函数特性的综合影响时仍然有界；图 8-7 显示了基于耗散性的随机不确定非线性系统控制输入曲线；图 8-8 显示了基于耗散性的随机不确定非线性系统干扰观测器变化曲线，可以观察得到所设

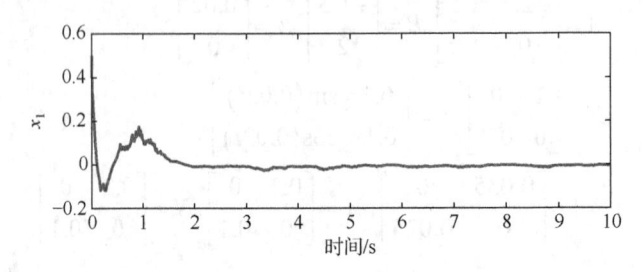

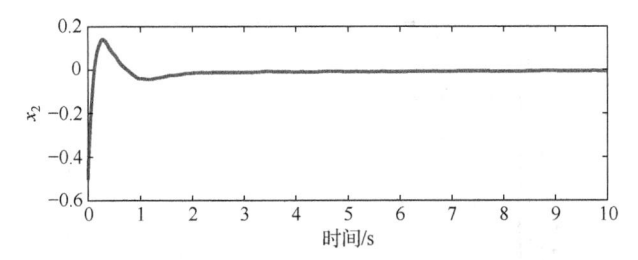

图 8-6 基于耗散性的随机不确定非线性系统状态响应曲线

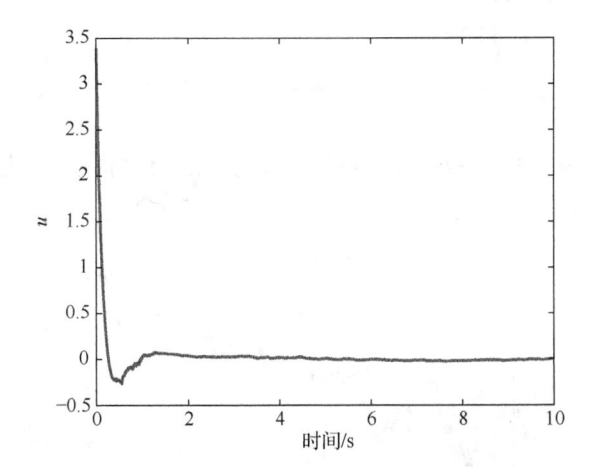

图 8-7 基于耗散性的随机不确定非线性系统控制输入曲线

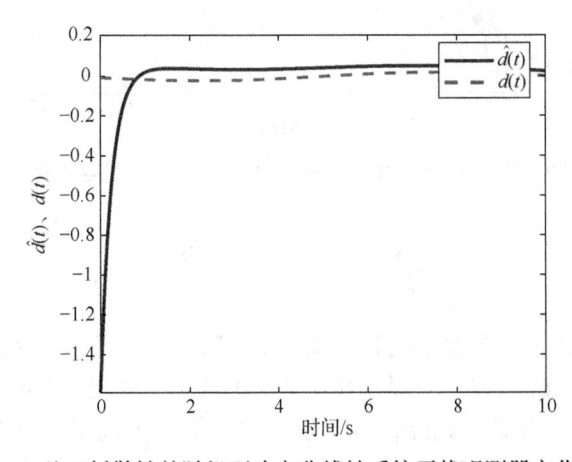

图 8-8 基于耗散性的随机不确定非线性系统干扰观测器变化曲线

计的干扰观测器能准确估计并补偿系统输入通道存在的干扰；图 8-9 给出了基于耗散性的随机不确定非线性系统参考信号响应曲线；图 8-10 给出了基于耗散性的随机不确定非线性系统布朗运动变化曲线。

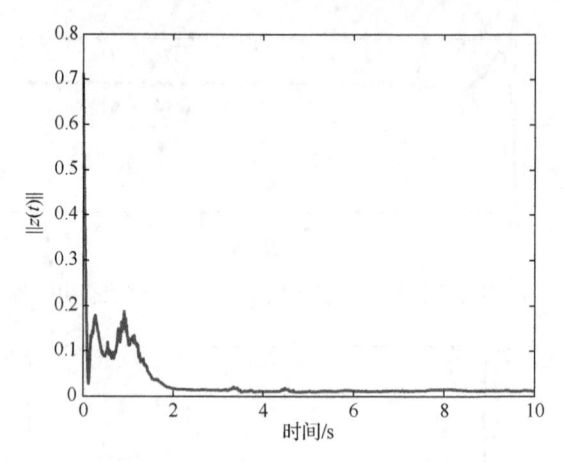

图 8-9 基于耗散性的随机不确定非线性系统参考信号响应曲线

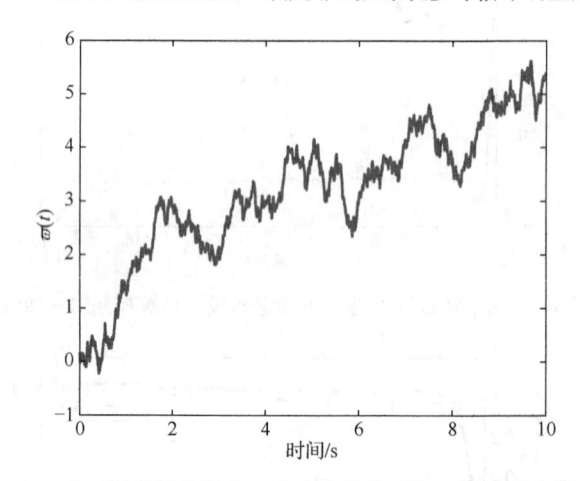

图 8-10 基于耗散性的随机不确定非线性系统布朗运动变化曲线

8.3 小　　结

本章首先讨论了受多源干扰和非线性函数特性影响的随机系统的抗干扰控制器设计问题。基于耗散控制原理，开发了一种基于干扰观测器的反馈控制策略，保证了系统的状态有界。此外，本章还研究了结构不确定性对系统稳定性的影响，并开发了相应的控制算法。通过数值仿真算例证明了算法的有效性。

第9章 随机切换非线性系统抗干扰控制方法

在实际应用中,现实系统中经常存在不同系统结构之间的切换和固有的随机特性[141],文献[142]和[143]分别进行了有异步切换和无异步切换的随机切换非线性系统的稳定性分析。多源扰动通常具有不同的特征,需要用几个外源系统来描述,当随机切换非线性系统中存在多源干扰时,系统就会成为具有隐含子系统和固有不确定性的扰动混合系统,控制难度大大增加。基于 T-S 模糊模型的控制方法对光滑非线性函数具有良好的逼近能力,对于复杂非线性系统的镇定和跟踪控制具有显著的优势[144],关于 T-S 模糊系统的稳定性分析与镇定的研究已在文献[145]和[146]中得到论证。此外,众所周知,耗散性理论是分析和综合相关系统的有效工具[147],它是几种系统理论的一般形式,包括 H_∞ 控制、被动控制和扇区有界性能控制。因此,本章引入耗散分析方法,建立具有任意切换、随机扰动和多源不确定性的 T-S 模糊系统的复合抗干扰控制结构。最后,通过数值仿真说明了所提出的控制算法的有效性和优越性。

9.1 问题描述

考虑以下连续时间的随机切换非线性系统,其可以通过以下 T-S 模糊模型表示为

模糊规则 $\mathcal{R}_i^j$: **IF** $\delta_1^j(t)$ 是 $\mu_{i,1}^j$,$\delta_2^j(t)$ 是 $\mu_{i,2}^j$,$\cdots$,$\delta_p^j(t)$ 是 $\mu_{i,p}^j$,**THEN**:

$$\mathrm{d}x(t) = \begin{Bmatrix} \left[A_{j,i} + \Delta A_{j,i}(t)\right]x(t) + M_j f_i(x(t),t,j) \\ + B_{j,i}\left[u(t) + \Delta(t)\right] + E_{j,i}\omega_x(t) \end{Bmatrix} \mathrm{d}t \\ + F_{j,i}x(t)\mathrm{d}\varpi(t), \quad i = 1, 2, \cdots, N_r \tag{9-1}$$

式中,$x(t) \in R^n$ 和 $u(t) \in R^m$ 分别表示系统的状态向量和控制输入向量;$\Delta(t) \in R^m$ 表示主要干扰;$\varpi(t) \in R$ 表示在概率空间 $(\Omega, \mathcal{F}, \mathcal{P})$ 上定义的布朗运动;假设 $E\{\mathrm{d}\varpi(t)\} = 0$ 和 $E\{\mathrm{d}\varpi^2(t)\} = \mathrm{d}t$,$\omega_x(t) \in R^{p_1}$ 表示属于 $\mathcal{L}_2[0, +\infty)$ 的额外扰动;$i \in \Upsilon = \{1, 2, \cdots, N_r\}$,$N_r$ 表示 **IF-THEN** 规则的数量;$\mu_{i,1}^j, \mu_{i,2}^j, \cdots, \mu_{i,p}^j$ 表示模糊集;$\delta_1^j(t), \delta_2^j(t), \cdots, \delta_p^j(t)$ 表示前提变量;$\Delta A_{j,i}(t) \in R^{n \times n}$ 表示一个未知时变

矩阵，是结构系统的不确定性；$A_{j,i} \in R^{n \times n}$，$M_j \in R^{n \times n}$，$B_{j,i} \in R^{n \times m}$，$E_{j,i} \in R^{n \times p_1}$，$F_{j,i} \in R^n$ 表示已知的系统常数矩阵；$f_i(x(t),t,j) \in R^n$ 表示一个非线性向量函数。在本章中假设 $\delta_1^j(t), \delta_2^j(t), \cdots, \delta_p^j(t)$ 不依赖于 $u(t)$、$\Delta(t)$ 或 $\omega_x(t)$。令 $\sigma(t):[0,\infty) \to \mathcal{N} = \{1, 2, \cdots, N\}$ 表示切换信号，对于任何给定的时间 t，$\sigma(t) = j(j \in \mathcal{N})$ 表示第 j 个子系统是活动的，其他子系统不是活动的。

定义：

$$\phi_i^j\left(\delta^j(t)\right) = \frac{\prod_{p_v=1}^{p} \mu_{i,p_v}^j\left(\delta_{p_v}^j(t)\right)}{\sum_{i=1}^{N_r} \prod_{p_v=1}^{p} \mu_{i,p_v}^j\left(\delta_{p_v}^j(t)\right)} \tag{9-2}$$

式中，$\delta^j(t) = \left[\delta_1^j(t), \delta_2^j(t), \cdots, \delta_p^j(t)\right]$；$\mu_{i,p_v}^j\left(\delta_{p_v}^j(t)\right)$ 表示 $\delta_{p_v}^j(t)$ 在 μ_{i,p_v}^j 中的隶属度；$\phi_i^j(\delta^j(t))$ 表示模糊基函数。n、m、p、p_1 均为正整数，分别表示状态向量、控制输入、前提变量和额外扰动 $\omega_x(t)$ 的维数。p_v 表示一个正整数，从 $\{1, 2, \cdots, p\}$ 中取值。显然，对于任意的 $j \in \mathcal{N}$ 和 $i \in Y$，有 $\phi_i^j(\delta^j(t)) \geq 0$ 和 $\sum_{i=1}^{N_r} \phi_i^j(\delta^j(t)) = 1$。

因此，在标准模糊处理的帮助下，模糊随机切换非线性系统(9-1)可以重新表示为

$$\begin{aligned}
dx(t) &= \sum_{i=1}^{N_r} \phi_i^{\sigma(t)}\left(\delta^{\sigma(t)}(t)\right) \left\{ \begin{bmatrix} A_{\sigma(t),i} + \Delta A_{\sigma(t),i}(t) \end{bmatrix} x(t) \\ + M_{\sigma(t)} f_i(x(t),t,\sigma(t)) \right\} dt \\
&+ \sum_{i=1}^{N_r} \phi_i^{\sigma(t)}\left(\delta^{\sigma(t)}(t)\right) \left\{ B_{\sigma(t),i}\left[u(t) + \Delta(t)\right] + E_{\sigma(t),i} \omega_x(t) \right\} dt \\
&+ \sum_{i=1}^{N_r} \phi_i^{\sigma(t)}\left(\delta^{\sigma(t)}(t)\right) F_{\sigma(t),i} x(t) d\varpi(t)
\end{aligned} \tag{9-3}$$

本章的控制目标是为 T-S 模糊随机切换非线性系统(9-3)设计干扰观测器和抗干扰控制器，保证系统的耗散性和鲁棒随机稳定性。要实现控制目标，下列假设是必要的。

假设 9.1 对于任意的 $\sigma(t) = j, j \in \mathcal{N}$ 和 $i \in Y$，扰动量 $\Delta(t)$ 由如下外源系统产生：

$$\begin{cases} \Delta(t) = V_{j,i} \xi(t) \\ \dot{\xi}(t) = G_{j,i} \xi(t) + H_{j,i} \omega_\xi(t) \end{cases} \tag{9-4}$$

式中，$\xi(t) \in R^r$ 表示外源系统的状态；$V_{j,i} \in R^{m \times r}$，$G_{j,i} \in R^{r \times r}$，$H_{j,i} \in R^{r \times p_2}$ 表示已知矩阵；$\omega_\xi(t) \in R^{p_2}$ 表示式(9-4)中存在的扰动和不确定性。

假设 9.2 对于任意的 $\sigma(t) = j, j \in \mathscr{N}$ 和 $i \in \Upsilon$，$(A_{j,i}, B_{j,i})$ 是可控的，并且 $(G_{j,i}, B_{j,i}V_{j,i})$ 是可观测的。

假设 9.3 非线性向量函数 $f_i(x(t),t,j)$ 满足 $f_i(0,t,j) = 0$ 和如下条件：

$$\left\| f_i(x_1(t),t,j) - f_i(x_2(t),t,j) \right\| \leq \left\| \Gamma_{j,i}(x_1(t) - x_2(t)) \right\| \tag{9-5}$$

式中，$\Gamma_{j,i}$ 表示已知的常数权重矩阵。

假设 9.4 对于任意的 $\sigma(t) = j, j \in \mathscr{N}$ 和 $i \in \Upsilon$，不确定性矩阵 $\Delta A_{j,i}(t)$ 是范数有界的，其形式为

$$\Delta A_{j,i}(t) = W_{j,i} \Lambda_{j,i}(t) N_{j,i} \tag{9-6}$$

式中，$W_{j,i}$ 和 $N_{j,i}$ 表示有合适维数的已知矩阵；$\Lambda_{j,i}(t)$ 表示一个满足 $\Lambda_{j,i}^{\mathrm{T}}(t) \Lambda_{j,i}(t) \leq I$ 的未知矩阵。

接下来介绍以下必不可少的定义。考虑以下 T-S 模糊随机切换非线性系统：

$$\begin{aligned} \mathrm{d}x(t) &= \sum_{r=1}^{N_r} \phi_i^{\sigma(t)}\left(\delta^{\sigma(t)}(t)\right)\left[f_i(x(t),t,\sigma(t)) + E_{\sigma(t),i}\omega(t)\right]\mathrm{d}t \\ &\quad + \sum_{r=1}^{N_r} \phi_i^{\sigma(t)}\left(\delta^{\sigma(t)}(t)\right) F_{\sigma(t),i} x(t) \mathrm{d}\varpi(t) \\ z(t) &= C_{\sigma(t)} x(t) + D_{\sigma(t)} \omega(t) \end{aligned} \tag{9-7}$$

式中，$x(t) \in R^n$ 和 $\omega(t) \in R^m$ 分别表示系统状态变量和干扰；$z(t) \in R^q$ 表示要控制的输出。

定义 9.1 给定任意的 $t_b > t_a > 0$，定义 $N_\alpha(t_a,t_b)$ 为 $\sigma(t)$ 在 (t_a,t_b) 的切换数。如果 $N_\alpha(t_a,t_b) \leq N_0 + (t_b - t_a)/T_\alpha$，式中 $T_\alpha > 0$，$N_0 \geq 0$，那么 T_α 被称为平均驻留时间。

定义 9.2 考虑 T-S 模糊随机切换非线性系统(9-7)，对任意 $\omega(t) \in \Omega_\omega$，$z(t) \in Z$，其中 $\Omega_\omega \in R$，$Z \in R$ 是紧集，如果一个实值勒贝格(Lebesgue)可积函数 $s(\omega(t),z(t)): \Omega_\omega \times Z \to R$ 满足如下不等式：

$$\int_o^{t^*} \left| s(\omega(t),z(t)) \right| \mathrm{d}t < +\infty \tag{9-8}$$

那么 $s(\omega(t),z(t))$ 被称为供给率。

定义 9.3 给定初始条件 $x_0 \in X$，$\omega \in \Omega$ 和 $t^* \geq 0$，如果存在一个非负的存储函数 $V(x): X \to R$，那么有如下不等式成立：

$$E\{V(x(t^*))-V(x(0))\} \leq E\left\{\int_0^{t^*} s(\omega(t),z(t))\mathrm{d}t\right\} \tag{9-9}$$

式中，$s(\omega(t),z(t))$ 表示 T-S 模糊随机切换非线性系统(9-7)的供给率，则 T-S 模糊随机切换非线性系统(9-7)被称为耗散系统。

定义 9.4 考虑 T-S 模糊随机切换非线性系统(9-7)，给定实对称矩阵 $\mathcal{Z} \in R^{q \times q}$，$\mathcal{X} \in R^{m \times m}$ 和实矩阵 $\mathcal{Y} \in R^{q \times m}$。若对非零 $\omega(t) \in \mathcal{L}_2[0,\infty)$ 和 $g(0)=0$ 的实函数 $g(\cdot)$，有下列不等式成立：

$$E\left\{\int_0^{t^*}\begin{bmatrix}z(t)\\\omega(t)\end{bmatrix}^\mathrm{T}\begin{bmatrix}\mathcal{Z}&\mathcal{Y}\\ *&\mathcal{X}\end{bmatrix}\begin{bmatrix}z(t)\\\omega(t)\end{bmatrix}\mathrm{d}t\right\}+g(x) \geq 0, \quad \forall t^* \geq 0 \tag{9-10}$$

那么随机切换非线性系统(9-7)被称为 $(\mathcal{Z},\mathcal{Y},\mathcal{X})$ 耗散的。此外，如果对一个标量 $\varepsilon > 0$，有如下不等式成立：

$$E\left\{\int_0^{t^*}\begin{bmatrix}z(t)\\\omega(t)\end{bmatrix}^\mathrm{T}\begin{bmatrix}\mathcal{Z}&\mathcal{Y}\\ *&\mathcal{X}\end{bmatrix}\begin{bmatrix}z(t)\\\omega(t)\end{bmatrix}\mathrm{d}t\right\}+g(x) \geq \varepsilon\int_0^{t^*} \omega^\mathrm{T}(t)\omega(t)\mathrm{d}t, \quad \forall t^* \geq 0 \tag{9-11}$$

那么随机切换非线性系统(9-7)被称为严格 $(\mathcal{Z},\mathcal{Y},\mathcal{X})$-$\varepsilon$ 耗散的。

9.2 控制器的设计与耗散性分析

本节将基于耗散性分析方法和平均驻留时间方法，解决 T-S 模糊随机切换非线性系统的扰动抑制和抗扰动控制问题。本节假设系统(9-1)的前提变量 $\delta_1^{\sigma(t)}(t),\delta_2^{\sigma(t)}(t),\cdots,\delta_p^{\sigma(t)}(t)$ 可用于干扰观测器的设计。此外，注意，在本节中，假设非线性函数 $f_i(x(t),t,\sigma(t))$，$i=1,2,\cdots,N_r$ 是已知的。

考虑随机切换非线性系统(9-1)，对于 $\sigma(t)=j,j \in \mathcal{N}$，模糊干扰观测器设计如下。

观测器规则 $\mathcal{R}_{o,i}^j$：**IF** $\delta_1^j(t)$ 是 $\mu_{i,1}^j$，$\delta_2^j(t)$ 是 $\mu_{i,2}^j$，以此类推，则 $\delta_p^j(t)$ 是 $\mu_{i,p}^j$，**THEN**：

$$\begin{cases}\hat{\Delta}(t)=V_{j,i}\hat{\xi}(t), \quad \hat{\xi}(t)=v(t)-L_{j,i}x(t)\\ \mathrm{d}v(t)=\left(G_{j,i}+L_{j,i}B_{j,i}V_{j,i}\right)\hat{\xi}(t)\mathrm{d}t\\ \qquad+L_{j,i}\left(A_{j,i}x(t)+M_jf_i(x(t),t,j)+B_{j,i}u(t)\right)\mathrm{d}t+L_{j,i}F_{j,i}x(t)\mathrm{d}\varpi(t)\\ i=1,2,\cdots,N_r\end{cases} \quad (9\text{-}12)$$

式中，$L_{j,i}\in R^{r\times n}$ 表示待确定的观测增益矩阵；$v(t)$ 表示模糊扰动观测器的状态向量。

同时，对于 $\sigma(t)=j, j\in\mathcal{N}$，模糊抗干扰控制律设计如下。

控制器规则 $\mathcal{R}_{\mathrm{c},i}^j$：**IF** $\delta_1^j(t)$ 是 $\mu_{i,1}^j$，$\delta_2^j(t)$ 是 $\mu_{i,2}^j$，以此类推，则 $\delta_p^j(t)$ 是 $\mu_{i,p}^j$，**THEN**：

$$u(t)=K_{j,i}x(t)-\hat{\Delta}_i(t), \quad i=1,2,\cdots,N_r \quad (9\text{-}13)$$

式中，$K_{j,i}\in R^{m\times n}$ 表示待设计的控制增益矩阵。

定义 $\tilde{\xi}(t)=\hat{\xi}(t)-\xi(t)$，因此，利用式(9-3)、式(9-4)和式(9-12)，可以得到：

$$\mathrm{d}\tilde{\xi}(t)=\sum_{i=1}^{N_r}\phi_i^{\sigma(t)}\left(\delta^{\sigma(t)}(t)\right)\sum_{l=1}^{N_r}\phi_l^{\sigma(t)}\left(\delta^{\sigma(t)}(t)\right)\begin{bmatrix}\left(G_{\sigma(t),i}+L_{\sigma(t),l}B_{\sigma(t),i}V_{\sigma(t),i}\right)\tilde{\xi}(t)\\ -L_{\sigma(t),l}\Delta A_{\sigma(t),i}(t)x(t)\\ -L_{\sigma(t),l}E_{\sigma(t),i}\omega_x(t)-H_{\sigma(t),i}\omega_\xi(t)\end{bmatrix}\mathrm{d}t \quad (9\text{-}14)$$

将式(9-13)代入式(9-3)，可以得到如下等式：

$$\mathrm{d}x(t)=\sum_{i=1}^{N_r}\phi_i^{\sigma(t)}\left(\delta^{\sigma(t)}(t)\right)\sum_{l=1}^{N_r}\phi_l^{\sigma(t)}\left(\delta^{\sigma(t)}(t)\right)\begin{bmatrix}\left(A_{\sigma(t),i}+B_{\sigma(t),i}K_{\sigma(t),l}\right)x(t)\\ +\Delta A_{\sigma(t),i}(t)x(t)\\ +M_{\sigma(t)}f_i(x(t),t,\sigma(t))\\ -B_{\sigma(t),i}V_{\sigma(t),i}\tilde{\xi}(t)+E_{\sigma(t),i}\omega_x(t)\end{bmatrix}\mathrm{d}t \\ +\sum_{i=1}^{N_r}\phi_i^{\sigma(t)}\left(\delta^{\sigma(t)}(t)\right)F_{\sigma(t),i}x(t)\mathrm{d}\varpi(t) \quad (9\text{-}15)$$

定义 $\bar{x}(t)=\begin{bmatrix}x^{\mathrm{T}}(t) & \tilde{\xi}^{\mathrm{T}}(t)\end{bmatrix}^{\mathrm{T}}$，$\omega(t)=\begin{bmatrix}\omega_x^{\mathrm{T}}(t) & \omega_\xi^{\mathrm{T}}(t)\end{bmatrix}^{\mathrm{T}}$，结合式(9-14)和式(9-15)得到：

$$\mathrm{d}\bar{x}(t)=\sum_{i=1}^{N_r}\phi_i^{\sigma(t)}\left(\delta^{\sigma(t)}(t)\right)\sum_{l=1}^{N_r}\phi_l^{\sigma(t)}\left(\delta^{\sigma(t)}(t)\right)\begin{bmatrix}\bar{A}_{\sigma(t),il}\bar{x}(t)+\Delta\bar{A}_{\sigma(t),il}(t)\bar{x}(t)\\ +\bar{M}_{\sigma(t)}f_i(x(t),t,\sigma(t))+\bar{E}_{\sigma(t),il}\omega(t)\end{bmatrix}\mathrm{d}t$$

$$+ \sum_{i=1}^{N_r} \phi_i^{\sigma(t)}\left(\delta^{\sigma(t)}(t)\right) \bar{F}_{\sigma(t),i} \bar{x}(t) \mathrm{d}\varpi(t)$$

(9-16)

式中，

$$\begin{cases} \bar{A}_{\sigma(t),il} = \begin{bmatrix} A_{\sigma(t),i} + B_{\sigma(t),i} K_{\sigma(t),l} & -B_{\sigma(t),i} V_{\sigma(t),i} \\ 0 & G_{\sigma(t),i} + L_{\sigma(t),l} B_{\sigma(t),i} V_{\sigma(t),i} \end{bmatrix} \\ \Delta \bar{A}_{\sigma(t),il}(t) = \begin{bmatrix} \Delta A_{\sigma(t),i}(t) & 0 \\ -L_{\sigma(t),l} \Delta A_{\sigma(t),i}(t) & 0 \end{bmatrix} \\ \bar{M}_{\sigma(t)} = \begin{bmatrix} M_{\sigma(t)} \\ 0 \end{bmatrix} \\ \bar{E}_{\sigma(t),il} = \begin{bmatrix} E_{\sigma(t),i} & 0 \\ -L_{\sigma(t),l} E_{\sigma(t),i} & -H_{\sigma(t),i} \end{bmatrix} \\ \bar{F}_{\sigma(t),i} = \begin{bmatrix} F_{\sigma(t),i} & 0 \\ 0 & 0 \end{bmatrix} \end{cases}$$

(9-17)

定义参考输出为

$$z(t) = C_{\sigma(t)} \bar{x}(t) + D_{\sigma(t)} \omega(t)$$

(9-18)

式中，

$$C_{\sigma(t)} = \begin{bmatrix} C_{1,\sigma(t)} & 0 \\ 0 & C_{2,\sigma(t)} \end{bmatrix}, D_{\sigma(t)} = \begin{bmatrix} D_{1,\sigma(t)} \\ D_{2,\sigma(t)} \end{bmatrix}$$

接下来，将分析闭环模糊随机切换非线性系统(9-16)的耗散性和随机稳定性。

定理 9.1 考虑满足假设 9.1~假设 9.4 的 T-S 模糊随机切换非线性系统(9-1)，对于任意的 $i \in \Upsilon$，非线性函数 $f_i(x(t),t,\sigma(t))$ 假设已知。干扰观测器设计为式(9-12)以及控制器设计为式(9-13)。给定标量 $\lambda, \gamma, \varepsilon > 0$，实对称矩阵 $0 > \mathcal{Z} \in R^{q \times q}$，$\mathcal{X} \in R^{(p_1+p_2) \times (p_1+p_2)}$ 和实矩阵 $\mathcal{Y} \in R^{q \times (p_1+p_2)}$，对于任意的 $\sigma(t) = j(j \in \mathcal{N})$ 和 $i,l \in \Upsilon$，如果存在矩阵 Q_j，$P_{2,j}$，$R_{j,l}$，$S_{j,i}$ 使得

$$\begin{cases} \Pi_{j,ii} < 0, & i = 1,2,\cdots,N_r \\ \Pi_{j,il} + \Pi_{j,li} < 0, & 1 \leqslant i < l \leqslant N_r \end{cases}$$

(9-19)

式中，

$$\Pi_{j,il} = \begin{bmatrix} \Pi_{11,j,il} & \Pi_{12,j,i} & \Pi_{13,j,i} & M_j & \Pi_{15,j,i} & \Pi_{16,j,i} & \Pi_{17,j,i} & \Pi_{18,j,i} & 0 \\ * & \Pi_{22,j,i} & \Pi_{23,j,i} & 0 & 0 & 0 & 0 & 0 & \Pi_{29,j,i} \\ * & * & \Pi_{33,j,i} & 0 & 0 & 0 & 0 & 0 & 0 \\ * & * & * & -\dfrac{1}{\gamma^2}I & 0 & 0 & 0 & 0 & 0 \\ * & * & * & * & -Q_j & 0 & 0 & 0 & 0 \\ * & * & * & * & * & -\gamma^2 I & 0 & 0 & 0 \\ * & * & * & * & * & * & -I & 0 & 0 \\ * & * & * & * & * & * & * & \mathcal{Z}_{11}^{-1} & 0 \\ * & * & * & * & * & * & * & * & -I \end{bmatrix}$$

$$\begin{cases} \Pi_{11,j,il} = A_{j,i}Q_j + B_{j,i}R_{j,l} + Q_j A_{j,i} + R_{j,l}^T B_{j,i}^T + W_{j,i}W_{j,i}^T + \lambda Q_j \\ \Pi_{12,j,i} = -B_{j,i}V_{j,i} - Q_j C_{1,j}^T \mathcal{Z}_{12} C_{2,j} \\ \Pi_{13,j,i} = \begin{bmatrix} E_{j,i} & 0 \end{bmatrix} - Q_j C_{1,j}^T \mathcal{Z}_{11} D_{1,j} - Q_j C_{1,j}^T \mathcal{Z}_{12} D_{2,j} + Q_j C_{1,j}^T \mathcal{Y} \\ \Pi_{15,j,i} = Q_j F_{j,i}^T \\ \Pi_{16,j,i} = Q_j \varGamma_{j,i}^T \\ \Pi_{17,j,i} = \sqrt{2} Q_j N_{j,i}^T \\ \Pi_{18,j,i} = Q_j C_{1,j}^T \\ \Pi_{22,j,i} = P_{2,j} G_{j,i} + S_{j,i} B_{j,i} V_{j,i} + G_{j,i}^T P_{2,j} + V_{j,i}^T B_{j,i}^T S_{j,i}^T - C_{2,j}^T \mathcal{Z}_{22} C_{2,j} + \lambda P_{2,j} \\ \Pi_{23,j,i} = \begin{bmatrix} -S_{j,i}E_{j,i} & -P_{2,j}H_{j,i} \end{bmatrix} - C_{2,j}^T \mathcal{Z}_{21} D_{1,j} - C_{2,j}^T \mathcal{Z}_{22} D_{2,j} + C_{2,j}^T \mathcal{Y}_2 \\ \Pi_{29,j,i} = S_{j,i} W_{j,i} \\ \Pi_{33,j,i} = -D_j^T \mathcal{Z} D_j - \mathcal{Y}^T D_j - D_j^T \mathcal{Y} - \mathcal{X} + \varepsilon I \end{cases}$$

那么对于任意开关信号的平均驻留时间满足 $T_\alpha > \ln \vartheta / \lambda (\vartheta \geqslant 1)$，并且 $Q_j^{-1} \leqslant \vartheta Q_g^{-1}, P_{2,j} \leqslant \vartheta P_{2,g}, \forall j,g \in \mathcal{N}$，复合系统(9-16)是随机渐近稳定的且严格 $(\mathcal{Z}, \mathcal{Y}, \mathcal{X})$-$\varepsilon$ 耗散的。此外，如果条件(9-19)是可行的，则模糊扰动观测器和抗扰动控制器的增益可由式(9-20)得到：

$$K_{j,l} = R_{j,l} Q_j^{-1}, L_{j,i} = P_{2,j}^{-1} S_{j,i} \tag{9-20}$$

证明：定义如下的 Lyapunov 函数：

$$V(\bar{x}(t), \sigma(t)) = \bar{x}^{\mathrm{T}}(t) P_{\sigma(t)} \bar{x}(t) \tag{9-21}$$

式中，$P_{\sigma(t)} > 0$ 表示一个对称正矩阵，满足：

$$P_{\sigma(t)} = \begin{bmatrix} P_{1,\sigma(t)} & 0 \\ 0 & P_{2,\sigma(t)} \end{bmatrix} \tag{9-22}$$

根据 Itô 公式，给定任意固定的 $\sigma(t) = j, j \in \mathcal{N}$，则 $V(\bar{x}(t), j)$ 的随机微分可取为

$$\begin{cases} \mathrm{d}V(\bar{x}(t), j) = \mathcal{L}V(\bar{x}(t), j)\mathrm{d}t + 2\sum_{i=1}^{N_r} \phi_i^j(\delta^j(t))\bar{x}^{\mathrm{T}}(t) P_j \bar{F}_{j,i} \bar{x}(t) \mathrm{d}\varpi(t) \\ \mathcal{L}V(\bar{x}(t), j) = \sum_{i=1}^{N_r} \phi_i^j(\delta^j(t)) \sum_{l=1}^{N_r} \phi_l^j(\delta^j(t)) \\ \quad \times \begin{cases} \bar{x}^{\mathrm{T}}(t)\left[P_j \bar{A}_{j,il} + \bar{A}_{j,il}^{\mathrm{T}} P_j\right]\bar{x}(t) + 2\bar{x}^{\mathrm{T}}(t) P_j \Delta \bar{A}_{j,il}(t) \bar{x}(t) \\ + 2\bar{x}^{\mathrm{T}}(t) P_j \bar{M}_j f_i(x(t), t, j) + 2\bar{x}^{\mathrm{T}}(t) P_j \bar{E}_{j,il} \omega(t) + \bar{x}^{\mathrm{T}}(t) \bar{F}_{j,i}^{\mathrm{T}} P_j \bar{F}_{j,i} \bar{x}(t) \end{cases} \end{cases} \tag{9-23}$$

简单的计算表明：

$$2\bar{x}^{\mathrm{T}}(t) P_j \Delta \bar{A}_{j,il}(t) \bar{x}(t) = 2x^{\mathrm{T}}(t) P_{1,j} \Delta A_{j,i}(t) x(t) - 2\tilde{\xi}^{\mathrm{T}}(t) P_{2,j} L_{j,l} \Delta A_{j,i}(t) x(t) \tag{9-24}$$

使用假设 9.4，可以很容易地证明：

$$\begin{aligned} 2x^{\mathrm{T}}(t) P_{1,j} \Delta A_{j,i}(t) x(t) &\leqslant x^{\mathrm{T}}(t) P_{1,j} W_{j,i} W_{j,i}^{\mathrm{T}} P_{1,j} x(t) + x^{\mathrm{T}}(t) N_{j,i}^{\mathrm{T}} N_{j,i} x(t) \\ &\quad - 2\tilde{\xi}^{\mathrm{T}}(t) P_{2,j} L_{j,l} \Delta A_{j,i}(t) x(t) \\ &\leqslant \tilde{\xi}^{\mathrm{T}}(t) P_{2,j} L_{j,l} W_{j,i} W_{j,i}^{\mathrm{T}} L_{j,l}^{\mathrm{T}} P_{2,j} \tilde{\xi}(t) + x^{\mathrm{T}}(t) N_{j,i}^{\mathrm{T}} N_{j,i} x(t) \end{aligned} \tag{9-25}$$

此外，从假设 9.3 可以推导得到：

$$f_i^{\mathrm{T}}(x(t), t, j) f_i(x(t), t, j) \leqslant x^{\mathrm{T}}(t) \Gamma_{j,i}^{\mathrm{T}} \Gamma_{j,i} x(t) \tag{9-26}$$

因此，将式(9-17)代入式(9-21)并且结合式(9-24)～式(9-26)，可以得到如下不等式：

$$\mathcal{L}V(\bar{x}(t), j) \leqslant \sum_{i=1}^{N_r} \phi_i^j(\delta^j(t)) \sum_{l=1}^{N_r} \phi_l^j(\delta^j(t)) \eta^{\mathrm{T}}(t) \bar{\Pi}_{j,il} \eta(t) \tag{9-27}$$

式中，$\eta(t) = \begin{bmatrix} x^{\mathrm{T}}(t) & \xi^{\mathrm{T}}(t) & \omega^{\mathrm{T}}(t) & f_i^{\mathrm{T}}(x(t), t, j) \end{bmatrix}^{\mathrm{T}}$，

$$\bar{\Pi}_{j,il} = \begin{bmatrix} \bar{\Pi}_{11,j,il} & -P_{1,j}B_{j,i}V_{j,i} & \bar{\Pi}_{13,j,il} & P_{1,j}M_j \\ * & \bar{\Pi}_{22,j,il} & \bar{\Pi}_{23,j,il} & 0 \\ * & * & 0 & 0 \\ * & * & * & -\dfrac{1}{\gamma^2}I \end{bmatrix} \quad (9\text{-}28)$$

式中，$\bar{\Pi}_{11,j,il}$、$\bar{\Pi}_{22,j,il}$、$\bar{\Pi}_{13,j,il}$、$\bar{\Pi}_{23,j,il}$ 被定义为

$$\begin{cases} \bar{\Pi}_{11,j,il} = P_{1,j}\left(A_{j,i}+B_{j,i}K_{j,l}\right) + \left(A_{j,i}+B_{j,i}K_{j,l}\right)^{\mathrm{T}} P_{1,j} \\ \qquad\quad + F_{j,i}^{\mathrm{T}} P_{1,j} F_{j,i} + \dfrac{1}{\gamma^2}\Gamma_{j,i}^{\mathrm{T}}\Gamma_{j,i} + P_{1,j}W_{j,i}W_{j,i}^{\mathrm{T}} P_{1,j} + 2N_{j,i}^{\mathrm{T}} N_{j,i} \\ \bar{\Pi}_{22,j,il} = P_{2,j}\left(G_{j,i}+L_{j,l}B_{j,i}V_{j,i}\right) + \left(G_{j,i}+L_{j,l}B_{j,i}V_{j,i}\right)^{\mathrm{T}} P_{2,j} \\ \qquad\quad + P_{2,j}L_{j,l}W_{j,i}W_{j,i}^{\mathrm{T}} L_{j,l}^{\mathrm{T}} P_{2,j} \\ \bar{\Pi}_{13,j,il} = \begin{bmatrix} P_{1,j}E_{j,i} & 0 \end{bmatrix} \\ \bar{\Pi}_{23,j,il} = \begin{bmatrix} -P_{2,j}L_{j,l}E_{j,i} & -P_{2,j}H_{j,i} \end{bmatrix} \end{cases} \quad (9\text{-}29)$$

不失一般性，定义：

$$\mathcal{Z} = \begin{bmatrix} \mathcal{Z}_{11} & \mathcal{Z}_{12} \\ \mathcal{Z}_{21} & \mathcal{Z}_{22} \end{bmatrix}, \mathcal{Y} = \begin{bmatrix} \mathcal{Y}_1 \\ \mathcal{Y}_2 \end{bmatrix} \quad (9\text{-}30)$$

$$\Phi_{\sigma(t)}(t) = z^{\mathrm{T}}(t)\mathcal{Z}z(t) + 2z^{\mathrm{T}}(t)\mathcal{Y}\omega(t) + \omega^{\mathrm{T}}(t)(\mathcal{X}-\varepsilon I)\omega(t) \quad (9\text{-}31)$$

对于 $\sigma(t) = j, j \in \mathcal{N}$，有

$$\begin{aligned} \Phi_j(t) = &\, \bar{x}^{\mathrm{T}}(t)\left(C_j^{\mathrm{T}}\mathcal{Z}C_j\right)\bar{x}(t) + 2\bar{x}^{\mathrm{T}}(t)\left(C_j^{\mathrm{T}}\mathcal{Z}D_j + C_j^{\mathrm{T}}\mathcal{Y}\right)\omega(t) \\ &+ \omega^{\mathrm{T}}(t)\left(D_j^{\mathrm{T}}\mathcal{Z}D_j + \mathcal{Y}^{\mathrm{T}}D_j + D_j^{\mathrm{T}}\mathcal{Y} + \mathcal{X} - \varepsilon I\right)\omega(t) \end{aligned} \quad (9\text{-}32)$$

此外，通过利用式(9-18)和式(9-30)，可以得到：

$$\begin{aligned} \Phi_j(t) = &\, \begin{bmatrix} x(t) \\ \tilde{\xi}(t) \end{bmatrix}^{\mathrm{T}} \begin{bmatrix} C_{1,j}^{\mathrm{T}}\mathcal{Z}_{11}C_{1,j} & C_{1,j}^{\mathrm{T}}\mathcal{Z}_{12}C_{2,j} \\ C_{2,j}^{\mathrm{T}}\mathcal{Z}_{21}C_{1,j} & C_{2,j}^{\mathrm{T}}\mathcal{Z}_{22}C_{2,j} \end{bmatrix} \begin{bmatrix} x(t) \\ \tilde{\xi}(t) \end{bmatrix} \\ &+ 2\begin{bmatrix} x(t) \\ \tilde{\xi}(t) \end{bmatrix}^{\mathrm{T}} \begin{bmatrix} C_{1,j}^{\mathrm{T}}\mathcal{Z}_{11}D_{1,j} + C_{1,j}^{\mathrm{T}}\mathcal{Z}_{12}D_{2,j} + C_{1,j}^{\mathrm{T}}\mathcal{Y}_1 \\ C_{2,j}^{\mathrm{T}}\mathcal{Z}_{21}D_{1,j} + C_{2,j}^{\mathrm{T}}\mathcal{Z}_{22}D_{2,j} + C_{2,j}^{\mathrm{T}}\mathcal{Y}_2 \end{bmatrix}\omega(t) \\ &+ \omega^{\mathrm{T}}(t)\left(D_j^{\mathrm{T}}\mathcal{Z}D_j + \mathcal{Y}^{\mathrm{T}}D_j + D_j^{\mathrm{T}}\mathcal{Y} + \mathcal{X} - \varepsilon I\right)\omega(t) \end{aligned} \quad (9\text{-}33)$$

结合式(9-27)和式(9-29)~式(9-33)，可以推导出：

$$\mathcal{L}V(\bar{x}(t),j) \leqslant \sum_{i=1}^{N_r}\phi_i^j(\delta^j(t))\sum_{l=1}^{N_r}\phi_l^j(\delta^j(t))\eta^{\mathrm{T}}(t)\hat{\Pi}_{j,il}\eta(t)+\varPhi_j(t)-\lambda\bar{x}^{\mathrm{T}}(t)P_j\bar{x}(t) \quad (9\text{-}34)$$

式中,

$$\hat{\Pi}_{j,il} = \begin{bmatrix} \hat{\Pi}_{11,j,il} & \hat{\Pi}_{12,j,i} & \hat{\Pi}_{13,j,i} & P_{1,j}M_j \\ * & \hat{\Pi}_{22,j,il} & \hat{\Pi}_{23,j,il} & 0 \\ * & * & \hat{\Pi}_{33,j,i} & 0 \\ * & * & * & -\dfrac{1}{\gamma^2}I \end{bmatrix}$$

$$\begin{cases} \hat{\Pi}_{11,j,il} = \bar{\Pi}_{11,j,il} - C_{1,j}^{\mathrm{T}}\mathcal{Z}_{11}C_{1,j} + \lambda P_{1,j} \\ \hat{\Pi}_{12,j,i} = -P_{1,j}B_{j,i}V_{j,i} - C_{1,j}^{\mathrm{T}}\mathcal{Z}_{12}C_{2,j} \\ \hat{\Pi}_{22,j,il} = \bar{\Pi}_{22,j,il} - C_{2,j}^{\mathrm{T}}\mathcal{Z}_{22}C_{2,j} + \lambda P_{2,j} \\ \hat{\Pi}_{13,j,i} = \bar{\Pi}_{13,j,il} - C_{1,j}^{\mathrm{T}}\mathcal{Z}_{11}D_{1,j} - C_{1,j}^{\mathrm{T}}\mathcal{Z}_{12}D_{2,j} - C_{1,j}^{\mathrm{T}}\mathcal{Y}_1 \\ \hat{\Pi}_{23,j,i} = \bar{\Pi}_{23,j,il} - C_{2,j}^{\mathrm{T}}\mathcal{Z}_{21}D_{1,j} - C_{2,j}^{\mathrm{T}}\mathcal{Z}_{22}D_{2,j} - C_{2,j}^{\mathrm{T}}\mathcal{Y}_2 \\ \hat{\Pi}_{33,j,i} = D_j^{\mathrm{T}}\mathcal{Z}D_j + \mathcal{Y}^{\mathrm{T}}D_j + D_j^{\mathrm{T}}\mathcal{Y} + \mathcal{X} - \varepsilon I \end{cases}$$

定义:

$$Q_j = P_{1,j}^{-1}, \quad R_{j,l} = K_j P_{1,j}^{-1}, \quad S_{j,l} = P_{2,j}L_{j,l} \quad (9\text{-}35)$$

通过用 $\mathrm{diag}\{P_{1,j}^{-1},I,I,I\}$ 对 $\hat{\Pi}_{j,il}$ 进行合同变换,并使用式(9-35),可以得到下面的矩阵:

$$\tilde{\Pi}_{j,il} = \begin{bmatrix} \tilde{\Pi}_{11,j,il} & \tilde{\Pi}_{12,j,i} & \tilde{\Pi}_{13,j,i} & M_j \\ * & \tilde{\Pi}_{22,j,il} & \tilde{\Pi}_{23,j,il} & 0 \\ * & * & \tilde{\Pi}_{33,j,i} & 0 \\ * & * & * & -\dfrac{1}{\gamma^2}I \end{bmatrix} \quad (9\text{-}36)$$

式中,

$$\tilde{\Pi}_{11,j,il} = A_{j,i}Q_j + B_{j,i}R_{j,l} + Q_jA_{j,i}^{\mathrm{T}} + R_{j,l}^{\mathrm{T}}B_{j,i}^{\mathrm{T}} + Q_jF_{j,i}^{\mathrm{T}}Q_j^{-1}F_{j,i}Q_j$$
$$+ \frac{1}{\gamma^2}Q_j\varGamma_{j,i}^{\mathrm{T}}\varGamma_{j,i}Q_j + W_{j,i}W_{j,i}^{\mathrm{T}} + 2Q_jN_{j,i}^{\mathrm{T}}N_{j,i}Q_j - Q_jC_{1,j}^{\mathrm{T}}\mathcal{Z}_{11}C_{1,j}Q_j + \lambda Q_j$$

$$\tilde{\Pi}_{12,j,i} = -B_{j,i}V_{j,i} - Q_jC_{1,j}^{\mathrm{T}}\mathcal{Z}_{12}C_{2,j}$$

$$\hat{\Pi}_{13,j,i} = \begin{bmatrix} E_{j,i} & 0 \end{bmatrix} - Q_j C_{1,j}^{\mathrm{T}} \mathcal{Z}_{11} D_{1,j} - Q_j C_{1,j}^{\mathrm{T}} \mathcal{Z}_{12} D_{2,j} + Q_j C_{1,j}^{\mathrm{T}} \mathcal{Y}$$

$$\hat{\Pi}_{22,j,il} = P_{2,j} G_{j,i} + S_{j,l} B_{j,i} V_{j,i} + G_{j,i}^{\mathrm{T}} P_{2,j} + V_{j,i}^{\mathrm{T}} B_{j,i}^{\mathrm{T}} S_{j,l}^{\mathrm{T}} + S_{j,l} W_{j,i} W_{j,i}^{\mathrm{T}} S_{j,l}^{\mathrm{T}} - C_{2,j}^{\mathrm{T}} \mathcal{Z}_{22} C_{2,j} + \lambda P_{2,j}$$

$$\hat{\Pi}_{23,j,il} = \begin{bmatrix} -S_{j,l} E_{j,i} & -P_{2,j} H_{j,i} \end{bmatrix} - C_{2,j}^{\mathrm{T}} \mathcal{Z}_{21} D_{1,j} - C_{2,j}^{\mathrm{T}} \mathcal{Z}_{22} D_{2,j} + C_{2,j}^{\mathrm{T}} \mathcal{Y}_2$$

$$\hat{\Pi}_{33,j,i} = -D_j^{\mathrm{T}} \mathcal{Z} D_j - \mathcal{Y}^{\mathrm{T}} D_j - D_j^{\mathrm{T}} \mathcal{Y} - \mathcal{X} + \varepsilon I$$

通过对条件(9-19)使用舒尔补引理，可以知道 $\hat{\Pi}_{j,il} < 0$。根据同余变换的性质，可以很容易地推导出 $\Pi_{j,il} < 0$。那么通过式(9-34)，可得对于 $\sigma(t) = j$，以下两个不等式成立：

$$\begin{cases} \mathcal{L} V(\bar{x}(t), j) < -\lambda V(\bar{x}(t), j) + \Phi_j(t) \\ \mathrm{d} V(\bar{x}(t), j) < -\lambda V(\bar{x}(t), j) \mathrm{d}t + \Phi_j(t) \mathrm{d}t + 2 \sum_{i=1}^{N_r} \phi_i^j (\delta^j(t)) \bar{x}^{\mathrm{T}}(t) P_j \bar{F}_{j,i} \bar{x}(t) \mathrm{d}\varpi(t) \end{cases} \quad (9\text{-}37)$$

显然：

$$\mathrm{d}\left[e^{\lambda t} V(\bar{x}(t), j)\right] = \lambda e^{\lambda t} V(\bar{x}(t), j) \mathrm{d}t + e^{\lambda t} \mathrm{d} V(\bar{x}(t), j) \quad (9\text{-}38)$$

结合式(9-37)和式(9-38)，可以得到：

$$\mathrm{d}\left[e^{\lambda t} V(\bar{x}(t), j)\right] < e^{\lambda t} \Phi_j(t) \mathrm{d}t + 2 e^{\lambda t} \sum_{i=1}^{N_r} \phi_i^j (\delta^j(t)) \bar{x}^{\mathrm{T}}(t) P_j \bar{F}_{j,i} \bar{x}(t) \mathrm{d}\varpi(t) \quad (9\text{-}39)$$

设 $k = 0, 1, 2, \cdots$ 表示随机切换非线性系统(9-1)在区间 $(0,t)$ 的模式改变点。如果 $t \in [t_k, t_{k+1})$，那么式(9-39)从 t_k 到 t 的积分可改写为

$$e^{\lambda t} V(\bar{x}(t), \sigma(t)) - e^{\lambda t_k} V(\bar{x}(t_k), \sigma(t_k)) < \int_{t_k}^{t} e^{\lambda \tau} \Phi_{\sigma(t_k)}(\tau) \mathrm{d}\tau \quad (9\text{-}40)$$

此外，取式(9-40)的数学期望，并将两边除以 $e^{\lambda t}$。因此，可以得到如下不等式：

$$E\{V(\bar{x}(t), \sigma(t))\} < e^{-\lambda(t-t_k)} E\{V(\bar{x}(t_k), \sigma(t_k))\} + E\left\{\int_{t_k}^{t} e^{-\lambda(t-\tau)} \Phi_{\sigma(t_k)}(\tau) \mathrm{d}\tau\right\} \quad (9\text{-}41)$$

因此 $Q_j^{-1} \leqslant \vartheta Q_g^{-1}$，$P_{2,j} \leqslant \vartheta P_{2,g}$，对于任意 $j, g \in \mathcal{N}$，可以知道在 t_k 时刻有

$$E\{V(\bar{x}(t_k), \sigma(t_k))\} \leqslant \vartheta E\{V(\bar{x}(t_k^-), \sigma(t_k^-))\} \quad (9\text{-}42)$$

考虑式(9-41)和式(9-42)可以知道：

$$E\{V(\bar{x}(t),\sigma(t))\} < \vartheta e^{-\lambda(t-t_k)} E\{V(\bar{x}(t_k^-),\sigma(t_k^-))\} + E\left\{\int_{t_k}^{t} e^{-\lambda(t-\tau)} \Phi_{\sigma(t_k)}(\tau) d\tau\right\} \quad (9\text{-}43)$$

为了简单起见，从现在开始用 n_α 来表示 $N_\alpha(0,t)$。借助于反步法推导和式(9-43)，可以得到如下不等式：

$$\begin{aligned}E\{V(\bar{x}(t),\sigma(t))\} < &\vartheta^{n_\alpha} e^{-\lambda t} E\{V(\bar{x}(0),\sigma(0))\} + \sum_{j=1}^{k} \vartheta^{n_\alpha-j+1} E\left\{\int_{t_{j-1}}^{t_j} e^{-\lambda(t-\tau)} \Phi_{\sigma(t_{j-1})}(\tau) d\tau\right\} \\ &+ E\left\{\int_{t_k}^{t} e^{-\lambda(t-\tau)} \Phi_{\sigma(t_k)}(\tau) d\tau\right\}\end{aligned}$$

$$(9\text{-}44)$$

因此可以证明：

$$E\{V(\bar{x}(t),\sigma(t))\} < e^{-\lambda t + n_\alpha \ln \vartheta} E\{V(\bar{x}(0),\sigma(0))\} + E\left\{\int_{0}^{t} e^{-\lambda(t-\tau)+n_\alpha \ln \vartheta} \Phi_{\sigma(t)}(\tau) d\tau\right\}$$

$$(9\text{-}45)$$

式(9-45)两边同时除以 $e^{n_\alpha \ln \vartheta}$，可得

$$\begin{aligned}&E\{e^{-n_\alpha \ln \vartheta} V(\bar{x}(t),\sigma(t))\} - E\{e^{-\lambda t} V(\bar{x}(0),\sigma(0))\} \\ &< E\left\{\int_{0}^{t} e^{-\lambda(t-\tau)} \Phi_{\sigma(t)}(\tau) d\tau\right\} \leq E\left\{\int_{0}^{t} \Phi_{\sigma(t)}(\tau) d\tau\right\}\end{aligned} \quad (9\text{-}46)$$

根据定义9.1，很容易知道 $N_\alpha(0,t) \leq t/T_\alpha$，进一步推导表明：

$$\begin{cases} n_\alpha \ln \vartheta \leq \lambda t \\ e^{-\lambda t} V(\bar{x}(t),\sigma(t)) \leq e^{-n_\alpha \ln \vartheta} V(\bar{x}(t),\sigma(t)) \end{cases} \quad (9\text{-}47)$$

考虑对于 $t \geq 0$ 有 $E\{e^{-\lambda t} V(\bar{x}(0),\sigma(0))\} \leq E\{V(\bar{x}(0),\sigma(0))\}$，并利用式(9-47)，可以重写式(9-46)为

$$E\{e^{-\lambda t} V(\bar{x}(t),\sigma(t)) - V(\bar{x}(0),\sigma(0))\} < E\left\{\int_{0}^{t} \Phi_{\sigma(t)}(\tau) d\tau\right\} \quad (9\text{-}48)$$

定义存储函数为 $\bar{V}(t,\bar{x}(t),\sigma(t)) = e^{-\lambda t} V(\bar{x}(t),\sigma(t))$，很显然，对于任意 $t^* > 0$，有

$$E\{\bar{V}(t,\bar{x}(t),\sigma(t)) - \bar{V}(0,\bar{x}(0),\sigma(0))\} < E\left\{\int_{0}^{t^*} \Phi_{\sigma(t)}(\tau) d\tau\right\} \quad (9\text{-}49)$$

根据定义 9.3，可以得出 T-S 模糊复合随机切换非线性系统(9-16)是耗散的。然后，从零初始条件出发，可以检验出：

$$0 \leqslant E\{\bar{V}(t,\bar{x}(t),\sigma(t))\} < E\left\{\int_0^{t^*} \Phi_{\sigma(t)}(\tau)\mathrm{d}\tau\right\} \tag{9-50}$$

根据式(9-31)中 $\Phi_{\sigma(t)}(t)$ 的定义和定义 9.4，很容易验证复合随机切换非线性系统(9-16)是严格 $(\mathcal{Z},\mathcal{Y},\mathcal{X})\text{-}\varepsilon$ 耗散的。利用类似的论证，可以得到当 $\omega(t)=0$ 时，系统(9-16)的渐近随机稳定性。

证明完毕。

在本节中，将给出基于耗散性的具有未知非线性函数的复合型抗干扰控制结构。注意，假设 9.1～假设 9.4 依旧成立，但是不能使用 $f_i(x(t),t,\sigma(t)), i \in \Upsilon$ 来设计扰动观测器。考虑 T-S 模糊随机切换非线性系统(9-1)，当 $\sigma(t)=j, j \in \mathcal{N}$ 时，扰动观测器被重新设计如下。

观测器规则 $\mathcal{R}_{\mathrm{o},i}^j$：**IF** $\delta_1^j(t)$ 是 $\mu_{i,1}^j$，$\delta_2^j(t)$ 是 $\mu_{i,2}^j$，以此类推，则 $\delta_p^j(t)$ 是 $\mu_{i,p}^j$，**THEN**：

$$\begin{cases}\hat{\Delta}(t)=V_{j,i}\hat{\xi}(t), \quad \hat{\xi}(t)=v(t)-L_{j,i}x(t) \\ \mathrm{d}v(t)=(G_{j,i}+L_{j,i}B_{j,i}V_{j,i})\hat{\xi}(t)\mathrm{d}t \\ \quad\quad +L_{j,i}(A_{j,i}x(t)+B_{j,i}u(t))\mathrm{d}t+L_{j,i}F_{j,i}x(t)\mathrm{d}\varpi(t) \\ i=1,2,\cdots,N_r \end{cases} \tag{9-51}$$

式中，$L_{j,i} \in R^{r \times n}$ 表示待确定的观测增益矩阵；$v(t)$ 表示模糊扰动观测器的状态向量。

同时，对于 $\sigma(t)=j, j \in \mathcal{N}$，模糊抗干扰控制律设计如下。

控制器规则 $\mathcal{R}_{\mathrm{c},i}^j$：**IF** $\delta_1^j(t)$ 是 $\mu_{i,1}^j$，$\delta_2^j(t)$ 是 $\mu_{i,2}^j$，以此类推，则 $\delta_p^j(t)$ 是 $\mu_{i,p}^j$，**THEN**：

$$u(t)=K_{j,i}x(t)-\hat{\Delta}_i(t), \quad i=1,2,\cdots,N_r \tag{9-52}$$

式中，$K_{j,i} \in R^{m \times n}$ 表示待设计的控制增益矩阵。

利用式(9-51)和式(9-52)，可以得到：

$$\begin{cases} \mathrm{d}\tilde{\xi}(t) = \sum_{i=1}^{N_r}\phi_i^{\sigma(t)}\left(\delta^{\sigma(t)}(t)\right)\sum_{l=1}^{N_r}\phi_l^{\sigma(t)}\left(\delta^{\sigma(t)}(t)\right)\begin{bmatrix}\left(G_{\sigma(t),i}+L_{\sigma(t),l}B_{\sigma(t),i}V_{\sigma(t),i}\right)\tilde{\xi}(t)\\ -L_{\sigma(t),l}\Delta A_{\sigma(t),i}(t)x(t)\\ -L_{\sigma(t),l}M_{\sigma(t)}f_i\left(x(t),t,\sigma(t)\right)\\ -L_{\sigma(t),l}E_{\sigma(t),i}\omega_x(t)-H_{\sigma(t),i}\omega_\xi(t)\end{bmatrix}\mathrm{d}t \\ \mathrm{d}x(t) = \sum_{i=1}^{N_r}\phi_i^{\sigma(t)}\left(\delta^{\sigma(t)}(t)\right)\sum_{l=1}^{N_r}\phi_l^{\sigma(t)}\left(\delta^{\sigma(t)}(t)\right)\begin{bmatrix}\left(A_{\sigma(t),i}+B_{\sigma(t),i}K_{j,l}\right)x(t)\\ +\Delta A_{\sigma(t),i}(t)x(t)\\ +M_{\sigma(t)}f_i\left(x(t),t,\sigma(t)\right)\\ -B_{\sigma(t),i}V_{\sigma(t),i}\tilde{\xi}(t)+E_{\sigma(t),i}\omega_x(t)\end{bmatrix}\mathrm{d}t \\ \qquad+\sum_{i=1}^{N_r}\phi_i^{\sigma(t)}\left(\delta^{\sigma(t)}(t)\right)F_{\sigma(t),i}x(t)\mathrm{d}\varpi(t) \end{cases}$$

(9-53)

定义 $\bar{x}(t)=\begin{bmatrix}x^\mathrm{T}(t) & \tilde{\xi}^\mathrm{T}(t)\end{bmatrix}^\mathrm{T}$，$\omega(t)=\begin{bmatrix}\omega_x^\mathrm{T}(t) & \omega_\xi^\mathrm{T}(t)\end{bmatrix}^\mathrm{T}$，可以推导出：

$$\mathrm{d}\bar{x}(t) = \sum_{i=1}^{N_r}\phi_i^{\sigma(t)}\left(\delta^{\sigma(t)}(t)\right)\sum_{l=1}^{N_r}\phi_l^{\sigma(t)}\left(\delta^{\sigma(t)}(t)\right)\begin{bmatrix}\bar{A}_{\sigma(t),il}\bar{x}(t)+\Delta\bar{A}_{\sigma(t),il}(t)\bar{x}(t)\\ +\bar{M}_{\sigma(t),l}f_i\left(x(t),t,\sigma(t)\right)+\bar{E}_{\sigma(t),il}\omega(t)\end{bmatrix}\mathrm{d}t$$
$$+\sum_{r=1}^{N_r}\phi_i^{\sigma(t)}\left(\delta^{\sigma(t)}(t)\right)\bar{F}_{\sigma(t),i}\bar{x}(t)\mathrm{d}\varpi(t)$$

(9-54)

式中，$\bar{A}_{\sigma(t),il}$、$\Delta\bar{A}_{\sigma(t),il}$、$\bar{E}_{\sigma(t),il}$、$\bar{F}_{\sigma(t),i}$ 由式(9-17)给出；$\bar{M}_{\sigma(t),l}$ 定义为

$$\bar{M}_{\sigma(t),l} = \begin{bmatrix}M_{\sigma(t)}\\ -L_{\sigma(t),l}M_{\sigma(t)}\end{bmatrix} \tag{9-55}$$

参考输出信号 $z(t)$ 的定义和式(9-18)相同。

定理 9.2 考虑满足假设 9.1~假设 9.4 的 T-S 模糊随机切换非线性系统(9-1)，对于任意的 $i\in\varUpsilon$，非线性函数 $f_i(x(t),t,\sigma(t))$ 假设未知。干扰观测器设计为式(9-51)以及控制器设计为式(9-52)。给定标量 $\lambda,\gamma,\varepsilon>0$，实对称矩阵 $0>\mathcal{Z}\in R^{q\times q}$，$\mathcal{X}\in R^{(p_1+p_2)\times(p_1+p_2)}$ 和实矩阵 $\mathcal{Y}\in R^{q\times(p_1+p_2)}$，对于任意的 $\sigma(t)=j(j\in\mathcal{N})$ 和 $i,l\in\varUpsilon$，如果存在矩阵 Q_j、$P_{2,j}$、$R_{j,l}$、$S_{j,i}$ 使得

$$\begin{cases} \Pi_{j,ii} < 0, & i = 1, 2, \cdots, N_r \\ \Pi_{j,il} + \Pi_{j,li} < 0, & 1 \leq i < l \leq N_r \end{cases} \tag{9-56}$$

式中,

$$\Pi_{j,il} = \begin{bmatrix} \Pi_{11,j,il} & \Pi_{12,j,i} & \Pi_{13,j,i} & M_j & \Pi_{15,j,i} & \Pi_{16,j,i} & \Pi_{17,j,i} & \Pi_{18,j,i} & 0 \\ * & \Pi_{22,j,il} & \Pi_{23,j,il} & \Pi_{24,j,l} & 0 & 0 & 0 & 0 & \Pi_{29,j,i} \\ * & * & \Pi_{33,j,i} & 0 & 0 & 0 & 0 & 0 & 0 \\ * & * & * & -\dfrac{1}{\gamma^2}I & 0 & 0 & 0 & 0 & 0 \\ * & * & * & * & -Q_j & 0 & 0 & 0 & 0 \\ * & * & * & * & * & -\gamma^2 I & 0 & 0 & 0 \\ * & * & * & * & * & * & -I & 0 & 0 \\ * & * & * & * & * & * & * & Z_{11}^{-1} & 0 \\ * & * & * & * & * & * & * & * & -I \end{bmatrix}$$

$$\begin{cases}
\Pi_{11,j,il} = A_{j,i}Q_j + B_{j,i}R_{j,l} + Q_j A_{j,i} + R_{j,l}^{\mathrm{T}} B_{j,i}^{\mathrm{T}} + W_{j,i} W_{j,i}^{\mathrm{T}} + \lambda Q_j \\
\Pi_{12,j,i} = -B_{j,i} V_{j,i} - Q_j C_{1,j}^{\mathrm{T}} \mathcal{Z}_{12} C_{2,j} \\
\Pi_{13,j,i} = \begin{bmatrix} E_{j,i} & 0 \end{bmatrix} - Q_j C_{1,j}^{\mathrm{T}} \mathcal{Z}_{11} D_{1,j} - Q_j C_{1,j}^{\mathrm{T}} \mathcal{Z}_{12} D_{2,j} + Q_j C_{1,j}^{\mathrm{T}} \mathcal{Y}_1 \\
\Pi_{15,j,i} = Q_j F_{j,i}^{\mathrm{T}} \\
\Pi_{16,j,i} = Q_j \Gamma_{j,i}^{\mathrm{T}} \\
\Pi_{17,j,i} = \sqrt{2} Q_j N_{j,i}^{\mathrm{T}} \\
\Pi_{18,j,i} = Q_j C_{1,j}^{\mathrm{T}} \\
\Pi_{22,j,il} = P_{2,j} G_{j,i} + S_{j,l} B_{j,i} V_{j,i} + G_{j,i}^{\mathrm{T}} P_{2,j} + V_{j,i}^{\mathrm{T}} B_{j,i}^{\mathrm{T}} S_{j,l}^{\mathrm{T}} - C_{2,j}^{\mathrm{T}} \mathcal{Z}_{22} C_{2,j} + \lambda P_{2,j} \\
\Pi_{23,j,il} = \begin{bmatrix} -S_{j,l} E_{j,i} & -P_{2,j} H_{j,i} \end{bmatrix} - C_{2,j}^{\mathrm{T}} \mathcal{Z}_{21} D_{1,j} - C_{2,j}^{\mathrm{T}} \mathcal{Z}_{22} D_{2,j} + C_{2,j}^{\mathrm{T}} \mathcal{Y}_2 \\
\Pi_{24,j,l} = -S_{j,l} M_j \\
\Pi_{29,j,i} = S_{j,i} W_{j,i} \\
\Pi_{33,j,i} = -D_j^{\mathrm{T}} \mathcal{Z} D_j - \mathcal{Y}^{\mathrm{T}} D_j - D_j^{\mathrm{T}} \mathcal{Y} - \mathcal{X} + \varepsilon I
\end{cases}$$

那么对于任意开关信号的平均驻留时间满足 $T_\alpha > \ln \vartheta / \lambda (\vartheta \geq 1)$,并且 $Q_j^{-1} \leq \vartheta Q_g^{-1}, P_{2,j} \leq \vartheta P_{2,g}, \forall j, g \in \mathcal{N}$,复合系统(9-54)是随机渐近稳定的且严格 $(\mathcal{Z}, \mathcal{Y}, \mathcal{X})$-$\varepsilon$ 耗散的。此外,如果条件(9-56)是可行的,则模糊扰动观测器和抗扰动控制器的增益可由式(9-57)得到:

$$K_{j,l} = R_{j,l}Q_j^{-1}, L_{j,i} = P_{2,j}^{-1}S_{j,i} \tag{9-57}$$

证明：通过使用与定理 9.1 类似的论点，可以很容易地得到定理 9.2。

9.3 仿真验证

1. 仿真环境

在 Windows11 操作系统中，基于 Visual Studio 2008 和 MATLAB 2021a 仿真环境实现本节仿真实验，计算机配置：CPU 为 Intel Core i7-1065G7，20GB 内存。

2. 仿真参数

考虑 $\mathcal{N} = \{1, 2\}$ 的不确定随机切换非线性系统，可以用系统(9-1)给出的 T-S 模糊模型表示，其参数和非线性函数如下。

系统 1：

$$A_{1,1} = \begin{bmatrix} -2.2 & 1.5 \\ 0 & 1.2 \end{bmatrix}, A_{1,2} = \begin{bmatrix} -2 & 1.2 \\ 0 & 1 \end{bmatrix}$$

$$\Delta A_{1,1} = \begin{bmatrix} 0.012 & 0 \\ 0 & 0.01 \end{bmatrix}, \Delta A_{1,2} = \begin{bmatrix} 0.015 & 0 \\ 0 & 0.005 \end{bmatrix}$$

$$B_{1,1} = \begin{bmatrix} -1.5 \\ 2 \end{bmatrix}, B_{1,2} = \begin{bmatrix} -1 \\ 3 \end{bmatrix}, E_{1,1} = E_{1,2} = \begin{bmatrix} 0.01 \\ 0 \end{bmatrix}$$

$$M_1 = \begin{bmatrix} 0.2 & 0 \\ 0 & 0.1 \end{bmatrix}, f_{1,1} = f_{1,2} = \begin{bmatrix} 0.1x_2 \sin(0.2t) \\ 0.1x_1 \cos(0.2t) \end{bmatrix}$$

$$F_{1,1} = F_{1,2} = \begin{bmatrix} 1 & 0 \\ 0 & 0.1 \end{bmatrix}, V_{1,1} = V_{1,2} = \begin{bmatrix} 2 & 1 \end{bmatrix}$$

$$G_{1,1} = G_{1,2} = \begin{bmatrix} 0 & 0.5 \\ -0.5 & 0 \end{bmatrix}, H_{1,1} = H_{1,2} = \begin{bmatrix} 0.1 \\ 0.01 \end{bmatrix}$$

系统 2：

$$A_{2,1} = \begin{bmatrix} -1 & 1.1 \\ 0 & 2 \end{bmatrix}, A_{2,2} = \begin{bmatrix} -1 & 1.2 \\ 0 & 1.7 \end{bmatrix}$$

$$\Delta A_{2,1} = \begin{bmatrix} 0.035 & 0 \\ 0 & 0.015 \end{bmatrix}, \Delta A_{2,2} = \begin{bmatrix} 0.025 & 0 \\ 0 & 0.018 \end{bmatrix}$$

$$B_{2,1}=\begin{bmatrix}-1.5\\1.5\end{bmatrix}, B_{2,2}=\begin{bmatrix}-1.4\\2\end{bmatrix}, E_{2,1}=E_{2,2}=\begin{bmatrix}0.02\\0\end{bmatrix}$$

$$M_2=\begin{bmatrix}0.1 & 0\\0 & 0.15\end{bmatrix}, f_{2,1}=f_{2,2}=\begin{bmatrix}0.1x_2\cos(0.2x_2t)\\0.1x_1\sin(0.2x_1t)\end{bmatrix}$$

$$F_{2,1}=F_{2,2}=\begin{bmatrix}0.5 & 0\\0 & 0.2\end{bmatrix}, V_{2,1}=V_{2,2}=\begin{bmatrix}1.8 & 1.2\end{bmatrix}$$

$$G_{2,1}=G_{2,2}=\begin{bmatrix}0 & 0.6\\-0.6 & 0\end{bmatrix}, H_{2,1}=H_{2,2}=\begin{bmatrix}0.15\\0.008\end{bmatrix}$$

参考信号的矩阵设为

$$C=\begin{bmatrix}C_1 & 0\\0 & C_2\end{bmatrix}, C_1=\begin{bmatrix}1 & 0\\0 & 1\end{bmatrix}, C_2=\begin{bmatrix}0.1 & 0\\0 & 0.1\end{bmatrix}$$

$$D=\begin{bmatrix}D_1\\D_2\end{bmatrix}, D_1=D_2=\begin{bmatrix}0.1 & 0\\0 & 0.1\end{bmatrix}$$

在本节中，针对已知非线性情况设计式(9-12)和式(9-13)形式的复合抗扰动控制器，以验证复合系统是否随机渐近稳定和严格$(\mathcal{Z},\mathcal{Y},\mathcal{X})$-$\varepsilon$ 耗散。

首先，考虑非线性已知的情况。在控制设计中，将耗散性能矩阵设为

$$\mathcal{Z}=\begin{bmatrix}\mathcal{Z}_{11} & \mathcal{Z}_{12}\\\mathcal{Z}_{21} & \mathcal{Z}_{22}\end{bmatrix}, \mathcal{Z}_{11}=\begin{bmatrix}-8 & 0\\0 & -8\end{bmatrix}, \mathcal{Z}_{22}=\begin{bmatrix}-40 & 0\\0 & -40\end{bmatrix}$$

$$\mathcal{Z}_{12}=\mathcal{Z}_{21}=0, \mathcal{Y}=0, \mathcal{X}=\begin{bmatrix}3.5 & 0\\0 & 3.5\end{bmatrix}$$

并且，使用以下矩阵来计算控制增益矩阵：

$$W_{1,1}=W_{1,2}=\begin{bmatrix}0.1 & 0\\0 & 0.1\end{bmatrix}, N_{1,1}=N_{1,2}=\begin{bmatrix}0.2 & 0\\0 & 0.1\end{bmatrix}, \varGamma_{1,1}=\varGamma_{1,2}=\begin{bmatrix}0.01 & 0\\0 & 0.01\end{bmatrix}$$

$$W_{2,1}=W_{2,2}=\begin{bmatrix}0.1 & 0\\0 & 0.1\end{bmatrix}, N_{2,1}=N_{2,2}=\begin{bmatrix}0.2 & 0\\0 & 0.1\end{bmatrix}, \varGamma_{2,1}=\varGamma_{2,2}=\begin{bmatrix}0.02 & 0\\0 & 0.015\end{bmatrix}$$

显然，可以发现假设 9.3 和假设 9.4 是满足的。

在仿真中选择 $\varepsilon=0.5$，$\gamma=1$，$\lambda=0.3$。利用 MATLAB 中的 LMI 工具箱求解式(9-19)，可以得到扰动观测器和抗扰动控制器的增益如下：

$$K_{1,1}=\begin{bmatrix}-4.0493 & -14.3530\end{bmatrix}, K_{1,2}=\begin{bmatrix}-8.3931 & -18.4340\end{bmatrix}$$

$$L_{1,1}=\begin{bmatrix}0.8962 & -3.1535\\0.4479 & -1.5774\end{bmatrix}, L_{1,2}=\begin{bmatrix}0.6509 & -5.2947\\0.3198 & -2.6122\end{bmatrix}$$

$$K_{2,1} = \begin{bmatrix} -22.3051 & -38.6350 \end{bmatrix}, K_{2,2} = \begin{bmatrix} -21.6584 & -36.4888 \end{bmatrix}$$

$$L_{2,1} = \begin{bmatrix} 1.0964 & -3.6275 \\ 0.7669 & -2.5705 \end{bmatrix}, L_{2,1} = \begin{bmatrix} 1.2050 & -5.6609 \\ 0.8085 & -3.7880 \end{bmatrix}$$

在仿真中,假设 $\omega_x = 0.01\sin t$, $\omega_\xi = 0.01/(5+8t)$, 系统的初始条件设为 $x_1(0) = 0.4$, $x_2(0) = -0.2$, $\xi_1(0) = 0.1$, $\xi_2(0) = -0.1$。选取系统的前提变量为 $\delta(x(t)) = \sin(0.1x_1)\cos(0.1x_2)$,模糊隶属度函数为

$$\mu_1^j(\delta(t)) = \frac{\delta_{\max} - \delta(x(t))}{\delta_{\max} - \delta_{\min}}, \mu_2^j(\delta(t)) = \frac{\delta(x(t)) - \delta_{\min}}{\delta_{\max} - \delta_{\min}}$$

因此模糊基函数为

$$\phi_1^j(\delta(t)) = 0.5 - 0.5\sin(0.1x_1)\cos(0.1x_2)$$
$$\phi_2^j(\delta(t)) = 0.5 + 0.5\sin(0.1x_1)\cos(0.1x_2)$$

3. 仿真结果

仿真结果如图 9-1~图 9-4 所示。图 9-1 显示了已知非线性函数随机切换非线性系统的状态响应曲线。图 9-2 显示了已知非线性函数随机切换非线性系统扰动 Δ 的估计误差。图 9-3 表示了已知非线性函数随机切换非线性系统的参考信号的范数,从图 9-3 可以看出,扰动估计误差被强制收敛到足够小的零附近。图 9-4 显示了随机切换非线性系统的开关信号 $\sigma(t)$ 的轨迹。显然,尽管存在切换模式、多源干扰和随机不确定性,系统状态和参考输出仍能收敛到原点。

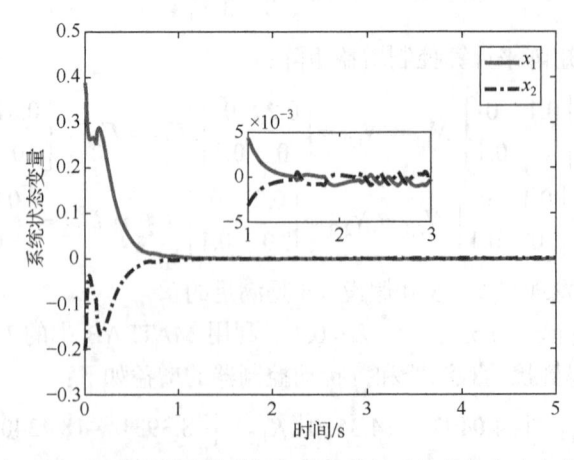

图 9-1 已知非线性函数随机切换非线性系统的状态响应曲线

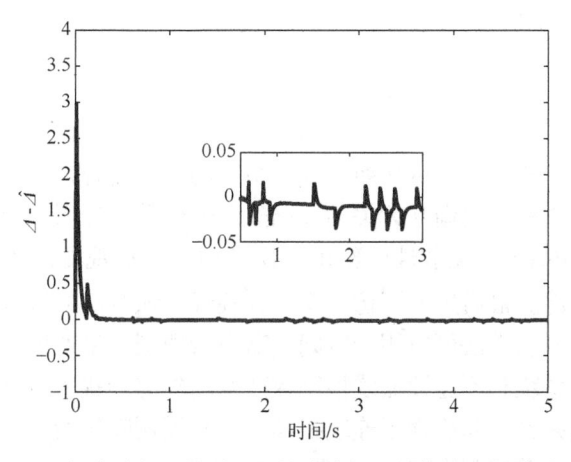

图 9-2　已知非线性函数随机切换非线性系统扰动 $\varDelta$ 的估计误差

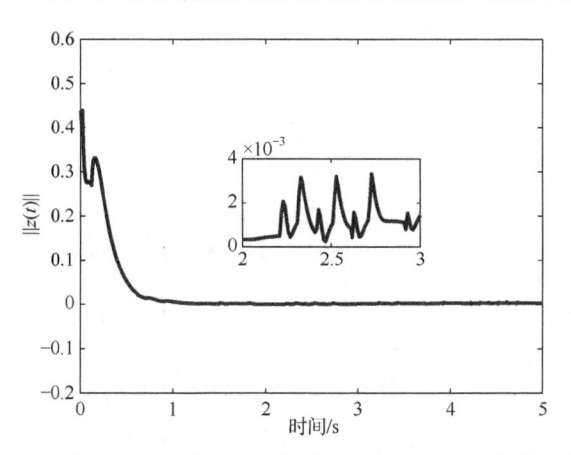

图 9-3　已知非线性函数随机切换非线性系统的参考信号的范数

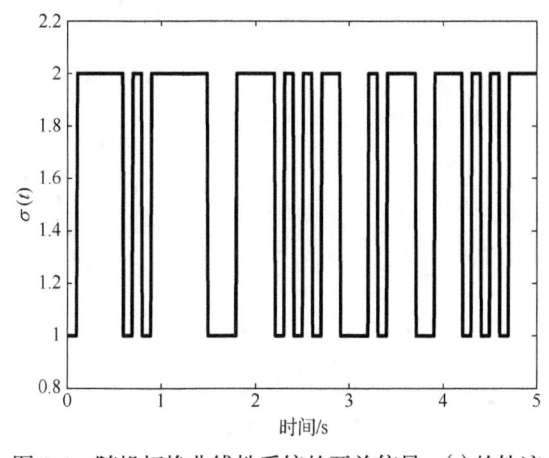

图 9-4　随机切换非线性系统的开关信号 $\sigma(t)$ 的轨迹

9.4 小　　结

本章研究了 T-S 模糊随机切换非线性系统的耗散复合抗干扰控制问题。基于平均驻留时间方法和与模糊基无关的 Lyapunov 函数，证明了闭环系统具有随机稳定和严格$(\mathcal{Z},\mathcal{Y},\mathcal{X})$-$\varepsilon$ 耗散性。给出了模糊切换扰动观测器和模糊抗扰动控制器存在的充分条件。最后进行了仿真实验，验证了该算法的有效性，所提出的基于耗散的抗干扰控制方法可应用于空间机器人或微型卫星的姿态控制。然而，对于由非线性外源系统和不连续非线性函数产生的外部干扰，该算法无法应用。在未来，我们将研究具有非线性不连续扰动的 T-S 模糊随机切换非线性系统的事件触发输出反馈抗扰动控制内容。

第10章 马尔可夫跳变随机非线性系统抗干扰控制方法

众所周知,许多物理系统具有可变的结构和随机切换的参数。马尔可夫跳变随机系统作为一类典型的混合切换非线性系统,可以较好地对实际工程中一系列具有跳变特性的不连续随机非线性系统进行表征,因此对其开展研究具有重要的应用意义。针对具有非线性奇异摄动的模糊马尔可夫跳变系统,Shen 等在文献[148]和[149]中提出了两种非脆弱控制方案。Tao 等[150]研究了受扩展耗散性的离散时间马尔可夫跳变神经网络的异步和弹性过滤问题,并设计了基于耗散性的滤波器和观测器。本章研究了一类受非线性多源扰动影响的 T-S 模糊马尔可夫跳变随机非线性系统的基于耗散性的扰动衰减控制问题。首先采用自适应模糊扰动观测器和混合反馈控制器处理随机非线性跳变扰动。然后利用 LMI 建立已知或部分未知转移概率的系统耗散条件,保证闭环系统是均方指数稳定和严格耗散的。

10.1 问题描述

考虑以下马尔可夫跳变随机非线性系统,该系统定义在完整概率空间 $(\Omega, \mathcal{F}, \mathcal{P})$ 上,可以用以下 T-S 模糊模型描述。

$\theta^{r_t}(t) = \left[\theta_1^{r_t}(t), \theta_2^{r_t}(t), \cdots, \theta_p^{r_t}(t)\right]$ 代表前提变量,$\mu_{i,1}^{r_t}, \mu_{i,2}^{r_t}, \cdots, \mu_{i,p}^{r_t}, i \in \Upsilon = \{1, 2, \cdots, r\}$ 为模糊集,r 为 IF-THEN 规则的数量。

模糊规则 $\mathcal{R}_i^j$: IF $\theta_1^{r_t}(t)$ 为 $\mu_{i,1}^{r_t}$,$\theta_2^{r_t}(t)$ 为 $\mu_{i,2}^{r_t}$,$\cdots$,$\theta_p^{r_t}(t)$ 为 $\mu_{i,p}^{r_t}$,THEN:

$$\begin{cases} \dot{x}(t) = \begin{cases} \left[A_i(r_t) + \Delta A_i(t, r_t)\right] x(t) + E(r_t) f_i(x(t), t, r_t) \\ + B_i(r_t)\left[u(t) + d_1(t) + d_2(t)\right] + F_i^x(r_t) d_3(t) \end{cases} dt \\ i = 1, 2, \cdots, r \end{cases} \quad (10\text{-}1)$$

式中,$u(t) \in R^m$ 和 $x(t) \in R^n$ 分别表示系统的控制输入向量和状态向量;$d_i(t) \in R^m, i = 1, 2, 3$ 表示多源干扰;$r_t, t \geq 0$ 表示属于 $\mathbb{S} = \{1, 2, \cdots, N\}$ 的有限状态马尔可夫跳变过程;$\Delta A_i(t, r_t) \in R^{n \times n}$ 表示同时随系统时间和马尔可夫模式变化的未

知矩阵；$A_i(r_t) \in R^{n\times n}, E(r_t) \in R^{n\times n}, B_i(r_t) \in R^{n\times m}$ 均表示马尔可夫跳变矩阵，本章假设为已知；$f_i(x(t),t,r_t) \in R^n$ 表示未知的马尔可夫跳变非线性向量函数。假设 $\theta^{r_t}(t)$ 不依赖于 $u(t)$ 和 $d_i(t), i=1,2,3$。定义 $\Pi = (\pi_{k_1 k_2})_{N\times N}, k_1, k_2 \in \mathbb{S}$ 为转换率矩阵，模式转换概率如下：

$$P_r(r_{t+\Delta t} = k_2 | r_t = k_1) = \begin{cases} \pi_{k_1 k_2}\Delta t + o(\Delta t), & k_1 \neq k_2 \\ 1 + \pi_{k_1 k_1}\Delta t + o(\Delta t), & k_1 = k_2 \end{cases} \tag{10-2}$$

式中，$\Delta t > 0$ 且 $\lim\limits_{\Delta t \to 0} o(\Delta t)/\Delta t = 0$；$\pi_{k_1 k_2}$ 满足 $\pi_{k_1 k_2} > 0$ 且有 $k_1 \neq k_2$，并且 $\pi_{k_1 k_1} = -\sum\limits_{k_2=1, k_2 \neq k_1}^{N} \pi_{k_1 k_2}$。

定义：

$$h_i^{r_t}(\theta^{r_t}(t)) = \frac{\prod\limits_{p_v=1}^{p} \mu_{i,p_v}^{r_t}(\theta_{p_v}^{r_t}(t))}{\sum\limits_{i=1}^{r}\prod\limits_{p_v=1}^{p} \mu_{i,p_v}^{r_t}(\theta_{p_v}^{r_t}(t))} \tag{10-3}$$

对于任意 $k \in \mathbb{S}$，$\mu_{i,p_v}^{k}(\theta_{p_v}^{k}(t))$ 表示 $\theta_{p_v}^{k}(t)$ 在 μ_{i,p_v}^{k} 中的隶属度。$h_i^{r_t}(\theta^{r_t}(t))$ 表示模糊基函数。显然，对于任意 $k \in \mathbb{S}$ 和 $i \in Y$，$h_i^k(\theta^k(t)) \geq 0$ 且 $\sum\limits_{i=1}^{r} h_i^k(\theta^k(t)) = 1$。

因此，系统(10-1)的动力学可以推断为

$$\dot{x}(t) = \sum_{i=1}^{r} h_i^{r_t}(\theta^{r_t}(t))\{[A_i(r_t) + \Delta A_i(r_t)]x(t) + E(r_t)f_i(x(t),t,r_t)\}$$
$$+ \sum_{i=1}^{r} h_i^{r_t}(\theta^{r_t}(t))\{B_i(r_t)[u(t) + d_1(t) + d_2(t)] + F_i^x(r_t)d_3(t)\} \tag{10-4}$$

假设 10.1 对于任意 $k \in \mathbb{S}$ 和 $i \in Y$，干扰 $d_1(t)$ 满足 $d_1(t) = \psi^T(x)\vartheta(t) + V_i^\vartheta(k)\vartheta(t)$，式中 $\vartheta(t) \in R^{p_1}$ 表示具有以下动态的未知参数向量：

$$\dot{\vartheta}(t) = W_i^\vartheta(k)\vartheta(t) + F_i^\vartheta(k)d_4(t) \tag{10-5}$$

$\psi(x) \in R^{p_1 \times m}$ 表示已知非线性函数矩阵，满足 $\|\psi(x)\| \leq \varepsilon_\psi$。$d_4(t) \in R^{p_2}$ 表示式(10-5)中存在的扰动和不确定性，$W_i^\vartheta(k)$、$F_i^\vartheta(k)$、$V_i^\vartheta(k)$ 表示具有适当维数的已知矩阵。

假设 10.2 对于任意 $k \in \mathbb{S}$ 和 $i \in Y$，干扰 $d_2(t)$ 由以下外源系统产生：

$$\begin{cases} d_2(t) = V_i^\eta(k)\eta(t) \\ \dot{\eta}(t) = W_i^\eta(k)\eta(t) + F_i^\eta(k)d_5(t) \end{cases} \quad (10\text{-}6)$$

式中，$\eta(t) \in R^{p_3}$ 表示外源系统的状态；$d_5(t) \in R^{p_4}$ 表示式(10-6)中存在的扰动和不确定性；$V_i^\eta(k) \in R^{m \times p_3}$，$W_i^\eta(k) \in R^{p_3 \times p_3}$，$F_i^\eta(k) \in R^{p_3 \times p_4}$ 表示已知矩阵。

假设 10.3 对于任意 $k \in \mathbb{S}$ 和 $i \in Y$，假设 $f_i(x(t),t,k)$ 满足 $f_i(0,t,k)=0$ 且：

$$\|f_i(x_1(t),t,k) - f_i(x_2(t),t,k)\| \leq \|U_i(k)(x_1(t)-x_2(t))\| \quad (10\text{-}7)$$

式中，$U_i(k)$ 表示已知矩阵。

假设 10.4 对于任意 $k \in \mathbb{S}$ 和 $i \in Y$，假设：

$$\Delta A_i(t,k) = M_i(k)\Lambda_i(t,k)N_i(k) \quad (10\text{-}8)$$

式中，$M_i(k)$ 和 $N_i(k)$ 表示已知矩阵；$\Lambda_i(t,k)$ 表示未知时变矩阵满足 $\Lambda_i^{\mathrm{T}}(t,k)\Lambda_i(t,k) \leq I$。

考虑以下 T-S 模糊马尔可夫跳变系统：

$$\begin{cases} \dot{x}(t) = \sum_{i=1}^{r} h_i^{r_t}\left(\theta^{r_t}(t)\right)\left[f_i(x(t),t,r_t) + F_i(r_t)\omega(t)\right] \\ z(t) = C(r_t)x(t) + D(r_t)\omega(t) \end{cases} \quad (10\text{-}9)$$

式中，$x(t) \in R^n$ 和 $\omega(t) \in R^m$ 分别表示系统状态向量和外部扰动；$z(t) \in R^q$ 表示参考信号。

定义 10.1[151] 如果对于任何 $t \geq t_0$ 有

$$E\left\{\|x(t)\|^2\right\} \leq a\|x(t_0)\|^2 e^{-b(t-t_0)} \quad (10\text{-}10)$$

式中，$a \geq 1$ 和 $b > 0$ 表示常数，那么 $\omega(t)=0$ 的 T-S 模糊马尔可夫跳变系统(10-9)为均方指数稳定的。

定义 10.2[151] 考虑 T-S 模糊马尔可夫跳变系统(10-9)，对于 $x(0) \in \Omega_x$，$\omega \in \Omega_\omega$ 和 $t^* \geq 0$，如果存在一个非负存储函数 $V(x): \Omega_x \to R$ 和一个实值 Lebesgue 可积函数 $s(\omega,z): \Omega_\omega \times \Omega_z \to R$ 满足 $\int_0^{t^*} |s(\omega(t),z(t))| \mathrm{d}t < +\infty$ 使得

$$E\left\{V(x(t^*)) - V(x(0))\right\} \leq E\left\{\int_0^{t^*} s(\omega(t),z(t))\mathrm{d}t\right\} \quad (10\text{-}11)$$

那么，T-S 模糊马尔可夫跳变系统(10-9)为耗散的。

定义 10.3[151] 考虑 T-S 模糊马尔可夫跳变系统(10-9)，给定实对称矩阵 $\mathcal{Z} \in R^{q \times q}$，$\mathcal{X} \in R^{m \times m}$ 和实矩阵 $\mathcal{Y} \in R^{q \times m}$，若对于任意 $\varepsilon > 0$ 和实函数 $\varphi(\cdot)$，$\varphi(0) = 0$，则以下不等式成立：

$$E\left\{\int_o^{t^*}\begin{bmatrix}z(t)\\ \omega(t)\end{bmatrix}^T\begin{bmatrix}\mathcal{Z}&\mathcal{Y}\\ *&\mathcal{X}\end{bmatrix}\begin{bmatrix}z(t)\\ \omega(t)\end{bmatrix}dt\right\}+\varphi(x)\geqslant\varepsilon\int_o^{t^*}\omega^T(t)\omega(t)dt,\ \forall t^*\geqslant 0 \quad (10\text{-}12)$$

系统(10-9)为严格 $(\mathcal{Z}, \mathcal{Y}, \mathcal{X})\text{-}\varepsilon$ 耗散的。

10.2 控制器的设计与耗散性分析

本节重点讨论基于耗散性的 T-S 模糊马尔可夫跳变随机非线性系统的扰动衰减控制问题，首先假设所有转移概率都是已知的。设计自适应模糊扰动观测器如下。

观测器模糊规则 $\mathcal{R}_{o,i}^r$：**IF** $\theta_1^r(t)$ 为 $\mu_{i,1}^r$，$\theta_2^r(t)$ 为 $\mu_{i,2}^r$，$\cdots$，$\theta_p^r(t)$ 为 $\mu_{i,p}^r$，**THEN**：

$$\begin{cases}\hat{d}_1(t)=\psi^T(x)\hat{\vartheta}(t)+V_i^\vartheta(k)\hat{\vartheta}(t),\quad \hat{\vartheta}(t)=v_1(t)-L_i^\vartheta(k)x(t)\\ \dot{v}_1(t)=\left(W_i^\vartheta(k)+L_i^\vartheta(k)B_i(k)\left(\psi^T(x)+V_i^\vartheta(k)\right)\right)\hat{\vartheta}(t)\\ \qquad\quad +L_i^\vartheta(k)\left(A_i(k)x(t)+B_i(k)u(t)+B_i(k)\hat{d}_2(t)\right)\\ \hat{d}_2(t)=V_i^\eta(k)\hat{\eta}(t),\quad \hat{\eta}(t)=v_2(t)-L_i^\eta(k)x(t)\\ \dot{v}_2(t)=\left(W_i^\eta(k)+L_i^\eta(k)B_i(k)V_i^\eta(k)\right)\hat{\eta}(t)\\ \qquad\quad +L_i^\eta(k)\left(A_i(k)x(t)+B_i(k)u(t)+B_i(k)\hat{d}_1(t)\right)\\ i=1,2,\cdots,r\end{cases} \quad (10\text{-}13)$$

式中，$L_i^\vartheta(k)$ 和 $L_i^\eta(k)$ 表示模糊扰动观测器的增益矩阵；$v_1(t)$ 和 $v_2(t)$ 表示观测器状态向量；$\hat{d}_1(t)$、$\hat{d}_2(t)$、$\hat{\vartheta}(t)$、$\hat{\eta}(t)$ 分别表示 $d_1(t)$、$d_2(t)$、$\vartheta(t)$、$\eta(t)$ 的估计值。同时，对于 $k \in \mathbb{S}$，控制律设计如下。

控制器模糊规则 $\mathcal{R}_{c,i}^r$：**IF** $\theta_1^r(t)$ 为 $\mu_{i,1}^r$，$\theta_2^r(t)$ 为 $\mu_{i,2}^r$，$\cdots$，$\theta_p^r(t)$ 为 $\mu_{i,p}^r$，**THEN**：

$$u(t)=K_i(k)x(t)-\hat{d}_1(t)-\hat{d}_2(t),\quad i=1,2,\cdots,r \quad (10\text{-}14)$$

式中，$K_i(k)$ 表示待设计的控制增益矩阵。

定义 $\tilde{\vartheta}(t) = \hat{\vartheta}(t) - \vartheta(t)$，$\tilde{\eta}(t) = \hat{\eta}(t) - \eta(t)$。因此，结合式(10-5)、式(10-6)和式(10-13)得到：

$$\begin{cases} \dot{\tilde{\vartheta}}(t) = \sum_{i=1}^{r} h_i^k\left(\theta^k(t)\right)h_j^k\left(\theta^k(t)\right)\left(\left(W_i^{\vartheta}(k) + L_j^{\vartheta}(k)B_i(k)\left(\psi^{\mathrm{T}}(x) + V_i^{\vartheta}(k)\right)\right)\tilde{\vartheta}(t) \right. \\ \qquad + L_j^{\vartheta}(k)B_i(k)V_i^{\eta}(k)\tilde{\eta}(t) - L_j^{\vartheta}(k)\Delta A_i(t,k)x(t) \\ \qquad \left. - L_j^{\vartheta}(k)E(k)f_i(x(t),t,k) - L_j^{\vartheta}(k)F_i^x(k)d_3(t) - F_i^{\vartheta}(k)d_4(t)\right) \\ \dot{\tilde{\eta}}(t) = \sum_{i=1}^{r} h_i^k\left(\theta^k(t)\right)h_j^k\left(\theta^k(t)\right)\left(\left(W_i^{\eta}(k) + L_j^{\eta}(k)B_i(k)V_i^{\eta}(k)\right)\tilde{\eta}(t) \right. \\ \qquad + L_j^{\eta}(k)B_i(k)\left(\psi^{\mathrm{T}}(x) + V_i^{\vartheta}(k)\right)\tilde{\vartheta}(t) - L_j^{\eta}(k)\Delta A_i(t,k)x(t) \\ \qquad \left. - L_j^{\eta}(k)E(k)f_i(x(t),t,k) - L_j^{\eta}(k)F_i^x(k)d_3(t) - F_i^{\eta}(k)d_5(t)\right) \end{cases} \quad (10\text{-}15)$$

通过定义 $\xi(t) = \begin{bmatrix} \tilde{\vartheta}^{\mathrm{T}}(t) & \tilde{\eta}^{\mathrm{T}}(t) \end{bmatrix}^{\mathrm{T}}$，式(10-15)可改写为

$$\begin{aligned} \dot{\xi}(t) = & \sum_{i=1}^{r} h_i^k\left(\theta^k(t)\right)h_j^k\left(\theta^k(t)\right)\left(\left(W_i(k) + L_j(k)B_i(k)\left(\bar{\psi}^{\mathrm{T}}(x) + V_i(k)\right)\right)\xi(t) \right. \\ & - L_j(k)\Delta A_i(t,k)x(t) - L_j(k)E(k)f_i(x(t),t,k) \\ & \left. - L_j(k)F_i^x(k)d_3(t) - F_i^{\xi}(k)d_6(t)\right) \end{aligned} \quad (10\text{-}16)$$

式中，

$$\begin{cases} d_6(t) = \begin{bmatrix} d_4^{\mathrm{T}}(t) & d_5^{\mathrm{T}}(t) \end{bmatrix}^{\mathrm{T}}; \quad \bar{\psi}^{\mathrm{T}}(x) = \begin{bmatrix} \psi^{\mathrm{T}}(x) & 0 \end{bmatrix}; \quad V_i(k) = \begin{bmatrix} V_i^{\vartheta}(k) & V_i^{\eta}(k) \end{bmatrix}, \\ W_i(k) = \begin{bmatrix} W_i^{\vartheta}(k) & 0 \\ 0 & W_i^{\eta}(k) \end{bmatrix}, L_j(k) = \begin{bmatrix} L_j^{\vartheta}(k) \\ L_j^{\eta}(k) \end{bmatrix}, F_i^{\xi}(k) = \begin{bmatrix} F_i^{\vartheta}(k) & 0 \\ 0 & F_i^{\eta}(k) \end{bmatrix} \end{cases} \quad (10\text{-}17)$$

因此，通过将式(10-14)代入式(10-4)，可以得到：

$$\begin{aligned} \dot{x}(t) = & \sum_{i=1}^{r} h_i^k\left(\theta^k(t)\right)h_j^k\left(\theta^k(t)\right)\left(\left(A_i(k) + B_i(k)K_i(k)\right)x(t) \right. \\ & + \Delta A_i(t,k)x(t) + E(k)f_i(x(t),t,k) \\ & \left. - B_i(k)\left(\bar{\psi}^{\mathrm{T}}(x) + V_i(k)\right)\xi(t) + F_i^x(k)d_3(t)\right) \end{aligned} \quad (10\text{-}18)$$

定义 $\sigma(t) = \begin{bmatrix} x^{\mathrm{T}}(t) & \xi^{\mathrm{T}}(t) \end{bmatrix}^{\mathrm{T}}$，$\omega(t) = \begin{bmatrix} d_3^{\mathrm{T}}(t) & d_6^{\mathrm{T}}(t) \end{bmatrix}^{\mathrm{T}}$，考虑式(10-15)和式(10-18)，可以得到以下闭环模糊马尔可夫跳变系统：

$$\sigma(t)=\sum_{i=1}^{r}h_i^k\left(\theta^k(t)\right)h_j^k\left(\theta^k(t)\right)\left(\bar{A}_{i,j}(k)\sigma(t)\right.$$
$$+\Delta\bar{A}_{i,j}(t,k)\sigma(t)+\bar{B}_{i,j}(k,x)\sigma(t)$$
$$\left.+\bar{E}_j(k)f_i(x(t),t,k)+F_i(k)\omega(t)\right) \tag{10-19}$$

式中，

$$\begin{cases}\bar{A}_{i,j}(k)=\begin{bmatrix}A_i(k)+B_i(k)K_i(k) & -B_i(k)V_i(k)\\ 0 & W_i(k)+L_j(k)B_i(k)V_i(k)\end{bmatrix}\\ \Delta\bar{A}_{i,j}(t,k)=\begin{bmatrix}\Delta A_i(t,k) & 0\\ -L_j(k)\Delta A_i(t,k) & 0\end{bmatrix}\\ \bar{B}_{i,j}(k,x)=\begin{bmatrix}0 & -B_i(k)\bar{\psi}^{\mathrm{T}}(x)\\ 0 & L_j(k)B_i(k)\bar{\psi}^{\mathrm{T}}(x)\end{bmatrix}\\ \bar{E}_j(k)=\begin{bmatrix}E(k)\\ -L_j(k)E(k)\end{bmatrix}\\ F_i(k)=\begin{bmatrix}F_i^x(k) & 0\\ -L_j(k)F_i^x(k) & F_i^\xi(k)\end{bmatrix}\end{cases} \tag{10-20}$$

参考输出定义为

$$z(t)=C(k)\sigma(t)+D(k)\omega(t) \tag{10-21}$$

式中，

$$C(k)=\begin{bmatrix}C_1(k) & 0\\ 0 & C_2(k)\end{bmatrix},D(k)=\begin{bmatrix}D_1(k)\\ D_2(k)\end{bmatrix}$$

定理 10.1 考虑闭环模糊马尔可夫跳变系统(10-19)，假设所有转移概率都是已知的。给定实对称矩阵 $0>\mathcal{Z}\in R^{q\times q}$，$\mathcal{X}\in R^{(m+p_2+p_4)\times(m+p_2+p_4)}$ 和实矩阵 $\mathcal{Y}\in R^{q\times(m+p_2+p_4)}$，对于任意 $k\in\mathbb{S}$ 和 $i,j\in\Upsilon$，若存在矩阵 $Q(k)$、$P_2(k)$、$R_j(k)$、$S_j(k)$ 以及标量 $\lambda,\gamma,\varepsilon>0$ 使得以下矩阵不等式成立：

$$\begin{cases}\Gamma_{i,i}(k)<0, & i=1,2,\cdots,r\\ \Gamma_{i,j}(k)+\Gamma_{j,i}(k)<0, & 1\leqslant i<j\leqslant r\end{cases} \tag{10-22}$$

式中，

$$\Gamma_{i,j}(k) = \begin{bmatrix} \Gamma^k_{i,j,11} & \Gamma^k_{i,j,12} & \Gamma^k_{i,j,13} & E(k) & \Gamma^k_{i,j,15} & \Gamma^k_{i,j,16} & \Gamma^k_{i,j,17} & \Gamma^k_{i,j,18} & 0 \\ * & \Gamma^k_{i,j,22} & \Gamma^k_{i,j,23} & \Gamma^k_{i,j,24} & 0 & 0 & 0 & 0 & \Gamma^k_{i,j,29} \\ * & * & \Gamma^k_{i,j,33} & 0 & 0 & 0 & 0 & 0 & 0 \\ * & * & * & -\dfrac{1}{\gamma^2}I & 0 & 0 & 0 & 0 & 0 \\ * & * & * & * & -\gamma^2 I & 0 & 0 & 0 & 0 \\ * & * & * & * & * & -I & 0 & 0 & 0 \\ * & * & * & * & * & * & \mathcal{Z}_{11}^{-1} & 0 & 0 \\ * & * & * & * & * & * & * & \Xi^k_{i,j} & 0 \\ * & * & * & * & * & * & * & * & -I \end{bmatrix}$$

$$\begin{cases}
\Gamma^k_{i,j,11} = A_i(k)Q(k) + Q(k)A_i^{\mathrm{T}}(k) + B_i(k)R_j(k) + R_j^{\mathrm{T}}(k)B_i^{\mathrm{T}}(k) \\
\qquad\quad + M_i(k)M_i^{\mathrm{T}}(k) + B_i(k)B_i^{\mathrm{T}}(k) + (\lambda + \pi_{kk})Q(k) \\
\Gamma^k_{i,j,12} = -B_i(k)V_i(k) - Q(k)C_1^{\mathrm{T}}(k)\mathcal{Z}_{12}C_2(k) \\
\Gamma^k_{i,j,13} = \begin{bmatrix} F_i^x(k) & 0 \end{bmatrix} - Q(k)C_1^{\mathrm{T}}(k)\mathcal{Z}_{11}D_1(k) - Q(k)C_1^{\mathrm{T}}(k)\mathcal{Z}_{12}D_2(k) - Q(k)C_1^{\mathrm{T}}(k)\mathcal{Y} \\
\Gamma^k_{i,j,15} = Q(k)U_i^{\mathrm{T}}(k) \\
\Gamma^k_{i,j,16} = \sqrt{2}Q(k)N_i^{\mathrm{T}}(k) \\
\Gamma^k_{i,j,17} = Q(k)C_1^{\mathrm{T}}(k) \\
\Gamma^k_{i,j,18} = \begin{bmatrix} Q(k), \cdots, Q(k), \cdots, Q(k) \end{bmatrix}_{N-1} \\
\Gamma^k_{i,j,22} = P_2(k)W_i(k) + W_i^{\mathrm{T}}(k)P_2(k) + S_j(k)B_i(k)V_i(k) + V_i^{\mathrm{T}}(k)B_i^{\mathrm{T}}(k)S_j^{\mathrm{T}}(k) \\
\qquad\quad + 2\varepsilon_\psi^2 I + \sum_{k_1=1}^{N} \pi_{kk_1}P_2(k_1) + \lambda P_2(k) - C_2^{\mathrm{T}}(k)\mathcal{Z}_{22}C_2(k) \\
\Gamma^k_{i,j,23} = \begin{bmatrix} -S_j(k)F_i^x(k) & P_2(k)F_i^\xi(k) \end{bmatrix} - C_2^{\mathrm{T}}(k)\mathcal{Z}_{21}D_1(k) - C_2^{\mathrm{T}}(k)\mathcal{Z}_{22}D_2(k) - C_2^{\mathrm{T}}(k)\mathcal{Y}_2 \\
\Gamma^k_{i,j,24} = -S_j(k)E(k) \\
\Gamma^k_{i,j,29} = \begin{bmatrix} S_j(k)M_i(k) & S_j(k)B_i(k) \end{bmatrix} \\
\Gamma^k_{i,j,33} = -D^{\mathrm{T}}(k)\mathcal{Z}D(k) - \mathcal{Y}^{\mathrm{T}}D(k) - D^{\mathrm{T}}(k)\mathcal{Y} - \mathcal{X} + \varepsilon I \\
\Xi^k_{i,j} = -\mathrm{diag}\left\{ \pi_{k1}^{-1}Q(1), \cdots, \pi_{kk_1}^{-1}Q(k_1), \cdots, \pi_{kN}^{-1}Q(N) \right\}_{k_1 \neq k}
\end{cases}$$

那么，闭环模糊马尔可夫跳变系统(10-19)是随机均方指数稳定的，具有严格 $(\mathcal{Z}, \mathcal{Y}, \mathcal{X})\text{-}\varepsilon$ 耗散性能，并且扰动观测器和抗扰动控制器的增益由式(10-23)给出：

$$K_j(k) = R_j(k)Q^{-1}(k), \quad L_j(k) = P_2^{-1}(k)S_j(k) \tag{10-23}$$

证明：选择以下李雅普诺夫函数：

$$V(k,\sigma(t)) = \sigma^{\mathrm{T}}(t)P(k)\sigma(t) \tag{10-24}$$

式中，$P(k) > 0$ 是正定对称矩阵，满足：

$$P(k) = \begin{bmatrix} P_1(k) & 0 \\ 0 & P_2(k) \end{bmatrix} \tag{10-25}$$

对于 $k \in \mathbb{S}$，取 $V(\sigma(t),k)$ 的无穷小算子如下：

$$\begin{aligned}
\mathcal{L}V(\sigma(t),k) = \sum_{i=1}^{r} h_i^k(\theta^k(t)) h_j^k(\theta^k(t)) & \Big\{ \sigma^{\mathrm{T}}(t) \big[P(k)\overline{A}_{i,j}(k) + \overline{A}_{i,j}^{\mathrm{T}}(k)P(k) \big] \sigma(t) \\
& + 2\sigma^{\mathrm{T}}(t)P(k)\Delta\overline{A}_{i,j}(t,k)\sigma(t) + 2\sigma^{\mathrm{T}}(t)P(k)\overline{B}_{i,j}(k,x)\sigma(t) \\
& + 2\sigma^{\mathrm{T}}(t)P(k)\overline{E}(k)f_i(x(t),t,k) + 2\sigma^{\mathrm{T}}(t)P(k)F_i(k)\omega(t) \\
& + \sum_{k_1=1}^{N} \pi_{kk_1} \sigma^{\mathrm{T}}(t)P(k_1)\sigma(t) \Big\}
\end{aligned} \tag{10-26}$$

显然：

$$\begin{aligned}
& 2\sigma^{\mathrm{T}}(t)P(k)\Delta\overline{A}_{i,j}(t,k)\sigma(t) \\
& = 2x^{\mathrm{T}}(t)P_1(k)\Delta A_i(t,k)x(t) - 2\xi^{\mathrm{T}}(t)P_2(k)L_j(k)\Delta A_i(t,k)x(t)
\end{aligned} \tag{10-27}$$

在假设 10.4 的基础上，可以得到以下不等式：

$$\begin{cases}
2x^{\mathrm{T}}(t)P_1(k)\Delta A_i(t,k)x(t) \leqslant x^{\mathrm{T}}(t)P_1(k)M_i(k)M_i^{\mathrm{T}}(k)P_1(k)x(t) \\
\qquad\qquad + x^{\mathrm{T}}(t)N_i^{\mathrm{T}}(k)N_i(k)x(t) \\
-2\xi^{\mathrm{T}}(t)P_2(k)L_j(k)\Delta A_i(t,k)x(t) \leqslant \xi^{\mathrm{T}}(t)P_2(k)L_j(k)M_i(k)M_i^{\mathrm{T}}(k)L_j^{\mathrm{T}}(k)P_2(k)\xi(t) \\
\qquad\qquad + x^{\mathrm{T}}(t)N_i^{\mathrm{T}}(k)N_i(k)x(t)
\end{cases} \tag{10-28}$$

同时，易得

$$\begin{cases}
2\sigma^{\mathrm{T}}(t)P(k)\overline{B}_{i,j}(k,x)\sigma(t) = -2x^{\mathrm{T}}(t)P_1(k)B_i(k)\overline{\psi}^{\mathrm{T}}(x)\xi(t) \\
\qquad\qquad + 2\xi^{\mathrm{T}}(t)P_2(k)L_j(k)B_i(k)\overline{\psi}^{\mathrm{T}}(x)\xi(t) \\
-2x^{\mathrm{T}}(t)P_1(k)B_i(k)\overline{\psi}^{\mathrm{T}}(x)\xi(t) \leqslant x^{\mathrm{T}}(t)P_1(k)B_i(k)B_i^{\mathrm{T}}(k)P_1(k)x(t) + \varepsilon_\psi^2 \xi^{\mathrm{T}}(t)\xi(t) \\
2\xi^{\mathrm{T}}(t)P_2(k)L_j(k)B_i(k)\overline{\psi}^{\mathrm{T}}(x)\xi(t) \leqslant \xi^{\mathrm{T}}(t)P_2(k)L_j(k)B_i(k)B_i^{\mathrm{T}}(k)L_j^{\mathrm{T}}(k)P_2(k)\xi(t) \\
\qquad\qquad + \varepsilon_\psi^2 \xi^{\mathrm{T}}(t)\xi(t)
\end{cases}$$

$$\tag{10-29}$$

此外，通过假设 10.3，可知以下不等式成立：

$$f_i^{\mathrm{T}}\left(x(t),t,k\right)f_i\left(x(t),t,k\right) \leqslant x^{\mathrm{T}}(t)U_i^{\mathrm{T}}(k)U_i(k)x(t) \tag{10-30}$$

通过式(10-26)～式(10-30)，容易得到：

$$\mathcal{L}V(\sigma(t),k) \leqslant \sum_{i=1}^{r} h_i^k\left(\theta^k(t)\right) h_j^k\left(\theta^k(t)\right) \zeta^{\mathrm{T}}(t) \bar{\Gamma}_{i,j}(k)\zeta(t) \tag{10-31}$$

式中，$\zeta(t) = \begin{bmatrix} x^{\mathrm{T}}(t) & \xi^{\mathrm{T}}(t) & \omega^{\mathrm{T}}(t) & f_i^{\mathrm{T}}(x(t),t,k) \end{bmatrix}^{\mathrm{T}}$。

$$\bar{\Gamma}_{i,j}(k) = \begin{bmatrix} \bar{\Gamma}_{i,j,11}(k) & -P_1(k)B_i(k)V_i(k) & \bar{\Gamma}_{i,j,13}(k) & P_1(k)E(k) \\ * & \bar{\Gamma}_{i,j,22}(k) & \bar{\Gamma}_{i,j,23}(k) & -P_2(k)L_j(k)E(k) \\ * & * & 0 & 0 \\ * & * & * & -\dfrac{1}{\gamma^2}I \end{bmatrix}$$

$$\begin{cases} \bar{\Gamma}_{i,j,11}(k) = P_1(k)\left[A_i(k)+B_i(k)K_j(k)\right] + \left[A_i(k)+B_i(k)K_j(k)\right]^{\mathrm{T}} P_1(k) \\ \qquad\qquad + \dfrac{1}{\gamma^2}U_i^{\mathrm{T}}(k)U_i(k) + P_1(k)M_i(k)M_i^{\mathrm{T}}(k)P_1(k) \\ \qquad\qquad + 2N_i^{\mathrm{T}}(k)N_i(k) + P_1(k)B_i(k)B_i^{\mathrm{T}}(k)P_1(k) + \sum\limits_{k_1=1}^{N} \pi_{kk_1} P_1(k_1) \\ \bar{\Gamma}_{i,j,13}(k) = \begin{bmatrix} P_1(k)F_i^x(k) & 0 \end{bmatrix} \\ \bar{\Gamma}_{i,j,22}(k) = P_2(k)\left[W_i(k)+L_j(k)B_i(k)V_i(k)\right] + \left[W_i(k)+L_j(k)B_i(k)V_i(k)\right]^{\mathrm{T}} P_2(k) \\ \qquad\qquad + P_2(k)L_j(k)M_i(k)M_i^{\mathrm{T}}(k)L_j^{\mathrm{T}}(k)P_2(k) \\ \qquad\qquad + P_2(k)L_j(k)B_i(k)B_i^{\mathrm{T}}(k)L_j^{\mathrm{T}}(k)P_2(k) + 2\varepsilon_\psi^2 I + \sum\limits_{k_1=1}^{N} \pi_{kk_1} P_2(k_1) \\ \bar{\Gamma}_{i,j,23}(k) = \begin{bmatrix} -P_2(k)L_j(k)F_i^x(k) & P_2(k)F_i^\xi(k) \end{bmatrix} \end{cases}$$

$$\tag{10-32}$$

不失一般性，设：

$$\mathcal{Z} = \begin{bmatrix} \mathcal{Z}_{11} & \mathcal{Z}_{12} \\ \mathcal{Z}_{21} & \mathcal{Z}_{22} \end{bmatrix}, \mathcal{Y} = \begin{bmatrix} \mathcal{Y}_1 \\ \mathcal{Y}_2 \end{bmatrix} \tag{10-33}$$

定义：

$$\Phi(t,r_t) = z^{\mathrm{T}}(t)\mathcal{Z}z(t) + 2z^{\mathrm{T}}(t)\mathcal{Y}\omega(t) + \omega^{\mathrm{T}}(t)(\mathcal{X}-\varepsilon I)\omega(t) \tag{10-34}$$

显然，对于 $k \in \mathbb{S}$，有

$$\Phi(t,k) = \sigma^{\mathrm{T}}(t)\big(C^{\mathrm{T}}(k)\mathcal{Z}C(k)\big)\sigma(t)$$
$$+ 2\sigma^{\mathrm{T}}(t)\big(C^{\mathrm{T}}(k)\mathcal{Z}D(k) + C^{\mathrm{T}}(k)\mathcal{Y}\big)\omega(t) \quad (10\text{-}35)$$
$$+ \omega^{\mathrm{T}}(t)\begin{pmatrix} D^{\mathrm{T}}(k)\mathcal{Z}D(k) + \mathcal{Y}^{\mathrm{T}}D(k) \\ + D^{\mathrm{T}}(k)\mathcal{Y} + \mathcal{X} - \varepsilon I \end{pmatrix}\omega(t)$$

由式(10-33)和式(10-35)可知：

$$\Phi(t,k) = \begin{bmatrix} x(t) \\ \xi(t) \end{bmatrix}^{\mathrm{T}} \begin{bmatrix} C_1^{\mathrm{T}}(k)\mathcal{Z}_{11}C_1(k) & C_1^{\mathrm{T}}(k)\mathcal{Z}_{12}C_2(k) \\ C_2^{\mathrm{T}}(k)\mathcal{Z}_{21}C_1(k) & C_2^{\mathrm{T}}(k)\mathcal{Z}_{22}C_2(k) \end{bmatrix} \begin{bmatrix} x(t) \\ \xi(t) \end{bmatrix}$$
$$+ 2\begin{bmatrix} x(t) \\ \xi(t) \end{bmatrix}^{\mathrm{T}} \begin{bmatrix} C_1^{\mathrm{T}}(k)\mathcal{Z}_{11}D_1(k) + C_1^{\mathrm{T}}(k)\mathcal{Z}_{12}D_2(k) + C_1^{\mathrm{T}}(k)\mathcal{Y}_1 \\ C_2^{\mathrm{T}}(k)\mathcal{Z}_{21}D_1(k) + C_2^{\mathrm{T}}(k)\mathcal{Z}_{22}D_2(k) + C_2^{\mathrm{T}}(k)\mathcal{Y}_2 \end{bmatrix} \omega(t) \quad (10\text{-}36)$$
$$+ \omega^{\mathrm{T}}(t)\big(D^{\mathrm{T}}(k)\mathcal{Z}D(k) + \mathcal{Y}^{\mathrm{T}}D(k) + D^{\mathrm{T}}(k)\mathcal{Y} + \mathcal{X} - \varepsilon I\big)\omega(t)$$

借助式(10-31)和式(10-35)，可以容易地得到以下不等式：

$$\mathcal{L}V(\sigma(t),k) \leq \sum_{i=1}^{r} h_i^k(\theta^k(t)) h_j^k(\theta^k(t)) \zeta^{\mathrm{T}}(t) \check{\Gamma}_{i,j}(k)\zeta(t) \quad (10\text{-}37)$$
$$+ \Phi(t,k) - \lambda\sigma^{\mathrm{T}}(t)P(k)\sigma(t)$$

式中，

$$\check{\Gamma}_{i,j}(k) = \begin{bmatrix} \check{\Gamma}_{i,j,11}(k) & \check{\Gamma}_{i,j,12}(k) & \check{\Gamma}_{i,j,13}(k) & P_1(k)E(k) \\ * & \check{\Gamma}_{i,j,22}(k) & \check{\Gamma}_{i,j,23}(k) & \check{\Gamma}_{i,j,24}(k) \\ * & * & \check{\Gamma}_{i,j,33}(k) & 0 \\ * & * & * & -\dfrac{1}{\gamma^2}I \end{bmatrix}$$

$$\begin{cases} \check{\Gamma}_{i,j,11}(k) = \bar{\Gamma}_{i,j,11}(k) - C_1^{\mathrm{T}}(k)\mathcal{Z}_{11}C_1(k) + \lambda P_1(k) \\ \check{\Gamma}_{i,j,12}(k) = -P_1(k)B_i(k)V_i(k) - C_1^{\mathrm{T}}(k)\mathcal{Z}_{12}C_2(k) \\ \check{\Gamma}_{i,j,13}(k) = \bar{\Gamma}_{i,j,13}(k) - C_1^{\mathrm{T}}(k)\mathcal{Z}_{11}D_1(k) - C_1^{\mathrm{T}}(k)\mathcal{Z}_{12}D_2(k) - C_1^{\mathrm{T}}(k)\mathcal{Y} \\ \check{\Gamma}_{i,j,22}(k) = \bar{\Gamma}_{i,j,22}(k) - C_2^{\mathrm{T}}(k)\mathcal{Z}_{22}C_2(k) + \lambda P_2(k) \\ \check{\Gamma}_{i,j,23}(k) = \bar{\Gamma}_{i,j,23}(k) - C_2^{\mathrm{T}}(k)\mathcal{Z}_{21}D_1(k) - C_2^{\mathrm{T}}(k)\mathcal{Z}_{22}D_2(k) - C_2^{\mathrm{T}}(k)\mathcal{Y}_2 \\ \check{\Gamma}_{i,j,24}(k) = -P_2(k)L_j(k)E(k) \\ \check{\Gamma}_{i,j,33}(k) = -D^{\mathrm{T}}(k)\mathcal{Z}D(k) - \mathcal{Y}^{\mathrm{T}}D(k) - D^{\mathrm{T}}(k)\mathcal{Y} - \mathcal{X} + \varepsilon I \end{cases}$$

对于任意 $k \in \mathbb{S}$，定义：

$$Q(k)=P_1^{-1}(k), R_j(k)=K_j(k)P_1^{-1}(k), S_j(k)=P_2(k)L_j(k) \tag{10-38}$$

借助式(10-38)和 $\mathrm{diag}\{Q(k),I,I,I\}$ 对 $\breve{\varGamma}_{i,j}(k)$ 进行合同变换，可以得到以下矩阵：

$$\hat{\varGamma}_{i,j}(k)=\begin{bmatrix} \hat{\varGamma}_{i,j,11}(k) & \hat{\varGamma}_{i,j,12}(k) & \hat{\varGamma}_{i,j,13}(k) & E(k) \\ * & \hat{\varGamma}_{i,j,22}(k) & \hat{\varGamma}_{i,j,23}(k) & \hat{\varGamma}_{i,j,24}(k) \\ * & * & \hat{\varGamma}_{i,j,33}(k) & 0 \\ * & * & * & -\dfrac{1}{\gamma^2}I \end{bmatrix} \tag{10-39}$$

式中，

$$\begin{aligned}\hat{\varGamma}_{i,j,11}(k)=&A_i(k)Q(k)+Q(k)A_i^{\mathrm{T}}(k)+B_i(k)R_j(k)+R_j^{\mathrm{T}}(k)B_i^{\mathrm{T}}(k)\\ &+\frac{1}{\gamma^2}Q(k)U_i^{\mathrm{T}}(k)U_i(k)Q(k)+M_i(k)M_i^{\mathrm{T}}(k)\\ &+2Q(k)N_i^{\mathrm{T}}(k)N_i(k)Q(k)+B_i(k)B_i^{\mathrm{T}}(k)\\ &+\pi_{kk}Q(k)+\sum_{k_1=1,k_1\neq k}^{N}\pi_{kk_1}Q(k)Q^{-1}(k_1)Q(k)\\ &-Q(k)C_1^{\mathrm{T}}(k)\mathcal{Z}_{11}C_1(k)Q(k)+\lambda Q(k)\end{aligned}$$

$$\hat{\varGamma}_{i,j,12}(k)=-B_i(k)V_i(k)-Q(k)C_1^{\mathrm{T}}(k)\mathcal{Z}_{12}C_2(k)$$

$$\hat{\varGamma}_{i,j,13}(k)=\begin{bmatrix}F_i^x(k) & 0\end{bmatrix}-Q(k)C_1^{\mathrm{T}}(k)\mathcal{Z}_{11}D_1(k)-Q(k)C_1^{\mathrm{T}}(k)\mathcal{Z}_{12}D_2(k)-Q(k)C_1^{\mathrm{T}}(k)\mathcal{Y}$$

$$\begin{aligned}\hat{\varGamma}_{i,j,22}(k)=&P_2(k)W_i(k)+W_i^{\mathrm{T}}(k)P_2(k)+S_j(k)B_i(k)V_i(k)+V_i^{\mathrm{T}}(k)B_i^{\mathrm{T}}(k)S_j^{\mathrm{T}}(k)\\ &+S_j(k)M_i(k)M_i^{\mathrm{T}}(k)S_j^{\mathrm{T}}(k)+S_j(k)B_i(k)B_i^{\mathrm{T}}(k)S_j^{\mathrm{T}}\\ &+2\varepsilon_{\psi}^2 I+\sum_{k_1=1}^{N}\pi_{kk_1}P_2(k_1)-C_2^{\mathrm{T}}(k)\mathcal{Z}_{22}C_2(k)+\lambda P_2(k)\end{aligned}$$

$$\begin{aligned}\hat{\varGamma}_{i,j,23}(k)=&\begin{bmatrix}-S_j(k)F_i^x(k) & P_2(k)F_i^{\xi}(k)\end{bmatrix}-C_2^{\mathrm{T}}(k)\mathcal{Z}_{21}D_1(k)\\ &-C_2^{\mathrm{T}}(k)\mathcal{Z}_{22}D_2(k)-C_2^{\mathrm{T}}(k)\mathcal{Y}_2\end{aligned}$$

$$\hat{\varGamma}_{i,j,24}(k)=-S_j(k)E(k)$$

$$\hat{\varGamma}_{i,j,33}(k)=-D^{\mathrm{T}}(k)\mathcal{Z}D(k)-\mathcal{Y}^{\mathrm{T}}D(k)-D^{\mathrm{T}}(k)\mathcal{Y}-\mathcal{X}+\varepsilon I$$

通过对式(10-22)进行舒尔补变换，可知 $\hat{\varGamma}_{i,j}(k)<0$。因此，显然有 $\breve{\varGamma}_{i,j}(k)<0$。回顾式(10-37)，可以得到：

$$\mathcal{L}V(\sigma(t),k)\leq \varPhi(t,k)-\lambda\sigma^{\mathrm{T}}(t)P(k)\sigma(t) \tag{10-40}$$

显然,对于任意 $t>0$,

$$E\{V(r_t,\sigma(t))-V(r_t,\sigma(0))\} < E\left\{\int_0^t \Phi(\tau,r_\tau)\mathrm{d}\tau\right\} \tag{10-41}$$

根据定义 10.2 可知,闭环模糊马尔可夫跳变系统(10-19)是耗散的。进一步,通过定义 $\bar{\Phi}(t,r_t) = \Phi(t,r_t) + \varepsilon\omega^\mathrm{T}(t)\omega(t)$,利用零初始条件和定义 10.3,可以得出马尔可夫跳变系统是严格 $(\mathcal{Z},\mathcal{Y},\mathcal{X})$-$\varepsilon$ 耗散的。此外,当 $\omega(t)=0$,显然对于任意 $k\in\mathbb{S}$ 有

$$\mathcal{L}V(\sigma(t),k) \leqslant -\lambda V(\sigma(t),k) \tag{10-42}$$

因此,可知:

$$V(\sigma(t),r_t) \leqslant V(\sigma(0),r_0)e^{-\lambda t} \tag{10-43}$$

定义:

$$\kappa_1 = \min_{\forall k\in\mathbb{S}} \lambda_{\min}(P(k)), \kappa_2 = \max_{\forall k\in\mathbb{S}} \lambda_{\max}(P(k)) \tag{10-44}$$

根据式(10-44)可得

$$\begin{cases} E\{V(\sigma(t),r_t)\} \geqslant \kappa_1 E\{\|\sigma(t)\|^2\} \\ E\{V(\sigma(0),r_0)\} \leqslant \kappa_2 E\{\|\sigma(0)\|^2\} \end{cases} \tag{10-45}$$

因此,可以很容易地得出:

$$E\{\|\sigma(t)\|^2\} \leqslant \frac{1}{\kappa_1}E\{V(\sigma(t),r_t)\} \leqslant \frac{\kappa_2}{\kappa_1}E\{\|\sigma(0)\|^2\}e^{-\lambda t} \tag{10-46}$$

基于定义 10.1,可验证系统的随机均方指数稳定性。证明完成。

定理 10.2 在下面的定理中,将给出闭环模糊马尔可夫跳变系统(10-19)中具有部分未知转移概率的耗散性的充分条件。具体来说,Π 中存在几个未知元素,对于任意 $k_1\in\mathbb{S}$,定义:

$$\mathbb{S}_1^k \triangleq \{k_1:\pi_{kk_1} \text{ is known}\}, \quad \mathbb{S}_2^k \triangleq \{k_1:\pi_{kk_1} \text{ is unknown}\} \tag{10-47}$$

显然 $\mathbb{S}=\mathbb{S}_1^k \cup \mathbb{S}_2^k$,在本节中,定义 $\bar{q}_k$ 为 $\mathbb{S}_1^k$ 中满足 $k_1 \neq k$ 的分量的个数。

考虑具有部分未知转移概率的闭环模糊马尔可夫跳变系统(10-19),给定实对称矩阵 $0 > \mathcal{Z} \in R^{q\times q}$,$\mathcal{X} \in R^{(m+p_2+p_4)\times(m+p_2+p_4)}$ 和实矩阵 $\mathcal{Y} \in R^{q\times(m+p_2+p_4)}$,对于任意 $k\in\mathbb{S}$ 和 $i,j\in\Upsilon$,如果 $\lambda,\gamma,\varepsilon > 0$,存在 $Q(k)$、$P_2(k)$、$R_j(k)$、$S_j(k)$ 使得以下矩阵不等式成立:

$$\begin{cases} \Gamma_{i,i}(k)<0, \quad i=1,2,\cdots,r \\ \Gamma_{i,j}(k)+\Gamma_{j,i}(k)<0, \quad 1\leqslant i<j\leqslant r \\ \Theta_{i,i}(k)<0, \quad i=1,2,\cdots,r, k_1\in\mathbb{S}_2^k, k_1\neq k \\ \Theta_{i,j}(k)+\Theta_{j,i}(k)<0, \quad 1\leqslant i<j\leqslant r, k_1\in\mathbb{S}_2^k, k_1\neq k \\ \Psi_{i,i}(k)>0, \quad i=1,2,\cdots,r, k_1\in\mathbb{S}_2^k, k_1=k \\ \Psi_{i,j}(k)+\Psi_{j,i}(k)>0, \quad 1\leqslant i<j\leqslant r, k_1\in\mathbb{S}_2^k, k_1=k \end{cases} \quad (10\text{-}48)$$

式中,

$$\Gamma_{i,j}(k)=\begin{bmatrix} \Gamma_{i,j,11}^k & \Gamma_{i,j,12}^k & \Gamma_{i,j,13}^k & E(k) & \Gamma_{i,j,15}^k & \Gamma_{i,j,16}^k & \Gamma_{i,j,17}^k & \Gamma_{i,j,18}^k & 0 \\ * & \Gamma_{i,j,22}^k & \Gamma_{i,j,23}^k & \Gamma_{i,j,24}^k & 0 & 0 & 0 & 0 & \Gamma_{i,j,29}^k \\ * & * & \Gamma_{i,j,33}^k & 0 & 0 & 0 & 0 & 0 & 0 \\ * & * & * & -\dfrac{1}{\gamma^2}I & 0 & 0 & 0 & 0 & 0 \\ * & * & * & * & -\gamma^2 I & 0 & 0 & 0 & 0 \\ * & * & * & * & * & -I & 0 & 0 & 0 \\ * & * & * & * & * & * & \mathcal{Z}_{11}^{-1} & 0 & 0 \\ * & * & * & * & * & * & * & \hat{\Xi}_{i,j}^k & 0 \\ * & * & * & * & * & * & * & * & -I \end{bmatrix}$$

$$\Gamma_{i,j,11}^k=\begin{cases} \hat{\Gamma}_{i,j,11}^k+\pi_{kk}Q(k), & k\in\mathbb{S}_1^k \\ \hat{\Gamma}_{i,j,11}^k, & k\notin\mathbb{S}_1^k \end{cases}$$

$$\hat{\Gamma}_{i,j,11}^k=\left(1+\sum_{k_1\in\mathbb{S}_1^k}\pi_{kk_1}\right)\left(A_i(k)Q(k)+Q(k)A_i^{\mathrm{T}}(k)\right.$$
$$+B_i(k)R_j(k)+R_j^{\mathrm{T}}(k)B_i^{\mathrm{T}}(k)\right)$$
$$+M_i(k)M_i^{\mathrm{T}}(k)+B_i(k)B_i^{\mathrm{T}}(k)+\lambda Q(k)$$

$$\Gamma_{i,j,12}^k=-\left(1+\sum_{k_1\in\mathbb{S}_1^k}\pi_{kk_1}\right)B_i(k)V_i(k)-Q(k)C_1^{\mathrm{T}}(k)\mathcal{Z}_{12}C_2(k)$$

$$\Gamma_{i,j,13}^k=\begin{bmatrix}F_i^x(k) & 0\end{bmatrix}-Q(k)C_1^{\mathrm{T}}(k)\mathcal{Z}_{11}D_1(k)$$
$$-Q(k)C_1^{\mathrm{T}}(k)\mathcal{Z}_{12}D_2(k)-Q(k)C_1^{\mathrm{T}}(k)\mathcal{Y}$$

$$\Gamma_{i,j,15}^k=Q(k)U_i^{\mathrm{T}}(k)$$

$$\Gamma_{i,j,16}^{k} = \sqrt{2}Q(k)N_i^{\mathrm{T}}(k)$$

$$\Gamma_{i,j,17}^{k} = Q(k)C_1^{\mathrm{T}}(k)$$

$$\Gamma_{i,j,18}^{k} = \left[Q(k),\cdots,Q(k),\cdots,Q(k)\right]_{\bar{q}_k}$$

$$\Gamma_{i,j,22}^{k} = \left(1+\sum_{k_1\in\mathbb{S}_1^k}\pi_{kk_1}\right)\left(P_2(k)W_i(k)+W_i^{\mathrm{T}}(k)P_2(k)\right.$$
$$+S_j(k)B_i(k)V_i(k)+V_i^{\mathrm{T}}(k)B_i^{\mathrm{T}}(k)S_j^{\mathrm{T}}(k)\bigg)$$
$$+2\varepsilon_\psi^2 I+\sum_{k_1\in\mathbb{S}_1^k}\pi_{kk_1}P_2(k_1)+\lambda P_2(k)-C_2^{\mathrm{T}}(k)\mathcal{Z}_{22}C_2(k)$$

$$\Gamma_{i,j,23}^{k} = \left[-S_j(k)F_i^x(k) \quad P_2(k)F_i^\xi(k)\right]-C_2^{\mathrm{T}}(k)\mathcal{Z}_{21}D_1(k)$$
$$-C_2^{\mathrm{T}}(k)\mathcal{Z}_{22}D_2(k)-C_2^{\mathrm{T}}(k)\mathcal{Y}_2$$

$$\Gamma_{i,j,24}^{k} = -S_j(k)E(k)$$

$$\Gamma_{i,j,29}^{k} = \left[S_j(k)M_i(k) \quad S_j(k)B_i(k)\right]$$

$$\Gamma_{i,j,33}^{k} = -D^{\mathrm{T}}(k)\mathcal{Z}D(k)-\mathcal{Y}^{\mathrm{T}}D(k)-D^{\mathrm{T}}(k)\mathcal{Y}-\mathcal{X}+\varepsilon I$$

$$\hat{\Xi}_{i,j}^{k} = -\mathrm{diag}\left\{\pi_{kk_1^0}^{-1}Q(k_1^0),\cdots,\pi_{kk_1^{\bar{q}}}^{-1}Q(k_1^{\bar{q}_k})\right\}_{k_1^0,\cdots,k_1^{\bar{q}_k}\in\mathbb{S}_1^k,k_1^0,\cdots,k_1^{\bar{q}_k}\neq k}$$

$$\Theta_{i,j}(k) = \begin{bmatrix} \Theta_{i,j,11}(k) & -B_i(k)V_i(k) & Q(k) \\ * & \Theta_{i,j,22}(k) & 0 \\ * & * & -Q(k_1) \end{bmatrix}$$

$$\Theta_{i,j,11}(k) = A_i(k)Q(k)+Q(k)A_i^{\mathrm{T}}(k)+B_i(k)R_j(k)$$
$$+B_i^{\mathrm{T}}(k)R_j^{\mathrm{T}}(k)$$

$$\Theta_{i,j,22}(k) = P_2(k)W_i(k)+W_i^{\mathrm{T}}(k)P_2(k)+S_j(k)B_i(k)V_i(k)$$
$$+V_i(k)B_i^{\mathrm{T}}(k)S_j^{\mathrm{T}}(k)+P_2(k_1)$$

$$\psi_{i,j}(k) = \begin{bmatrix} \psi_{i,j,11}(k) & -B_i(k)V_i(k) \\ * & \psi_{i,j,22}(k) \end{bmatrix}$$

$$\psi_{i,j,11}(k) = A_i(k)Q(k)+Q(k)A_i^{\mathrm{T}}(k)+B_i(k)R_j(k)$$
$$+B_i^{\mathrm{T}}(k)R_j^{\mathrm{T}}(k)+Q(k)$$

$$\psi_{i,j,22}(k) = P_2(k)W_i(k)+W_i^{\mathrm{T}}(k)P_2(k)+S_j(k)B_i(k)V_i(k)$$
$$+V_i(k)B_i^{\mathrm{T}}(k)S_j^{\mathrm{T}}(k)+P_2(k)$$

那么，闭环模糊马尔可夫跳变系统(10-19)是随机均方指数稳定的，具有严格 $(\mathcal{Z},\mathcal{Y},\mathcal{X})\text{-}\varepsilon$ 耗散性能，干扰观测器和抗扰动控制器的增益由式(10-49)给出：

$$K_j(k) = R_j(k)Q^{-1}(k), \quad L_i(k) = P_2^{-1}(k)S_j(k) \tag{10-49}$$

证明：通过选择如定理 10.1 中的李雅普诺夫函数 $V(k,\sigma(t))$，可以很容易得到：

$$\begin{aligned}
\mathcal{L}V(\sigma(t),k) = \sum_{i=1}^{r} h_i^k(\theta^k(t)) h_j^k(\theta^k(t)) & \left\{ \sigma^{\mathrm{T}}(t) \left(1 + \sum_{k_1 \in \mathbb{S}_1^k} \pi_{kk_1}\right) \left[P(k)\overline{A}_{i,j}(k)\right. \right. \\
& + \overline{A}_{i,j}^{\mathrm{T}}(k)P(k)\Big]\sigma(t) + \sum_{k_1 \in \mathbb{S}_1^k} \pi_{kk_1} \sigma^{\mathrm{T}}(t) P(k_1)\sigma(t) \\
& + \sum_{k_1 \in \mathbb{S}_2^k} \pi_{kk_1} \sigma^{\mathrm{T}}(t) \left[P(k)\overline{A}_{i,j}(k) + \overline{A}_{i,j}^{\mathrm{T}}(k)P(k) + P(k_1)\right]\sigma(t) \\
& + 2\sigma^{\mathrm{T}}(t)P(k)\Delta\overline{A}_{i,j}(t,k)\sigma(t) + 2\sigma^{\mathrm{T}}(t)P(k)\overline{B}_{i,j}(k,x)\sigma(t) \\
& \left. + 2\sigma^{\mathrm{T}}(t)P(k)\overline{E}(k)f_i(x(t),t,k) + 2\sigma^{\mathrm{T}}(t)P(k)F_i(k)\omega(t) \right\}
\end{aligned} \tag{10-50}$$

对于任意 $k \in \mathbb{S}$，定义：

$$Q(k) = P_1^{-1}(k), \quad R_j(k) = K_j(k)P_1^{-1}(k), \quad S_j(k) = P_2(k)L_j(k) \tag{10-51}$$

通过对 $\Theta_{i,j}(k)$ 进行 $\mathrm{diag}\{P_1(k),I,I,I\}$ 的同余变换，并结合式(10-48)和式(10-51)，可以得出对于 $k_1 \in \mathbb{S}_2^k, k_1 \neq k$ 有

$$\begin{cases} \hat{\Theta}_{i,i}(k) < 0, \quad i=1,2,\cdots,r \\ \hat{\Theta}_{i,j}(k) + \hat{\Theta}_{j,i}(k) < 0, \quad 1 \leqslant i < j \leqslant r \end{cases} \tag{10-52}$$

式中，

$$\hat{\Theta}_{i,j}(k) = \begin{bmatrix} \hat{\Theta}_{i,j,11}(k) & -P_1(k)B_i(k)V_i(k) & I \\ * & \hat{\Theta}_{i,j,22}(k) & 0 \\ * & * & -Q(k_1) \end{bmatrix}$$

$$\hat{\Theta}_{i,j,11}(k) = P_1(k)\left[A_i(k) + B_i(k)K_j(k)\right] \\ + \left[A_i(k) + B_i(k)K_j(k)\right]^{\mathrm{T}} P_1(k)$$

$$\hat{\Theta}_{i,j,22}(k) = P_2(k)\left[W_i(k) + L_j(k)B_i(k)V_i(k)\right] \\ + \left[W_i(k) + L_j(k)B_i(k)V_i(k)\right]^{\mathrm{T}} P_2(k) + P_2(k_1)$$

进一步利用 $\hat{\Theta}_{i,j}(k)$ 的舒尔补引理，可以得知 $\hat{\Theta}_{i,j}(k)$ 的正特征和负特征分别等于 $P(k)\overline{A}_{i,j}(k)+\overline{A}_{i,j}^{\mathrm{T}}(k)P(k)+P(k_1)$ 的正特征和负特征。由于 $\pi_{kk_1}>0$，$\forall k_1 \neq k$，可知：

$$\sum_{i=1}^{r} h_i^k\left(\theta^k(t)\right) h_j^k\left(\theta^k(t)\right) \left\{ \sum_{k_1 \in \mathbb{S}_2^k, k_1 \neq k} \pi_{kk_1} \left[P(k)\overline{A}_{i,j}(k)+\overline{A}_{i,j}^{\mathrm{T}}(k)P(k)+P(k_1) \right] \right\} < 0 \quad (10\text{-}53)$$

类似地，利用式(10-48)的最后两个不等式和 $\pi_{kk}<0$，可以证明：

$$\sum_{i=1}^{r} h_i^k\left(\theta^k(t)\right) h_j^k\left(\theta^k(t)\right) \left\{ \sum_{k_1 \in \mathbb{S}_2^k, k_1 = k} \pi_{kk_1} \left[P(k)\overline{A}_{i,j}(k)+\overline{A}_{i,j}^{\mathrm{T}}(k)P(k)+P(k_1) \right] \right\} < 0 \quad (10\text{-}54)$$

从式(10-53)和式(10-54)可以得出：

$$\sum_{i=1}^{r} h_i^k\left(\theta^k(t)\right) h_j^k\left(\theta^k(t)\right) \left\{ \sum_{k_1 \in \mathbb{S}_2^k} \pi_{kk_1} \left[P(k)\overline{A}_{i,j}(k)+\overline{A}_{i,j}^{\mathrm{T}}(k)P(k)+P(k_1) \right] \right\} < 0 \quad (10\text{-}55)$$

然后，从式(10-27)~式(10-30)和式(10-50)，可以很容易地得到：

$$\mathcal{L}V(\sigma(t),k) \leq \sum_{i=1}^{r} h_i^k\left(\theta^k(t)\right) h_j^k\left(\theta^k(t)\right) \zeta^{\mathrm{T}}(t) \overline{\Gamma}_{i,j}(k) \zeta(t) \quad (10\text{-}56)$$

式中，

$$\overline{\Gamma}_{i,j}(k) = \begin{bmatrix} \overline{\Gamma}_{i,j,11}(k) & \overline{\Gamma}_{i,j,12}(k) & \overline{\Gamma}_{i,j,13}(k) & P_1(k)E(k) \\ * & \overline{\Gamma}_{i,j,22}(k) & \overline{\Gamma}_{i,j,23}(k) & -P_2(k)L_j(k)E(k) \\ * & * & 0 & 0 \\ * & * & * & -\dfrac{1}{\gamma^2}I \end{bmatrix}$$

$$\overline{\Gamma}_{i,j,11}(k) = \left(1+\sum_{k_1 \in \mathbb{S}_1^k} \pi_{kk_1}\right)\left\{P_1(k)\left[A_i(k)+B_i(k)K_j(k)\right]\right.$$
$$\left.+\left[A_i(k)+B_i(k)K_j(k)\right]^{\mathrm{T}} P_1(k)\right\}$$
$$+\dfrac{1}{\gamma^2}U_i^{\mathrm{T}}(k)U_i(k)+P_1(k)M_i(k)M_i^{\mathrm{T}}(k)P_1(k)$$
$$+2N_i^{\mathrm{T}}(k)N_i(k)+P_1(k)B_i(k)B_i^{\mathrm{T}}(k)P_1(k)+\sum_{k_1 \in \mathbb{S}_1^k} \pi_{kk_1}P_1(k_1)$$

$$\overline{\Gamma}_{i,j,12}(k) = -\left(1+\sum_{k_1 \in \mathbb{S}_1^k} \pi_{kk_1}\right)P_1(k)B_i(k)V_i(k)$$

$$\bar{\varGamma}_{i,j,13}(k) = \begin{bmatrix} P_1(k)F_i^x(k) & 0 \end{bmatrix}$$

$$\bar{\varGamma}_{i,j,22}(k) = \left(1 + \sum_{k_1 \in \mathbb{S}_1^k} \pi_{kk_1}\right)\left\{P_2(k)\left[W_i(k) + L_j(k)B_i(k)V_i(k)\right]\right.$$

$$+ \left[W_i(k) + L_j(k)B_i(k)V_i(k)\right]^{\mathrm{T}} P_2(k)\right\}$$

$$+ P_2(k)L_j(k)M_i(k)M_i^{\mathrm{T}}(k)L_j^{\mathrm{T}}(k)P_2(k)$$

$$+ P_2(k)L_j(k)B_i(k)B_i^{\mathrm{T}}(k)L_j^{\mathrm{T}}(k)P_2(k)$$

$$+ 2\varepsilon_\psi^2 I + \sum_{k_1 \in \mathbb{S}_1^k} \pi_{kk_1} P_2(k_1)$$

$$\bar{\varGamma}_{i,j,23}(k) = \begin{bmatrix} -P_2(k)L_j(k)F_i^x(k) & P_2(k)F_i^\xi(k) \end{bmatrix}$$

通过定义式(10-34)中的 $\varPhi(t,r_t)$，并使用与定理 10.1 类似的论证，可以知道：

$$\mathcal{L}V(\sigma(t),k) \leqslant \varPhi(t,k) - \lambda \sigma^{\mathrm{T}}(t)P(k)\sigma(t) \tag{10-57}$$

显然，对于任意 $t > 0$，有

$$E\{V(r_t,\sigma(t)) - V(r_t,\sigma(0))\} < E\left\{\int_0^t \varPhi(\tau,r_\tau)\mathrm{d}\tau\right\} \tag{10-58}$$

因此，利用定义 10.2 和定义 10.3 可知，闭环模糊马尔可夫跳变系统(10-19)是耗散的，且严格 $(\mathcal{Z},\mathcal{Y},\mathcal{X})$-$\varepsilon$ 耗散。此外，当 $\omega(t) = 0$，可以验证闭环模糊马尔可夫跳变系统(10-19)是随机均方指数稳定的。证明完毕。

10.3 仿真验证

1. 仿真环境

在 Windows11 操作系统中，基于 MATLAB 2021a 仿真环境实现本节仿真实验，计算机配置：CPU 为 Intel Core i7-1065G7，20GB 内存。

2. 仿真参数

考虑不确定马尔可夫跳变系统，其 $\mathbb{S} = \{1,2,3\}$，可由系统(10-1)给出的 T-S 模糊模型来表示。首先，假设所有转移概率已知，并且转移矩阵为

$$\varPi = \begin{bmatrix} -0.3 & 0.1 & 0.2 \\ 0.25 & -0.4 & 0.15 \\ 0.7 & 0.2 & -0.9 \end{bmatrix}$$

对于 $k \in \mathbb{S}$，参数和非线性函数如下。

系统 1：

$$A_1(k) = \begin{bmatrix} -2-0.1k & 0.05k \\ 0 & 1+0.2k \end{bmatrix}$$

$$\Delta A_1(k) = \begin{bmatrix} 0.01+0.001k & 0 \\ 0 & 0.003k \end{bmatrix}$$

$$B_1(k) = \begin{bmatrix} 1-0.1k \\ 2+0.1k \end{bmatrix}, f_1(k) = \begin{bmatrix} 0.1x_2 \sin(0.02kt) \\ 0.1x_1 \cos(0.02kt) \end{bmatrix}$$

$$F_1^x(k) = \begin{bmatrix} 0.01 \\ 0.02 \end{bmatrix}, V_1^\vartheta(k) = \begin{bmatrix} 4 & 5 \end{bmatrix}, V_1^\eta(k) = \begin{bmatrix} 2 & 1 \end{bmatrix}$$

$$W_1^\vartheta(k) = \begin{bmatrix} -3+0.1k & 5 \\ -8 & -4+0.1k \end{bmatrix}, F_1^\vartheta(k) = \begin{bmatrix} 0.1 \\ 0 \end{bmatrix}$$

$$W_1^\eta(k) = \begin{bmatrix} -2+0.1k & 0 \\ 0 & -3+0.2k \end{bmatrix}, F_1^\eta(k) = \begin{bmatrix} 0.25 \\ 0 \end{bmatrix}$$

系统 2：

$$A_2(k) = \begin{bmatrix} -2.2+0.2k & 1.2 \\ 0 & 1.2 \end{bmatrix}$$

$$\Delta A_2(k) = \begin{bmatrix} 0.005k & 0 \\ 0 & 0.002k \end{bmatrix}$$

$$B_2(k) = \begin{bmatrix} 1+0.05k \\ 2 \end{bmatrix}, f_2(k) = \begin{bmatrix} 0.1\sin(0.1kt) \\ 0.1\cos(0.1kt) \end{bmatrix}$$

$$F_2^x(k) = \begin{bmatrix} 0.05 \\ 0.01 \end{bmatrix}, V_2^\vartheta(k) = \begin{bmatrix} 2.5 & 3 \end{bmatrix}, V_2^\eta(k) = \begin{bmatrix} 2 & 2.2 \end{bmatrix}$$

$$W_2^\vartheta(k) = \begin{bmatrix} -3.5+0.1k & 4.8 \\ -6.5 & -4.5+0.1k \end{bmatrix}, F_2^\vartheta(k) = \begin{bmatrix} 0 \\ 0.02 \end{bmatrix}$$

$$W_2^\eta(k) = \begin{bmatrix} -2.5+0.1k & 0 \\ 0 & -3.5+0.1k \end{bmatrix}, F_2^\eta(k) = \begin{bmatrix} 0 \\ 0.03 \end{bmatrix}$$

系统 1 和系统 2 的通用矩阵和非线性函数为

$$E(k) = \begin{bmatrix} 0.2+0.01k & 0 \\ 0 & 0.1+0.02k \end{bmatrix}, \psi(x) = \begin{bmatrix} 0.05\cos x_1 \\ 0.05\sin x_2 \end{bmatrix}$$

$$C = \begin{bmatrix} C_1 & 0 \\ 0 & C_2 \end{bmatrix}, C_1 = \begin{bmatrix} 1 & 0 \\ 0 & 1 \end{bmatrix}, C_2 = \text{diag}\{0.1, 0.1, 0.1, 0.1\}$$

$$D = \begin{bmatrix} D_1 \\ D_2 \end{bmatrix}, D_1 = \begin{bmatrix} 0.1 & 0 & 0 \\ 0 & 0.1 & 0.1 \end{bmatrix}, D_2 = \begin{bmatrix} 0.1 & 0 & 0 \\ 0 & 0.1 & 0 \\ 0 & 0.1 & 0 \\ 0 & 0 & 0.1 \end{bmatrix}$$

此外，还用到了以下与耗散性能相关的矩阵：

$$\mathcal{Z} = \begin{bmatrix} \mathcal{Z}_{11} & \mathcal{Z}_{12} \\ \mathcal{Z}_{21} & \mathcal{Z}_{22} \end{bmatrix}, \mathcal{Z}_{11} = \begin{bmatrix} -2 & 0 \\ 0 & -2 \end{bmatrix}$$

$$\mathcal{Z}_{22} = \text{diag}\{-25, -25, -25, -25\}$$

$$\mathcal{Z}_{12} = \mathcal{Z}_{21} = 0, \mathcal{Y} = 0, \mathcal{X} = \text{diag}\{3, 3, 3\}$$

选择：

$$M_1(k) = M_2(k) = \begin{bmatrix} 0.1 & 0 \\ 0 & 0.1 \end{bmatrix}$$

$$N_1(k) = N_2(k) = \begin{bmatrix} 0.2 & 0 \\ 0 & 0.1 \end{bmatrix}$$

$$U_1(k) = U_2(k) = \begin{bmatrix} 0.01 & 0 \\ 0 & 0.01 \end{bmatrix}$$

显然假设 10.3 和假设 10.4 得到了满足，标量选择为 $\lambda = 0.5$，$\gamma = 1$，$\varepsilon = 0.2$，$\varepsilon_\psi = 0.01$。求解式(10-22)中的 LMI，可以得到：

$$K_1(1) = \begin{bmatrix} -0.5036 & -5.0708 \end{bmatrix}, K_2(1) = \begin{bmatrix} -0.7916 & -4.3858 \end{bmatrix}$$

$$L_1(1) = \begin{bmatrix} 0.1442 & -0.0378 \\ -0.1553 & 0.0620 \\ 0.1558 & -0.0574 \\ 0.6786 & -0.2047 \end{bmatrix}, L_2(1) = \begin{bmatrix} -0.3621 & 0.2556 \\ -0.3969 & 0.3571 \\ -0.0736 & 0.0460 \\ 0.0168 & -0.0547 \end{bmatrix}$$

$$K_1(2) = \begin{bmatrix} -1.4855 & -7.9313 \end{bmatrix}, K_2(2) = \begin{bmatrix} -1.5189 & -5.9199 \end{bmatrix}$$

$$L_1(2) = \begin{bmatrix} 0.0097 & 0.0105 \\ -0.3525 & 0.1153 \\ 0.1661 & -0.0577 \\ 0.8350 & -0.2368 \end{bmatrix}, L_2(2) = \begin{bmatrix} -0.2902 & 0.2136 \\ -0.3995 & 0.3511 \\ -0.0116 & 0.0082 \\ 0.2454 & -0.1826 \end{bmatrix}$$

$$K_1(3) = \begin{bmatrix} -0.7800 & -6.6664 \end{bmatrix}, K_2(3) = \begin{bmatrix} -1.3502 & -5.3988 \end{bmatrix}$$

$$L_1(3) = \begin{bmatrix} -0.0593 & 0.0288 \\ -0.4228 & 0.1155 \\ 0.1626 & -0.0506 \\ 0.8595 & -0.2094 \end{bmatrix}, L_2(3) = \begin{bmatrix} -0.2275 & 0.1796 \\ -0.3608 & 0.3281 \\ 0.0224 & -0.0133 \\ 0.3376 & -0.2374 \end{bmatrix}$$

干扰设置为

$$d_3 = 0.03\cos(x_1 + x_2), d_4 = 0.03/(3+2t), d_5 = 0.02/(2+5t)$$

初始条件设置为

$$x_1(0) = 0.5, x_2(0) = -0.5, \vartheta_1(0) = 0.2, \vartheta_2(0) = -0.02, \eta_1(0) = -0.1, \eta_2(0) = -0.2$$

3. 仿真结果

仿真结果如图 10-1～图 10-4 所示。图 10-1 为具有已知的转移概率马尔可夫跳变系统的状态响应曲线，图 10-2 为具有已知的转移概率马尔可夫跳变系统的

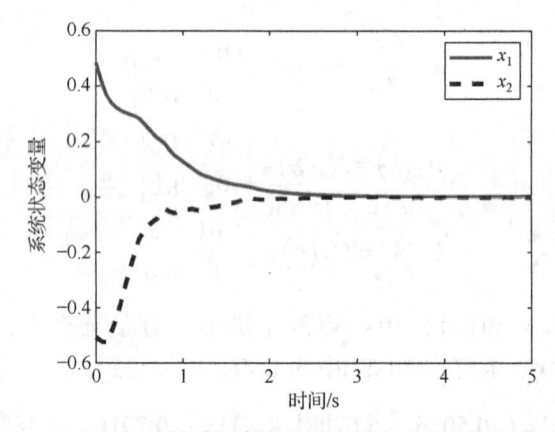

图 10-1　具有已知的转移概率马尔可夫跳变系统的状态响应曲线

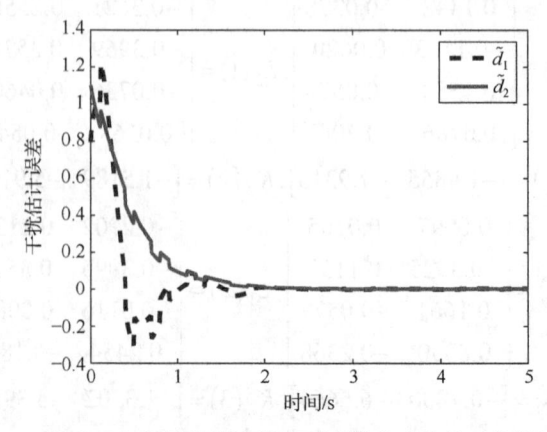

图 10-2　具有已知的转移概率马尔可夫跳变系统的干扰估计误差

干扰估计误差，图 10-3 为具有已知的转移概率马尔可夫跳变系统的参考信号范数，图 10-4 给出了马尔可夫跳变模式的演变曲线。显然，采用所提出的方法可以实现扰动抑制和精确估计，并且系统状态可以渐近地调节到原点。

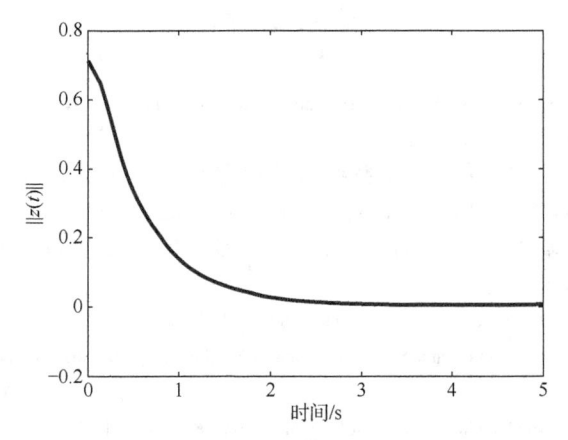

图 10-3 具有已知的转移概率马尔可夫跳变系统的参考信号范数

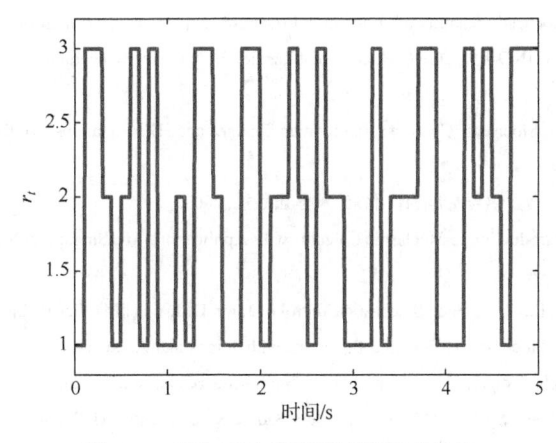

图 10-4 马尔可夫跳变模式的演变曲线

10.4 小 结

本章研究了 T-S 模糊马尔可夫跳变随机非线性系统的耗散干扰衰减控制问题。通过自适应模糊干扰观测器和混合反馈控制器，可以处理随机非线性跳变干扰，并保证闭环 T-S 模糊马尔可夫跳变随机非线性系统是均方指数稳定且严格 $(\mathcal{Z},\mathcal{Y},\mathcal{X})$-$\varepsilon$ 耗散的。利用 LMI 建立了转移概率已知或部分未知时系统的耗散条件。最后，通过仿真算例验证了所提算法的有效性。

参 考 文 献

[1] MA L F, WANG Z D, HAN Q L, et al. Consensus control of stochastic multi-agent systems: A survey[J]. Science China Information Sciences, 2017, 60(12):120201.

[2] 姚立强. 几类随机非线性系统稳定性与自适应控制研究[D]. 青岛:山东科技大学,2020.

[3] 赵文虓, 陈翰馥. 随机系统的递推辨识:从个例到一般框架[J]. 控制理论与应用, 2014, 31(7): 962-973.

[4] 张平, 方洋旺, 惠晓滨, 等. 基于统计线性化的随机非线性微分对策逼近最优策略[J]. 自动化学报, 2013, 29(4): 390-399.

[5] ROSS S M. Stochastic Processes[M]. 2nd ed. Hoboken: John Wiley & Sons, 1995.

[6] APPLEBAUM D. Lévy Processes and Stochastic Calculus[M]. 2nd ed. Cambridge: Cambridge University Press, 2009.

[7] KUSHNER H J. Stochastic Stability and Control[M].London: Academic Press, 1967.

[8] SOONG T T. Random Differential Equations in Science and Engineering[M]. San Francisco: Academic Press, 1973.

[9] KHASMINSKII R. Stochastic Stability of Differential Equations [M]. 2nd ed. Berlin: Springer, 2013.

[10] KRSTIC M, MODESTINO J W, DENG H, et al. Stabilization of Nonlinear Uncertain Systems[M]. Berlin: Springer-Verlag, 1998.

[11] YONG J, ZHOU X Y. Stochastic Controls: Hamiltonian Systems and HJB Equations[M]. Berlin: Springer Science & Business Media, 1999.

[12] 朱位秋. 非线性随机动力学与控制[M]. 北京: 科学出版社, 2003.

[13] KLEBANER F C. Introduction to Stochastic Calculus with Applications[M]. Singapore: World Scientific Publishing Company, 2012.

[14] ØKSENDAL B, SULEM A. Applied Stochastic Control of Jump Diffusions[M]. Berlin: Springer, 2007.

[15] RONG S. Theory of Stochastic Differential Equations with Jumps and Applications / Mathematical and Analytical Techniques with Applications to Engineering[M]. Berlin: Springer Science & Business Media, 2006.

[16] HASSAN K K. Nonlinear Systems [M]. 3rd ed. Upper Saddle River: Prentice Hall, 2002.

[17] MAO X R, YUAN C G. Stochastic Differential Equations with Markovian Switching[M]. London: Imperial College Press, 2006.

[18] MAO X R. Stochastic Differential Equations and Applications[M]. 2nd ed. Chichester: Horwood Publishing Limited, 2007.

[19] WU Z J, XIE X J, ZHANG S Y. Adaptive backstepping controller design using stochastic small-gain theorem[J]. Automatic, 2007, 43(4): 608-620.

[20] LIU S J, ZHANG J F, JIANG Z P. A notion of stochastic input-to-state stability and its application to stability of cascaded stochastic nonlinear systems[J]. Acta Mathematicae Applicatae Sinica, English Series, 2008, 24(1): 141-156.

[21] HUANG L, MAO X. On input-to-state stability of stochastic retarded systems with Markovian switching[J]. IEEE Transactions on Automatic Control, 2009, 54(8): 1898-1902.

[22] YAN Z G, ZHANG G, ZHANG W H. Finite-time stability and stabilization of linear Itô stochastic systems with state

and control-dependent noise[J]. Asian Journal of Control, 2013, 15(1): 270-281.

[23] CHEN W, JIAO L C. Finite-time stability theorem of stochastic nonlinear systems[J]. Automatica, 2010, 46(12): 2105-2108.

[24] YIN J L, YU X, KHOO S. Finite-time stability of stochastic nonlinear systems with Markovian switching[C]. The 36th Chinese Control Conference, Dalian, 2017: 1919-1924.

[25] WU Z J. Stability criteria of random nonlinear systems and their applications[J]. IEEE Transactions on Automatic Control, 2015, 60(4): 1038-1049.

[26] ZHANG W H, XIE L H, CHEN B S. Stochastic H_2/H_∞ Control: A Nash Game Approach[M]. London: CRC Press, 2017.

[27] 罗毅平, 邓飞其, 高京广. 一类时滞不确定随机系统的鲁棒控制的新方法[J]. 控制理论与应用, 2008, 25(4): 949-952.

[28] PAN Z G, BASAR T. Adaptive controller design for tracking and disturbance attenuation in parametric strict-feedback nonlinear systems[J]. IEEE Transactions on Automatic Control, 1998, 43(8): 1066-1083.

[29] 刘允刚, 施颂椒, 潘子刚. 随机非线性系统鲁棒自适应反馈控制器的积分反推方法设计[J]. 自动化学报, 2001, 27(5): 613-620.

[30] 王桐, 邱剑彬, 高会军. 随机非线性系统基于事件触发机制的自适应神经网络控制[J]. 自动化学报, 2019, 45(1): 226-233.

[31] 张泮虹, 倪涛, 赵亚辉, 等. 基于最优控制策略的复杂环境移动机器人轨迹规划[J]. 农业机械学报, 2022, 53(7): 414-421.

[32] MAO X R. Stability of Stochastic Differential Equations with Respect to Semi-martingales[M]. London: Longman Scientific & Technical, 1991.

[33] 董乐伟, 魏新江. 一类带有非谐波扰动的随机系统的抗干扰控制[J]. 鲁东大学学报(自然科学版), 2018, 34(1): 31-37.

[34] 李新青, 魏新江. 一类随机系统基于自适应非线性干扰观测器的抗干扰控制[J]. 鲁东大学学报(自然科学版), 2020, 36(1): 9-16, 34.

[35] WANG Z, YUAN J P .Full state constrained adaptive fuzzy control for stochastic nonlinear switched systems with input quantization[J]. IEEE Transactions on Fuzzy Systems, 2020, 28(4): 645-657.

[36] WANG Z, YUAN Y, YANG H J. Adaptive fuzzy tracking control for strict-feedback Markov jumping nonlinear systems with actuator failures and unmodeled dynamics[J]. IEEE Transactions on Cybernetics, 2020, 50(1): 126-139.

[37] WANG Z, YUAN J P, PAN Y P, et al. Adaptive neural control for high order Markovian jump nonlinear systems with unmodeled dynamics and dead zone inputs[J]. Neurocomputing, 2017, 247: 62-72.

[38] MAO X R. Stochastic Differential Equations and Their Applications[M]. Chichester: Horwood Publishing, 2007.

[39] VOIT J. The Statistical Mechanics of Financial Markets[M]. Netherlands: Springer, 2005.

[40] 李亚楠. 工程用地震动模拟随机性方法研究[D]. 大连: 大连理工大学, 2016.

[41] KUSHNER H J. Stability of Stochastic Dynamical Systems[M]. Berlin: Springer, 1972.

[42] FLORCHINGER P. A universal formula for the stabilization of control stochastic differential equations[J]. Stochastic Analysis and Applications, 1993, 11(2): 155-162.

[43] FLORCHINGER P. Lyapunov-like techniques for stochastic stability[J]. SIAM Journal on Control and Optimization, 1995, 33(4): 1151-1169.

[44] FLORCHINGER P. Feedback stabilization of affine in the control stochastic differential systems by the control Lya-

punov function method[J]. SIAM Journal on Control and Optimization, 1997, 35(2): 500-511.

[45] FLORCHINGER P. A passive system approach to feedback stabilization of nonlinear control stochastic systems[J]. SIAM Journal on Control and Optimization, 1999, 37(6): 1848-1864.

[46] FLORCHINGER P. Stabilization of passive nonlinear stochastic differential systems by bounded feedback[J]. Stochastic Analysis and Applications, 2003, 21(6):1255-1282.

[47] PAN Z G, BASAR T. Backstepping controller design for nonlinear stochastic systems under a risk-sensitive cost criterion[J]. SIAM Journal on Control and Optimization, 1999, 37(3): 957-995.

[48] BERMAN N, SHAKED U. H_∞ for nonlinear stochastic systems[C].42nd IEEE International Conference on Decision and Control, Hawaii, 2003, 5: 5025-5030.

[49] BERMAN N, SHAKED U. H_∞-like control for nonlinear stochastic systems[J]. Systems & Control Letters, 2006, 55(3): 247-257.

[50] 魏波, 季海波. 模型不确定非线性随机系统的鲁棒性能准则设计[J]. 系统科学与数学, 2007(3): 422-430.

[51] SUN W, SU S F, DONG G W, et al. Reduced adaptive fuzzy tracking control for high-order stochastic nonstrict feedback nonlinear system with full state constraints[J]. IEEE Transactions on Systems, Man, and Cybernetics: Systems, 2021, 51(3): 1496-1506.

[52] QIU J B, MA M, WANG T. Event-triggered adaptive fuzzy fault tolerant control for stochastic nonlinear systems via command filtering [J]. IEEE Transactions on Systems, Man, and Cybernetics: Systems, 2022, 52(2): 1145-1155.

[53] 刘娜, 杨秀媛, 何谨, 等. 电厂热力设备检测中的 Lipschitz 指数分析[J]. 中国电机工程学报, 2002 (3): 119-121.

[54] KANG Y H, KUANG Y, CHENG J, et al. Robust leaderless time-varying formation control for unmanned aerial vehicle swarm system with Lipschitz nonlinear dynamics and directed switching topologies[J]. Chinese Journal of Aeronautics, 2022, 35(1): 124-136.

[55] 刘安, 吴智斌, 韩冬. 具有 Lipschitz 非线性系统的航天器故障检测[J]. 飞行器测控学报, 2017, 36(2): 106-111.

[56] 孙延修. 基于观测器的含扰动 Lipschitz 非线性系统鲁棒控制[J]. 电光与控制, 2022, 29(4): 48-51.

[57] 孙延修. 基于观测器 Lipschitz 非线性系统鲁棒控制方法[J]. 沈阳大学学报(自然科学版), 2021, 33(5): 404-408.

[58] WANG X J. Mean-square convergence rates of implicit Milstein type methods for SDEs with non-Lipschitz coefficients[J]. Advances in Computational Mathematics, 2023, 49(3): 1-48.

[59] 于辉. 非 Lipschitz 条件下由泊松过程驱动的随机微分方程 Euler 方法的依概率收敛性[J]. 黑龙江八一农垦大学学报, 2018, 30(3): 125-130.

[60] 闫明. 几类带有非 Lipschitz 激励函数的神经网络鲁棒稳定性研究[D]. 哈尔滨: 哈尔滨工业大学, 2013.

[61] ZHAO Y, LIU Y, MA D. Output regulation for switched systems with multiple disturbances [J]. IEEE Transactions on Circuits and Systems I : Regular Papers, 2020, 67(12): 5325-5335.

[62] JI D X, REN J, LIU C X, et al. Stabilizing terminal constraint-free nonlinear MPC via sliding mode-based terminal cost[J]. Automatica, 2021, 134: 109898.

[63] DING Z T. Global output regulation of uncertain nonlinear systems with exogenous signals[J]. Automatic, 2001, 37(1): 113-119.

[64] WANG Z. Adaptive smooth second-order sliding mode control method with application to missile guidance[J]. Transactions of the Institute of Measurement and Control, 2017, 39(6):848-860.

[65] KRSTIC M, DENG H, et al. Stabilization of Nonlinear Uncertain Systems[M]. Berlin: Springer, 1998.

[66] LI S H, YANG J, CHEN W H, et al. Disturbance Observer-based Control: Methods and Applications [M]. Boca Raton: CRC Press, 2014.

[67] 张慧凤. 基于干扰观测器的几类非线性系统抗干扰控制[D]. 沈阳: 东北大学,2016.

[68] LIU Y J, LEE S M, KWON O M, et al. A study on H_∞ state estimation of static neural networks with time-varying delays[J]. Applied Mathematics and Computation, 2014, 226: 589-597.

[69] MARINO R, TOMEI P. Nonlinear Control Design: Geometric, Adaptive and Robust[M]. Upper Saddle River: Prentice Hall, 1996.

[70] CHANG Y C, CHENG C C. Terminal adaptive output feedback variable structure control[J]. IET Control Theory Applications, 2018, 12(10): 1376-1383.

[71] YUAN Y, WANG Z, GUO L, et al. Barrier Lyapunov functions-based adaptive fault tolerant control for flexible hypersonic flight vehicles with full state constraints[J]. IEEE Transactions on Systems, Man, and Cybernetics: Systems, 2020, 50(9): 3391-3400.

[72] WANG Z, YUAN J P, PAN Y P, et al. Neural network-based adaptive fault tolerant consensus control for a class of high order multiagent systems with input quantization and time-varying parameters[J]. Neurocomputing, 2017, 266(10): 315-324.

[73] WANG Z, PAN Y P. Robust adaptive fault tolerant control for a class of nonlinear systems with dynamic uncertainties[J]. Optik, 2017, 131: 941-952.

[74] NIU J L, QIN X S, WANG Z. Learning-based neural adaptive anti-coupling control for a class of robots under input and structural coupled uncertainties[J]. IEEE Access, 2021, 9: 32149-32160.

[75] AHI B, NOBAKHTI A. Hardware implementation of an ADRC controller on a gimbal mechanism[J]. IEEE Transactions on Control Systems Technology, 2018, 26(6): 2268-2275.

[76] YI Y, FAN X X, ZHANG T P. Anti-disturbance tracking control for systems with nonlinear disturbances using T-S fuzzy modeling[J]. Neurocomputing, 2016, 171: 1027-1037.

[77] SUN H B, GUO L. Neural network-based DOBC for a class of nonlinear systems with unmatched disturbances[J]. IEEE Transactions on Neural Networks and Learning Systems, 2016, 28(2): 482-489.

[78] 张晓莉. 事件触发条件下非线性系统抗干扰控制算法研究[D]. 扬州: 扬州大学,2022.

[79] GUO L, CHEN W H. Disturbance attenuation and rejection for systems with nonlinearity via DOBC approach[J]. International Journal of Robust and Nonlinear Control, 2005, 15(3): 109-125.

[80] WANG G D, WANG X Y, LI S H. Sliding-mode consensus algorithms for disturbed second-order multi-agent systems[J]. Journal of the Franklin Institute, 2018, 355(15): 7443-7465.

[81] MA L F, SUN H B, ZONG G D. Feedback passification of switched stochastic time-delay systems with multiple disturbances via DOBC[J]. International Journal of Robust and Nonlinear Control, 2020, 30(4): 1696-1718.

[82] YAO X M, PARK J H, WU L J, et al. Disturbance-observer-based composite hierarchical anti-disturbance control for singular Markovian jump systems[J]. IEEE Transactions on Automatic Control, 2019, 64(7): 2875-2882.

[83] KUPPUSAMY S, JOON Y H. Memory-based integral sliding-mode control for T-S fuzzy systems with PMSM via disturbance observer[J]. IEEE Transactions on Cybernetics, 2021, 51(5): 2457-2465.

[84] YANG J, CUI H Y, LI S H, et al. Optimized active disturbance rejection control for DC-DC buck converters with uncertainties using a reduced-order GPI observer[J]. IEEE Transactions on Circuits and Systems I: Regular Papers, 2018, 65(2): 832-841.

[85] YI Y, ZHENG W X, SUN C Y, et al. DOB fuzzy controller design for non-gaussian stochastic distribution systems using two-step fuzzy identification[J]. IEEE Transactions on Fuzzy Systems, 2016, 24(2): 401-418.

[86] CHEN W H, BALLANCE D J, GAWTHROP P J. A nonlinear disturbance observer for two link robotic manipula-

tors[C]. Proceedings of the 38th IEEE Conference on Decision and Control, Atlanta, 1999: 3410-3415.

[87] CHEN W H. Disturbance observer based control for nonlinear systems [J]. IEEE/ASME Transactions on Mechatronics, 2004, 9(4): 706-710.

[88] GAO E X, NING X, WANG Z, et al. Super-twisting disturbance observer-based intelligence adaptive fault-tolerant formation control for a class of CAUS with switching topology[J]. Asian Journal of Control, 2022, 24(6): 2981-2992.

[89] NING X, ZHU Y, WANG Z, et al. Output-constrained adaptive composite nonsingular terminal sliding mode attitude control for a class of spacecraft systems with mismatched disturbances and input uncertainties[J]. Journal of Aerospace Engineering, 2024, 37(1): 04023093.

[90] ZHANG Y, NIGN X, WANG Z, et al. Super-twisting disturbance observer based fuzzy adaptive finite time control for a class of space unmanned systems with time-varying output constraints[J]. Proceedings of the Institution of Mechanical Engineers, Part I: Journal of Systems and Control Engineering, 2021, 235(9): 1583-1593.

[91] 刘倩. 基于扰动建模的无人机系统抗干扰容错控制[D]. 扬州: 扬州大学, 2020.

[92] 邵立人. 输入饱和约束下非线性系统抗干扰控制算法研究[D]. 扬州: 扬州大学, 2019.

[93] HUANG S Y, WANG Z, YUAN Z H, et al. SODO based reinforcement learning anti-disturbance fault tolerant control for a class of nonlinear uncertain systems with matched and mismatched disturbances[J]. IEEE Access, 2021, 9: 144505-144513.

[94] WANG Z, WU T Y, ZHU Z, et al. Reinforcement learning-based adaptive attitude control method for a class of hypersonic flight vehicles subject to nonaffine structure and unmatched disturbances[J]. Journal of Aerospace Engineering, 2024, 37(2): 04024003.

[95] 杨亚丽. 基于耗散性分析的两类非线性随机时滞系统鲁棒控制[D]. 武汉: 武汉科技大学, 2018.

[96] 肖伸平, 练红海, 陈刚, 等. 时变时滞神经网络的时滞相关鲁棒稳定性和耗散性分析[J]. 控制与决策, 2017, 32(6):1084-1090.

[97] FENG Z G, YANG Y, LAM H K. Extended-dissipativity-based adaptive event-triggered control for stochastic polynomial fuzzy singular systems[J]. IEEE Transactions on Fuzzy Systems, 2021, 30(8): 3224-3236.

[98] SUN J Y, ZHANG H G, WANG Y C, et al. Dissipativity-based fault-tolerant control for stochastic switched systems with time-varying delay and uncertainties[J]. IEEE Transactions on Cybernetics, 2021, 52(10): 10683-10694.

[99] WEN Y, JIAO C T, SU X J, et al. Event-triggered sliding-mode control of networked fuzzy systems with strict dissipativity[J]. IEEE Transactions on Fuzzy Systems, 2021, 30(5): 1371-1381.

[100] 姚嘉伟. 基于Backstepping技术的几类下三角系统的无源控制[D]. 沈阳: 辽宁大学, 2019.

[101] 张萌. 基于无源理论的非线性系统控制[D]. 杭州: 浙江大学, 2018.

[102] 张慧慧, 齐玉霞. 时滞系统无源性分析[J]. 聊城大学学报(自然科学版), 2014, 27(2): 18-22.

[103] 李敏, 黄勤珍. 马尔可夫跳变时滞系统的无源性分析[J]. 西南民族大学学报(自然科学版), 2018, 44(1): 97-103.

[104] XIE S L, XIE L H. Decentralized stabilization of a class of interconnected stochastic nonlinear systems[J]. IEEE Transactions on Automatic Control, 2000, 45 (1): 132-137.

[105] LUENBERGER D G. Introduction to Dynamic Systems: Theory, Models, And applications[M]. Hoboken: John Wiley & Sons,1979.

[106] HIRSCH M W, SMALE S. Differential Equations, Dynamical Systems, and Linear Algebra[M]. New York: Academic Press, 1974.

[107] WANG B, ZHU Q. Stability analysis of semi-Markov switched stochastic systems[J]. Automatica, 2018, 94: 72-80.

[108] LU C Y, TSAI J S H, JONG G J, et al. An LMI-based approach stabilization of uncertain stochastic systems with time-varying delays[J]. IEEE Transactions on Automatica Control, 2003, 48(2): 286-289.

[109] HASSAN K K. Nonlinear Systems[M]. 3rd ed. New Jersey: Prentice-Hall, 2002.

[110] HILL D, MOYLAN P. The stability of nonlinear dissipative systems[J]. IEEE Transactions on Automatic Control, 1976, 21(5): 708-711.

[111] HILL D J, MOYLAN P J. Stability results for nonlinear feedback systems[J]. Automatica, 1977, 13(4): 377-382.

[112] SEPULCHRE R, JANKOVIC M, KOKOTOVIC P. Constructive Nonlinear Control[M]. London: Springer, 1997.

[113] TEEL A R, GEORGIOU T T, PRALY L, et al. Input-output stability[J]. The Control Handbook, 1996: 4250.

[114] 徐仲. 矩阵论简明教程[M]. 北京: 科学出版社, 2004.

[115] PÓLIK I, TERLAKY T. A survey of the S-lemma[J]. SIAM Review, 2007, 49(3): 371-418.

[116] ZHANG F Z. The Schur Complement and Its Applications[M]. New York: Springer, 2005.

[117] YANG M, WANG Z, YU D X, et al. Extended state observer-based non-singular practical fixed-time adaptive consensus control of nonlinear multi-agent systems[J]. Nonlinear Dynamics, 2023, 111: 10097-10111.

[118] WANG Z, YUAN J P. Nonlinear disturbance observer-based adaptive composite anti-disturbance control for nonlinear systems with dynamic non-harmonic multisource disturbances[J]. Transactions of the Institute of Measurement and Control, 2018, 40(12): 3458-3465.

[119] WANG Z, YUAN J P, WEI J Y. Adaptive output feedback disturbance attenuation control for nonlinear systems with non-harmonic multisource disturbances[J]. Optik, 2017, 137: 85-95.

[120] NING X, LUO C F, WANG Z. Disturbance observer-based neural adaptive stochastic control for a class of kinetic kill vehicle subject to unmeasured states and full state constraints[J]. Journal of the Franklin Institute, 2023, 360(13): 9515-9536.

[121] LI J M, ZHENG Y F, SHEN Z P. Nonlinear observer design for a class of nonlinear systems with non-Lipschitz nonlinearities of the unmeasured states[C].Proceedings of the 29th Chinese Control Conference, Beijing , 2010: 3531-3533.

[122] LI Y Y, SHEN Y J, XIA X H. Global finite-time observers for a class of non-Lipschitz systems[J]. IFAC Proceedings Volumes, 2011, 44(1): 703-708.

[123] WANG Z, LIU J L. Reinforcement learning based-adaptive tracking control for a class of semi-Markov non-Lipschitz uncertain system with unmatched disturbances[J]. Information Sciences, 2023, 626: 407-427.

[124] MA H X, XIONG S X, FU Z M, et al. High-order disturbance observer-based safe tracking control for a class of uncertain MIMO nonlinear systems with time-varying full state constraints[J]. Applied Mathematics and Computation, 2024, 466: 128430.

[125] SULEIMENOV K, DO T D. Design and analysis of a generalized high-order disturbance observer for PMSMs with a fuzzy-PI speed controller [J]. IEEE Access, 2022, 10: 42252-42260.

[126] KIM D H, CHOI S B. Extended high-order disturbance observer-based clutch actuator model uncertainty estimation of ball-ramp dual-clutch transmission[J]. IEEE Transactions on Control Systems Technology, 2022, 31(3): 1220-1234.

[127] HUANG J, ZHANG M S, RI S G, et al. High-order disturbance-observer-based sliding mode control for mobile wheeled inverted pendulum systems[J]. IEEE Transactions on Industrial Electronics, 2019, 67(3): 2030-2041.

[128] ZHANG Y, NING X, WANG Z, et al. High-order disturbance observer-based neural adaptive control for space unmanned systems with stochastic and high-dynamic uncertainties[J]. IEEE Access, 2021, 9: 77028-77043.

[129] GUO L, CAO S Y. Anti-disturbance control theory for systems with multiple disturbances: A survey[J]. ISA Transactions, 2014, 53(4): 846-849.

[130] WEI X J, CHEN N, LI W Q. Composite adaptive disturbance observer‐based control for a class of nonlinear systems with multisource disturbance[J]. International Journal of Adaptive Control and Signal Processing, 2013, 27(3): 199-208.

[131] SUN H, GUO L. Composite adaptive disturbance observer based control and back-stepping method for nonlinear system with multiple mismatched disturbances[J]. Journal of the Franklin Institute, 2014, 351(2): 1027-1041.

[132] YAO X M, GUO L. Composite anti-disturbance control for Markovian jump nonlinear systems via disturbance observer[J]. Automatica, 2013, 49(8): 2538-2545.

[133] WEI X J, CHEN N. Composite hierarchical anti‐disturbance control for nonlinear systems with DOBC and fuzzy control[J]. International Journal of Robust and Nonlinear Control, 2014, 24(2): 362-373.

[134] CHOPRA N, FUJITA M, ORTEGA R, et al. Passivity-based control of robots: Theory and examples from the literature[J]. IEEE Control Systems Magazine, 2022, 42(2): 63-73.

[135] MOHAMMADI K, SIROUSPOUR S, GRIVANI A. Passivity-based control of multiple quadrotors carrying a cable-suspended payload[J]. IEEE/ASME Transactions on Mechatronics, 2021, 27(4): 2390-2400.

[136] BELKHIER Y, ABDELYAZID A, OUBELAID A, et al. Experimental analysis of passivity-based control theory for permanent magnet synchronous motor drive fed by grid power[J]. IET Control Theory & Applications, 2024, 18(4): 495-510.

[137] MA Y, CHEN J, WANG J, et al. Path-tracking considering yaw stability with passivity-based control for autonomous vehicles[J]. IEEE Transactions on Intelligent Transportation Systems, 2021, 23(7): 8736-8746.

[138] 于显利. 线性不确定系统鲁棒耗散控制研究[D]. 大庆:东北石油大学, 2006.

[139] WANG Z, YUAN J P. Dissipativity-based composite antidisturbance control for T-S fuzzy switched stochastic nonlinear systems subjected to multisource disturbances [J]. IEEE Transactions on Fuzzy Systems, 2021, 29(5): 1226-1237.

[140] WANG Z, YUAN J P. Dissipativity-based disturbance attenuation control for T-S fuzzy Markov jumping systems with nonlinear multisource uncertainties and partly unknown transition probabilities [J]. IEEE Transactions on Cybernetics, 2022, 52(1): 411-422.

[141] WU L G, ZHENG W X, GAO H J. Dissipativity-based sliding mode control of switched stochastic systems[J]. IEEE Transactions on Automatic Control, 2013, 58(3): 785-791.

[142] WU Z J, CUI M Y, SHI P, et al. Stability of stochastic nonlinear systems with state-dependent switching[J]. IEEE Transactions on Automatic Control, 2013, 58(8): 1904-1918.

[143] ZHAI D H, KANG Y, ZHAO P, et al. Stability of a class of switched stochastic nonlinear systems under asynchronous switching[J]. International Journal of Control, Automation and Systems, 2012, 10(6): 1182-1192.

[144] SU X J, WU L G, SHI P, et al. Model approximation for fuzzy switched systems with stochastic perturbation[J]. IEEE Transactions on Fuzzy Systems, 2015, 23(5): 1458-1473.

[145] ZHAO Y, GAO H J, LA M J, et al. Stability and stabilization of delayed T-S fuzzy systems: A delay partitioning approach[J]. IEEE Transactions on Fuzzy Systems, 2009, 17(4): 750-762.

[146] YANG X Z, WU L G, LAM H K, et al. Stability and stabilization of discrete-time T-S fuzzy systems with stochastic perturbation and time-varying delay[J]. IEEE Transactions on Fuzzy Systems, 2014, 22(1): 124-138.

[147] WANG Y M, SHEN H, KARIMI H R, et al. Dissipativity-based fuzzy integral sliding mode control of continuous-

time T-S fuzzy systems[J]. IEEE Transactions on Fuzzy Systems, 2018, 26(3): 1164-1176.

[148] SHEN H, LI F, WU Z G, et al. Fuzzy-model-based nonfragile control for non-linear singularly perturbed systems with semi-Markov jump parameters[J]. IEEE Transactions on Fuzzy Systems, 2018, 26(6): 3428-3439.

[149] SHEN H, MEN Y, WU Z G, et al. Nonfragile H_∞ control for fuzzy Markovi-an jump systems under fast sampling singular perturbation[J]. IEEE Transactions on Systems, Man, and Cybernetics: Systems, 2018, 48(12): 2058-2069.

[150] TAO J, WU Z G, SU H, et al. Asynchronous and resilient filtering for Markovian jump neural networks subject to extended dissipativity[J]. IEEE Transactions on Cybernetics, 2019, 49(7): 2504-2513.

[151] SHI P, SU X, LI F. Dissipativity-based filtering for fuzzy switched systems with stochastic perturbation[J]. IEEE Transactions on Automatic Control, 2016, 61(6): 1694-1699.